W. Lutzenberger    Th. Elbert
B. Rockstroh    N. Birbaumer

# Das EEG

Psychophysiologie und Methodik
von Spontan-EEG und
ereigniskorrelierten Potentialen

Unter Mitarbeit von R. Brinkmann

Mit 66 Abbildungen

Springer-Verlag Berlin Heidelberg GmbH 1985

Dr. habil. Werner Lutzenberger, Dr. Thomas Elbert
Dr. Brigitte Rockstroh, Prof. Dr. Niels Birbaumer
Dr. med. Rüdiger Brinkmann

Psychologisches Institut der Universität Tübingen
Arbeitsbereich Klinische und Physiologische Psychologie
Gartenstraße 29, D-7400 Tübingen

CIP-Kurztitelaufnahme der Deutschen Bibliothek
Das EEG: Psychophysiologie u. Methodik von
Spontan-EEG u. ereigniskorrelierten Potentialen /
Werner Lutzenberger . . . Unter Mitarb. von Rüdiger Brinkmann. –
Berlin; Heidelberg; New York; Tokyo: Springer, 1985.

NE: Lutzenberger, Werner [Mitverf.].

ISBN 978-3-540-13447-3    ISBN 978-3-662-06459-7 (eBook)
DOI 10.1007/978-3-662-06459-7

Satz: K + V Fotosatz, Beerfelden

2126/3130-543210

*To our friend and teacher, Peter J. Lang
(University of Florida at Gainesville),
who encouraged us to observe
life along the "yellow brick road"*

# Danksagung

Die hier berichteten Studien wurden durch die umfassende Unterstützung seitens der *Deutschen Forschungsgemeinschaft* und der *Universität Tübingen* möglich. In der Deutschen Forschungsgemeinschaft danken wir besonders Herrn Dr. Bruno Zimmermann. An der Universität Tübingen hat Präsident Dr. h.c. Adolf Theis durch sein Eintreten für unsere Abteilung die Voraussetzungen für die Durchführung der in dieses Buch eingegangenen Forschungsarbeiten geschaffen.

Wir danken den vielen in- und ausländischen Kollegen, die durch kritische Diskussionen und Anregungen zu diesem Buch beigetragen haben.

Unser Dank gilt auch Meike Werner und Gabi Walker für ihre Mithilfe bei der Erstellung des Manuskripts und der Abbildungen.

Wir würdigen die wie gewohnt rasche und sorgfältige Drucklegung durch den Springer-Verlag.

Tübingen, Herbst 1984                                 DIE AUTOREN

# Inhaltsverzeichnis

# Einführung

In seinem ersten Bericht über Messungen elektrischer Aktivitäten beim Menschen kommt der Jenaer Psychiater Hans Berger 1929 zu dem Schluß: „Ich glaube in der Tat, daß die von mir hier ausführlich geschilderte cerebrale Kurve im Gehirn entsteht und dem Elektrocerebrogramm der Säugetiere von Neminski entspricht. Da ich aus sprachlichen Gründen das Wort ‚Elektrocerebrogramm‘, das sich aus griechischen und lateinischen Bestandteilen zusammensetzt, für barbarisch halte, möchte ich für diese von mir hier zum erstenmal *beim Menschen* nachgewiesene Kurve in Anlehnung an den Namen ‚Elektrokardiogramm‘ den Namen ‚Elektrenkephalogramm‘ vorschlagen" (S. 567). Dies war wohl die Geburtsstunde des EEGs beim Menschen. Von Berger oder Neminski (s. Brazier 1984) wurden Frequenzbänder als „Wellen erster (10 – 15/s) und zweiter (20 – 32/s) Ordnung" beschrieben; heute sprechen wir in ähnlicher Weise von „Alpha"- und „Beta"-Wellen.

Bereits in der ersten Hälfte des 19. Jahrhunderts wurden Galvanis Befunde, daß elektrische Veränderungen die Basis von Nerven- und Muskelaktivität darstellen, akzeptiert. Daraufhin folgte auch bald die Frage nach elektrischen Prozessen im Gehirn. Dem Liverpooler Physiologen Richard Caton ist die Entdeckung zuzuschreiben, daß "feeble currents of varying direction pass through the multiplier when the electrodes are placed on two points of the external surface, or one electrode on the grey matter and one on the surface of the skull" (1875, S. 278). Die registrierten Stromschwankungen wurden also schon vor der Jahrhundertwende als „Ausdruck der Tätigkeit der Hirnrinde" (zit. bei Berger 1929) bewertet, so von Caton (1875) oder Fleischl von Marxow (s. Brazier 1984). Caton war auf der Suche nach kortikalen Reaktionen, die wir heute als „evozierte Potentiale" bezeichnen, um damit sensorische Areale im Gehirn zu lokalisieren. Es gelang ihm tatsächlich der Nachweis, daß Sinneseindrücke die Gehirnströme in bestimmten Hirnregionen beeinflussen, insbesondere, daß "... the currents of that part of the rabbit's brain which Dr. Ferrier has shown to be related to movements of the eyelids, were found to be markedly influenced by stimulation of the opposite retina by light" (Caton 1875). Unabhängig von Caton beschrieb auch Adolf Beck an der Universität Krakau 1890 EEG und visuell evozierte Potentiale im Okzipitalhirn bei Hunden und Kaninchen (s. Brazier 1984). Schließlich entdeckte Caton nicht nur evozierte Hirnrindenaktivität auf externe Reize, sondern wahrscheinlich auch langsamere Potentiale: "When any part of the grey matter is in a state of functional activity, its electric current voltage usually exhibits negative variation" (Caton 1875).

Pioniere wie Caton, Beck und Berger brachten eine Lawine zunehmender Forschungsaktivität ins Rollen, die das Elektroenzephalogramm im Laufe der letzten 100 Jahre als die Untersuchungsmethode für die normalen (und gestörten) Aktivitäten des menschlichen Gehirns etablierte.

Wo stehen wir heute?

Trotz der enormen technologischen Fortschritte bei der Entwicklung von Diagnosemethoden zur Aufdeckung von zentralnervösen Funktionsstörungen bleibt das Elektroenzephalogramm weiterhin der wesentliche Zugang zur Gehirntätigkeit des Menschen. Die Entwicklung von Verfahren, wie z. B. der Positronenemissionstomographie (PET) zur Messung des Glukoseverbrauchs, der radioaktiven Xe-Methode zur Messung des zerebralen Blutflußes oder des Magnetoenzephalogramms (MEG), bestätigten und spezifizierten die wesentlichen elektroenzephalographischen Befunde sowohl bei Normalpersonen als auch bei klinischen Gruppen (siehe z. B. Buchsbaum u. Ingvar 1982). Das Vertrauen in die physiologische und psychophysiologische Relevanz der elektroenzephalographischen Daten wurde durch die Befunde der bildgebenden Computertomographien und der regionalen zerebralen Durchblutung weiter vertieft: Durchblutungsänderungen konnten z. B. in Gleichspannungsänderungen des EEGs auch in verschiedenen Hirnregionen differenziert wiedergegeben werden, evozierte Potentiale zeigten vorhersagbare Änderungen mit dem Glukosemetabolismus, magnetoenzephalographische Potentiale bestätigten und vertieften die topographische Lokalisierung der sensorisch evozierten Potentiale. Die alte Diskussion, ob man mit dem Elektroenzephalogramm überhaupt physiologisch bedeutsame Ereignisse erfaßt und nicht Artefakte oder Epiphänomene, ist aufgrund dieser Ergebnisse in den letzten Jahren verebbt. Es zeigt sich, daß mit Hilfe neuer Technologien auch artifizielle Einflüsse (z. B. der Augen, Muskeln oder des Hautwiderstandes) besser kontrolliert werden können.

Doch bleibt neben diesen z. T. aufwendigen und teuren Verfahren das Elektroenzephalogramm in der psychophysiologischen Forschung wie in der klinischen Praxis der wichtigste Zugang zur menschlichen Informationsverarbeitung und Verhaltenssteuerung. Das Elektroenzephalogramm erlaubt die Registrierung der elektrischen Aktivität des Gehirns mit hoher zeitlicher Auflösung und über lange Zeiträume hinweg in verschiedenen psychologisch definierten Situationen unter Vermeidung invasiver Vorgehensweisen und gestattet so die Analyse vom Zusammenhang zwischen Gehirn und Verhalten in seinem dynamischen Verlauf. Was früher ausschließlich Tierexperimenten vorbehalten war, kann ohne Beeinträchtigung der Person im Humanbereich zumindest in einigen Fragestellungen untersucht werden.

Aufgrund der technologischen Entwicklung und dem Wissensstand in Nachbardisziplinen haben sich die Möglichkeiten der Analyse und Interpretation des menschlichen Elektroenzephalogramms seit den ersten Messungen von Berger (1929) schrittweise verändert. Konzentrierte man sich zunächst vor allem auf die visuelle Inspektion von Frequenzspektren des Spontan-EEGs, so gestattete der Einsatz von Rechnern bei der Summation und Mittelung von dem Spontan-EEG überlagerten Reizantworten den Zugang zu ereigniskorrelierten oder evozierten Potentialen.

Die Registrierung der dynamischen Interaktion zwischen elektrokortikaler Aktivität und Verhalten war aber auch noch bis in die frühen 70er Jahre hinein auf kleinere Zeitausschnitte oder -stichproben beschränkt, da die große Datenmenge, die bei derartigen Messungen anfällt, auch von den bis dahin im Gebrauch befindlichen Datenerfassungs- und Speichersystemen nur in begrenzter

Menge analysiert und gespeichert werden konnten. Erst die Verfügbarkeit leistungsfähiger Rechenanlagen erlaubte die Registrierung des EEGs mit detaillierter zeitlicher Auflösung über Zeitintervalle von Minuten hinaus, sei es im psychophysiologischen Experiment oder in der klinischen Praxis. In der Geschichte der Psychophysiologie lassen sich viele Beispiele dafür finden, wie eng Verfügbarkeit spezifischer Analyseverfahren, Erkenntnisstand und Interesse an präziseren, spezifischeren Informationen über Informationsverarbeitungsprozesse im menschlichen Gehirn verquickt sind. Neben der visuellen Inspektion des EEGs, dem hauptsächlichen Zugang in frühen Stadien der Elektroenzephalographie, lassen auch Ergebnisse der Mittelungsverfahren und Frequenzspektrenanalysen nicht ausreichend befriedigende Schlußfolgerungen oder Präzisierungen zu. Versuche neue Wege zu gehen lagen nahe, wie sie hier z. T. vorgestellt werden. Ein Beispiel für die Probleme spezifischer Aussagen ist der Befund, daß unter unterschiedlichen Verhaltensanforderungen oder Schritten der Informationsverarbeitung offensichtlich topographische Unterschiede in der EEG-Aktivität zutage kommen. Ein präfrontaler Aktivitätsanstieg bedeutet in Abhängigkeit der jeweiligen Bedingung etwas anderes als ein parietaler Aktivitätsanstieg.

Weitere Anforderungen an die Methodik der Aufzeichnung und Analyse wurde durch die von Psychophysiologen erhobene Forderung gestellt, in den Verhaltenswissenschaften Daten möglichst auf allen drei Verhaltensebenen zu erfassen: die Aktivität mehrerer physiologischer Systeme sollte mit motorischen Verhaltensparametern und subjektiven Reaktionen der Versuchsperson kontinuierlich registriert werden. Die Geschichte der Verhaltenswissenschaften zeigt, daß verläßliche Prognosen über menschliches Verhalten nur bei Beachtung möglichst vieler das Verhalten determinierender Systeme möglich sind.

Obwohl das Ideal einer ganzheitlichen Betrachtung menschlicher Verhaltensweisen kaum zu verwirklichen ist, stellt die multiple Datenerfassung, wie sie durch die Entwicklung von schnellen Rechnersystemen mit großer Speicherkapazität möglich wurde, einen Schritt in die Richtung auf dieses Ideal dar.

Durch die Summationstechnik konnte schließlich auch am intakten Menschen die elektrische Aktivität subkortikaler Regionen nach akustischen und somatosensorischen Reizen erfaßt werden. Die dabei ablaufenden Änderungen bewegen sich im Bereich weniger Millisekunden. Die Untersuchung topographischer Differenzen im Zusammenhang mit Verhaltensänderungen bleibt also nicht nur auf den Bereich der Hirnrinde beschränkt, sondern bezieht zunehmend tiefere Hirnregionen in die Analyse ein.

Neue Anforderungen an die Aufzeichnungs- und Auswertungsmethodik wurden schließlich auch durch neue Untersuchungsparadigmen gestellt, z. B. die Ausweitung der Biofeedback-Methodik auf elektrokortikale Aktivitäten (dies bedeutet, daß man die eigene physiologische Aktivität, in diesem Fall die des eigenen Gehirns, in leicht faßbarer Form rückgemeldet bekommt, mit dem Ziel, diese Aktivität unter operante Kontrolle zu bringen). Wengleich sich diese neue Disziplin der Selbstregulation von Hirnpotentialen erst in den Anfängen befindet, erlauben die in den letzten Jahren gesammelten Befunde begründete Hoffnungen, über diese noninvasive Vorgehensweise zu einem besseren Verständnis der Interaktion zwischen Gehirnaktivität und menschlichem Verhalten zu gelangen (s. Elbert et al. 1984). Der Einsatz biologischer Rückmeldung stellt z. B. ganz neue

Anforderungen an die Systeme der Datenerfassung und -analyse: mit möglichst geringer Zeitverzögerung soll eine rasch erfaßbare Information über die im Moment ablaufende Gehirntätigkeit gegeben werden. Angesichts der hohen Geschwindigkeit, mit der sich elektrokortikale Parameter ändern, erfordert dies eine neue Konzeption rascher Datenaufarbeitung und Umsetzung in eine auch Laien verständliche Form.

Obwohl neue Verfahren und methodische Entwicklungen die Phantasie des Experimentators nicht überflüssig machen, sondern oft höhere Anforderungen an sie stellen, wird der Psychophysiologe und Neurowissenschaftler in Zukunft noch viel mehr als bisher methodische Entwicklungen berücksichtigen müssen. Hochentwickelte, phantasievolle Experimente verlangen hochentwickelte Methoden.

Das vorliegende Buch ist als Einführung in den methodischen Entwicklungsstand der Elektroenzephalographie und als Beitrag zur Entwicklung neuer Analyseverfahren speziell für den interdisziplinär arbeitenden Neurowissenschaftler und Psychophysiologen gedacht. Die Entwicklung der letzten Jahrzehnte zeigt klar, daß Fortschritte in den Neurowissenschaften nur durch Aufgabe der klassischen Fachgrenzen erreichbar sind. Dies gilt besonders für den vor allem in den USA rapide wachsenden Bereich der "behavioral neurosciences", eine Bezeichnung für die im Deutschen schwer ein Äquivalent zu finden ist. Dieser Forschungszweig befaßt sich primär mit den Zusammenhängen zwischen Hirnaktivität und Verhalten und versucht, eine Brücke zwischen Allgemeinpsychologie und Hirnphysiologie zu schlagen, mit dem Ziel, psychologische Konstrukte und Theorien (Lernen, Gedächtnis, Motivation, Wahrnehmung u. a.) durch neurophysiologische Modelle und Theorien zu fundieren. In den klassischen Disziplinen Psychologie, Medizin und Biologie fehlt bisher eher eine adäquate methodische Vorbereitung der Forscher und Studenten auf die Probleme dieser interdisziplinären Arbeit. Die klassischen statistischen und experimentellen Methoden, wie sie in Psychologie und Biologie gelehrt werden, erweisen sich im Bereich der "behavioral neurosciences" als nicht ausreichend und z. T. den Problemen nicht angemessen.

Voraussetzung für fruchtbare Interaktion ist die Verwendung einer gemeinsamen methodischen Sprache und die Kenntnis einer Methodologie, die sich nicht an Fachgrenzen halten kann. Wir versuchen hier auch, eine solche gemeinsame methodische Sprache zumindest im Ansatz zu entwickeln, in der Hoffnung, die Verständigung zwischen den Wissenschaften zu erleichtern.

# 1 Überblick über die elektrischen Aktivitäten des Gehirns

Im folgenden Überblick sollen diejenigen elektrophysiologischen Aktivitäten des Gehirns vorgestellt werden, die nichtinvasiv von der Schädeloberfläche abgeleitet werden können, und die auch Gegenstand der in diesem Buch behandelten experimentellen bzw. statistischen Verfahren sind. Die Entwicklung von Methoden zur Registrierung, Verstärkung und Quantifizierung und die statistische Analyse von Biosignalen, z. B. der elektrophysiologischen Aktivität des Gehirns, ist an Merkmale, Eigenarten und Probleme des jeweiligen Signals gebunden. Diese wesentlichen Charakteristiken, ebenso wie neurophysiologische Aspekte und physikalische Grundprinzipien (z. B. Dipol, elektrische Felder), sollen im folgenden dargestellt werden. Diese Darstellung bildet die Grundlage für die folgende Deskription von Aufzeichnungs-, Filter-, und Analyseverfahren. (Eine ausführliche Darstellung und Diskussion von elektrophysiologischen Aktivitäten unter dem Aspekt ihrer psychophysiologischen Bedeutung oder eine Darstellung von Abweichungen bzw. pathologischen Veränderungen dieser elektrophysiologischen Aktivitäten ist hier nicht intendiert; s. dazu Simon 1977; Birbaumer 1975; Stöhr et al. 1982; Rockstroh et al. 1982; Niedermeyer u. Lopes da Silva 1982; als allgemeine Einführung in die Psychophysiologie kann Schandry 1981 sehr empfohlen werden.)

Die elektrischen Aktivitäten des Gehirns bilden sich als ein in Raum und Zeit veränderliches Potentialfeld ab. Die Veränderungen der Potentialdifferenz zwischen zwei Punkten, also die Spannungsschwankungen, wurden von Hans Berger 1929 mit dem Terminus „Elektroenzephalogramm" belegt, wobei der Begriff Elektroenzephalogramm (EEG) sowohl für die Methode der Aufzeichnung als auch für das Muster der elektrischen Potentialschwankungen verwendet wird. Im Kurvenablauf eines EEGs erscheinen Wellen verschiedener Frequenzen, Amplituden und Formen. Die Zusammensetzung eines Kurvenverlaufes bzw. die Dominanz einzelner charakteristischer Wellenformen hängt von dem tonischen Aktivierungsniveau des Organismus, von metabolischen Bedingungen und von der jeweiligen Stimulation ab. Im sog. „Spontan-EEG", der elektrischen Aktivität, die weitgehend unabhängig von äußeren Ereignissen, also „spontan" vom Gehirn generiert wird, dominieren Wellen charakteristischer Amplitude und Frequenz (zwischen 0 und 50 Hz) in Abhängigkeit vom Schlaf-Wach-Zustand des Menschen. Diesen Spontanoszillationen überlagert sind reizabhängige Reaktionen, evozierte oder ereigniskorrelierte Potentiale (EP, oder EKP, englisch: evoked oder event related potentials), deren charakteristische (z. T. modalitätsspezifische) Wellenabfolge einzelne Schritte der Informationsverarbeitung im Gehirn widerspiegeln können. Neben der Darstellung einzelner Frequenzbänder im Spontan-EEG bzw. charakteristischer Wellen im evozierten Potential bedarf es jedoch eines kurzen Exkurses über neurophysiologische und physikalische

Grundlagen des EEGs. (s. Cooper et al. 1980; Nunez 1981; Lopes da Silva u. Van Rotterdam 1982; Speckmann et al. 1984). Im EEG werden die in einem gerichteten Stromfeld auftretenden Potentialdifferenzen gemessen. Globalere oder ausgedehntere Potentialdifferenzen resultieren aus der Summation von Depolarisationen und Hyperpolarisationen, weniger aus Aktionspotentialen einzelner Nervenzellen mit ihren Axonen und Dendriten (s. unten).

## 1.1 Charakteristische Frequenzbänder im Spontan-EEG

Bereits die ersten EEG-Ableitungen von Berger zeigten deutlich, daß das EEG im Wachzustand eines gesunden Erwachsenen im wesentlichen zwei Aktivitäten in unterschiedlichen Frequenzbereichen enthält, die Berger der Kürze halber als Alpha- und Beta-Aktivität bezeichnete. Generell wird der Frequenzbereich von 8 – 13 als Alpha-Band bezeichnet; davon abzugrenzen sind die Alpha-*Wellen*, nämlich sinusförmige Schwingungen mit okzipitaler Dominanz im Bereich des Alpha-Bandes. Daneben treten in diesem Frequenzband auch andere Wellenformen auf. Oberhalb von 13 Hz schließt sich das Beta-Frequenzband an, das von manchen Autoren bei 30 Hz begrenzt wird. Andere Autoren rechnen dem Beta-Band auch Frequenzen oberhalb 30 Hz zu, die sonst auch als Gamma-Rhythmen bezeichnet werden. Walter (1936) teilte die Frequenzen unterhalb des Alpha-Bereichs dann in Delta- (0 – 3,5 Hz) und Theta-Band (4 – 7,5 Hz) ein; dabei sollte der Terminus „Theta" an einen möglichen thalamischen Ursprung bzw. an eine thalamische Schrittmacherfunktion bei diesen Wellen erinnern.

Angesichts der deutlichen Variabilität des menschlichen EEGs erscheint eine allgemeinverbindliche, umfassende Beschreibung kaum möglich. Entsprechend ist auch die folgende Darstellung nur als grober Überblick zu betrachten (s. Abb. 1.1)

Unter *Alpha-Aktivität* wird die über beiden Hemisphären weitgehend symmetrisch verteilte Aktivität im Frequenzbereich von 8 – 13 Hz verstanden, die vor allem im entspannten Wachzustand, bei geschlossenen Augen oder im Übergang zu Entspannung und Schläfrigkeit deutlich hervortritt. (Sie wird beim Einschlafen und zunehmender Schlaftiefe von langsameren Frequenzen abgelöst). Im Vergleich verschiedener Ableitungspunkte von der Kopfhaut dominiert die Alpha-Aktivität vor allem über hinteren Kopfregionen (parieto-okzipital). Dort erreichen die sinusförmigen Alpha-Wellen beim Erwachsenen bis zu 50 µV. Stimulation oder Aktivierung (z. B. Augenöffnen) oder geistige Konzentration (z. B. Rechnen) führen zu einem Verschwinden der Alpha-Wellen zugunsten schnellerer Wellen mit niedrigerer Amplitude; dieses Phänomen wird als Alpha-Block bezeichnet und ist vor allem für die Diagnose pathologischer EEG-Reaktionen von Interesse (z. B. weist ein unvollständiger oder fehlender Alpha-Block auf Medikamentenintoxikation hin).

Die Alpha-Aktivität ist kortikalen Ursprungs, kommt aber wahrscheinlich durch synchronisierte thalamische Afferenzen zustande.

Alpha-Wellen stellen auch ein Persönlichkeitsmerkmal dar und treten bei ca. 25% normaler Erwachsener kaum oder nicht auf. Zwillingsuntersuchungen (mit

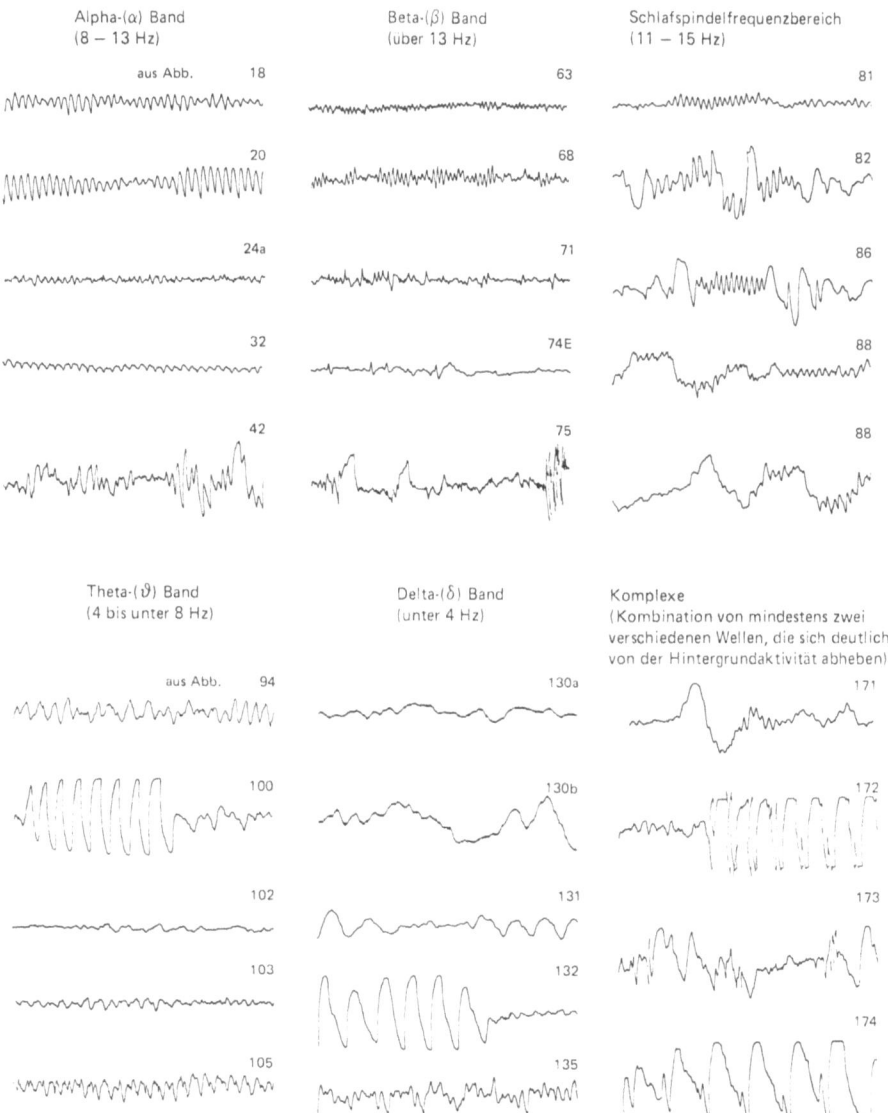

**Abb. 1.1.** Beispiele von EEG-Wellen der verschiedenen Frequenzbänder, Amplituden und Formen (aus Simon 1977). Es ist jeweils ein Ausschnitt von ca. 3,3 s dargestellt

ein- und zweieiigen Zwillingen) zeigen, daß die dominante Alpha-Frequenz in einer gegebenen Situation nahezu vollständig genetisch festgelegt ist (Lykken 1982; s. auch Abb. 5.8).

Es ist zu beachten, daß zum Alpha-Frequenzbereich (jedoch nicht zu den Alpha-Wellen) verschiedene andere Wellenformen gerechnet werden, z. B. My-Rhythmen, Kappa-Wellen während des REM-Schlafes und meditativer Bewußtseinszustände. My-Rhythmen sind arkadenförmige Wellen über centroparietalen (also sensomotorischen) Regionen; sie variieren im Frequenzbereich 7 – 11 Hz

und weisen Amplituden von deutlich weniger als 50 µV auf. Kontralaterale Bewegung oder die Bereitschaft dazu, sowie taktile Stimulation blockieren die My-
Aktivität. My-Aktivität tritt nur bei ca. 10% der Erwachsenen auf, und es wird
vermutet, daß sie häufiger bei neurotischen und psychopathischen Persönlichkei-
ten registriert wird (Niedermeyer u. Koshino 1975).

Kappa-Wellen mit einer Frequenz im Alpha- oder Theta-Band sind während
mentaler Belastung beobachtet worden. Da der Kappa-Rhythmus am deutlichsten über Elektroden an den äußeren Canthi der Augen abgeleitet wird und z. T.
auch im REM-Schlaf („Rapid eye movement"-Schlaf, s. Abschn. 1.2) auftritt,
stellt er möglicherweise weniger ein hirnelektrisches als ein durch Augenbewegungen hervorgerufenes Muster dar.

Ferner ist zu berücksichtigen, daß verschiedene charakteristische Wellenformen im Alpha-Frequenzbereich von diagnostischer Relevanz sein können und
daß ein „normales" Alpha-EEG ein klinisch-pathologisches Geschehen nicht
ausschließen muß (s. unten).

Die *Beta-Aktivität* ist gekennzeichnet durch Frequenzen oberhalb von 13 Hz.
Eine Begrenzung bei 30 – 35 Hz erscheint allerdings sinnvoll, da Frequenzen im
40 Hz-Bereich (Gamma-Aktivität) wahrscheinlich eine wesensverschiedene Bedeutung zukommt. Im Beta-Frequenzband treten selten regelmäßige oder gar sinusförmige Wellen gleichbleibender Frequenz auf. Vielmehr repräsentiert Beta-
Aktivität ein Gemisch von Frequenzen mit niederen Amplituden. Man spricht
deshalb auch vom „desynchronisierten" Zustand des EEGs. Beta-Aktivität tritt
sowohl im entspannten Zustand (also neben der Alpha-Aktivität) als auch bei
mentaler Aktiviertheit, also Aufmerksamkeit auf. Auch im Einschlafen (Stadium
1) und im REM-Schlaf werden Wellen im Beta-Frequenzbereich (17 – 20 Hz)
über dem Vertex und der Okzipitalregion beobachtet.

Langsame hochamplitudige Wellen im Frequenzbereich 4 – 8 Hz werden als
*Theta-Aktivität* beschrieben. Theta-Aktivität ist die normal dominante Aktivität
im kindlichen EEG, dort vergleichbar der Alpha-Aktivität beim Erwachsenen.
Theta-Aktivität kann somit Auskunft über das Entwicklungsstadium des Gehirns
geben, wahrscheinlich über die Verschaltung von Kortex, Thalamus und Hypo-
thalamus (Walter 1959). Im Erwachsenen-EEG hingegen wird Theta vor allem in
Schlafphasen (z. B. Stadium 3), in tiefer Entspannung, meditativen Zuständen
und unter forcierter Atmung (Hyperventilation) beobachtet. Möglicherweise begleitet fokaler Theta auch die Unterdrückung von Schmerz (Larbig 1982), wenn
angenommen wird, daß langsame Aktivitäten eher Inhibition bzw. „Mikro-
schlaf" der entsprechenden kortikalen Areale anzeigt.

Ähnlich wie Theta-Aktivität, so sind auch *Delta-Frequenzen* (0,5 – 3 Hz) eher
vorherrschend im EEG von Säuglingen und Kleinkindern und werden bei Erwachsenen in Schlafstadien und unter forcierter Atmung gemessen. Die Zunahme von langsamen Wellen im Theta- und Delta-Frequenzbereich im EEG des Erwachsenen im Wachzustand deutet eher auf pathologische Veränderungen hin
(s. Abschn. 1.6).

## 1.2 Das Schlaf-EEG

Im Laufe einer Nacht treten unterschiedliche Schlafstadien in zyklischer Folge auf. Diese Stadien können mit Hilfe von EEG und EOG (Elektrookulogramm), z. T. auch durch Muskelaktivität (EMG) deutlich differenziert werden. Die jeweils dominante Frequenz und Amplitude im Spontan-EEG wird mit einer Phase auf der Schlaf-Wach-Dimension assoziiert. Abnehmende Aktiviertheit geht im allgemeinen mit der Tendenz zu langsameren Frequenzen und höheren Amplituden einher. Entsprechend werden beim Übergang vom Wach- zum Schlafzustand und während der unterschiedlichen Schlafphasen (Dösen, Leichtschlaf, mitteltiefer Schlaf, Tiefschlaf, Traumphasen) charakteristische Veränderungen bzw. Verschiebungen im Spontan-EEG beobachtet. Generell werden beim Schlaf-EEG bzw. beim Übergang von Einschlafphase/Entspannung zum Tiefschlaf 4 Phasen bzw. Schlafstadien unterschieden (s. Abb. 1.2):

*Schlafstadium 1* (Leichtschlaf – Dösen) ist gekennzeichnet durch einen Zerfall der Alpha-Wellenzüge. Die Alpha-Frequenz ist zunächst diffus und variierend in Frequenz und Amplitude, bei zunehmender Entspannung bzw. im Einschlafen verlangsamen sich die Frequenzen (bei Amplituden um bis zu 40 µV) und zerfallen in eine Mischung aus Theta und schnelleren Frequenzen. Im Verlauf der Schlafphase 1 kommt es zu einer Zunahme von Theta-Frequenzen sowie beginnenden Vertexwellen. Vertexwellen werden als sekundäre (endogene) evozierte Potentiale interpretiert, die einen veränderten kortikalen Zustand anzeigen. Von manchen Autoren wird das Schlafstadium 1 in zwei Unterphasen aufgegliedert, wobei ein Anteil von höchstens 20% Alpha-Wellen bei gleichzeitiger Zunahme des Anteils von Theta-Frequenzen und das Auftreten von Vertexwellen die Phase 1b kennzeichnet.

Etwa 50% der Gesamtschlafzeit verbringt der Erwachsene im *Schlafstadium 2* (mitteltiefer Schlaf), das durch das Auftreten sog. Komplexe, Schlafspindeln und K-Komplexe, gekennzeichnet ist. Unter Schlafspindeln versteht man Wellenzüge („bursts") im Frequenzbereich 11 – 15 Hz (meist im Bereich 12 – 14 Hz), die sich über etwa 0,5 s erstrecken und eine Amplitude bis zu 50 µV erreichen. Schlafspindeln werden vor allem frontozentral gemessen (s. Abb. 1.2). Der K-Komplex wird beschrieben als langsame biphasische hochamplitudige Welle, verbunden mit einer Schlafspindel, wobei sich ein negativer Pol am Vertex gegenüber dem Frontalkortex ausprägt; ähnlich wie Schlafspindeln erstreckt sich ein K-Komplex mindestens über eine halbe Sekunde; im Gegensatz zu Schlafspindeln erreichen die K-Komplexe Amplituden bis zu 125 – 150 µV.

*Schlafstadium 3* (Tiefschlaf) ist gekennzeichnet durch eine deutliche Verlangsamung der Frequenzen im EEG, einen Anteil von mindestens 20% Delta-Wellen (0,5 – 3,0 Hz, anterior, 75 µV Amplitude), K-Komplexen und einer Abnahme der Schlafspindeln.

*Schlafstadium 4* ist erreicht, wenn innerhalb einer Meßepoche über 50% Delta-Wellen registriert werden. K-Komplexe treten nur noch vereinzelt auf. Die Ausschüttung des Wachstumshormons (GH) ist auf die Tiefschlafphasen beschränkt; dies läßt auf einen auch endokrinologisch veränderten Zustand schließen.

Schließlich wird eine weitere Schlafphase differenziert, während der schnelle Augenbewegungen („rapid eye movements", REM) beobachtet werden; zur Ab-

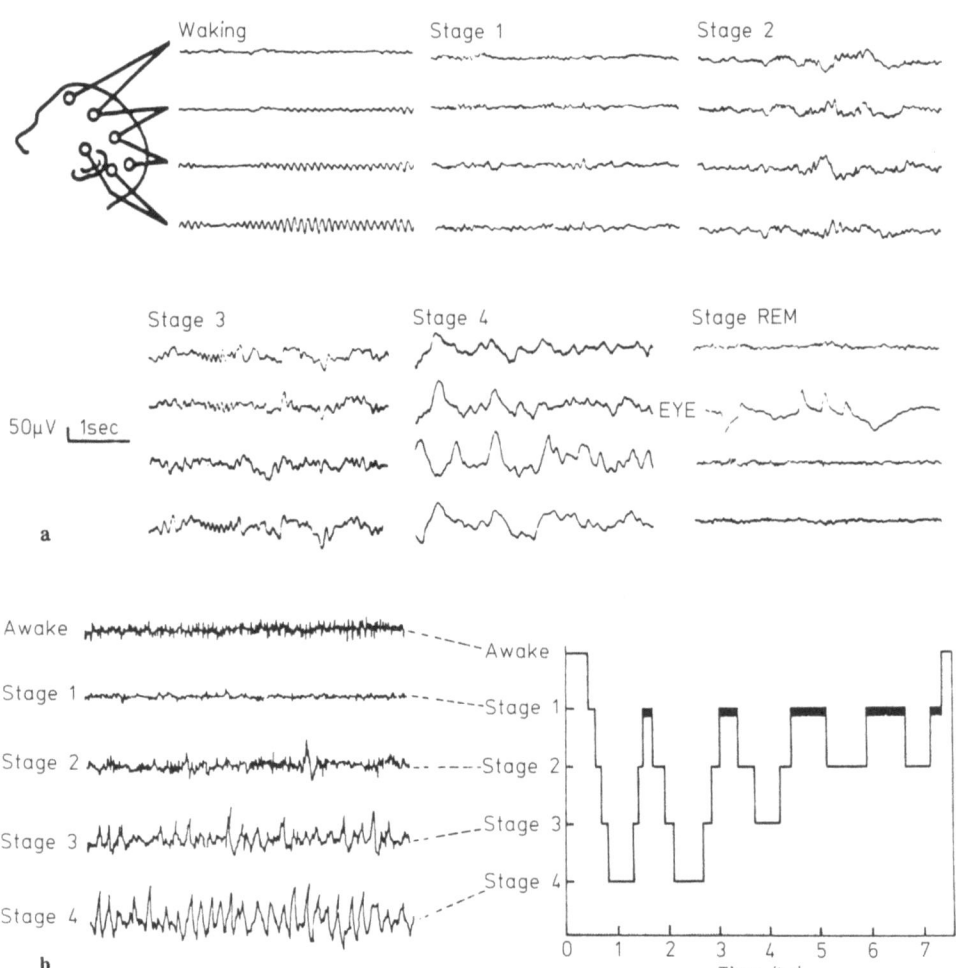

**Abb. 1.2a, b.** EEG-Verläufe während der verschiedenen Schlafstadien. **a** zeigt posterioren Alpha im Wach-EEG bei geschlossenen Augen (WAKING), der im Dämmerzustand (STAGE 1) verschwindet. Im Stadium 2 treten anterior zunehmend Spindeln und Komplexe auf; in Stadium 3 und vor allem 4 zeigt sich verlangsamte Aktivität; die Spindeln verschwinden in Stadium 4. Schnelle Frequenzen und ruckartige Augenbewegungen (EYE) kennzeichnen den REM-Schlaf (aus Stevens 1974). **b** Typischer Ablauf der Schlafstadien einer Nacht, dargestellt bei jungen Erwachsenen. Die schwarzen Balken kennzeichnen Zeiten des REM-Schlafes, der durch zusätzliche okulographische und EMG-Aufzeichnung vom Stadium 1 unterscheidbar ist. Die erste REM-Phase ist gewöhnlich kurz (5 – 10 min), die REM-Dauer verlängert sich aber mit wiederholtem Auftreten. Die Stadien 3 und 4 dominieren zu Beginn der Nacht, während sie in den morgendlichen Zyklen völlig fehlen können. Im vorliegenden Beispiel erwachte der Schläfer während einer REM-Phase; die Erinnerung an einen Traum ist daher gut möglich. (Aus Kandel u. Schwartz 1981)

hebung werden die zuvor genannten vier Schlafstadien auch als Non-REM, orthodoxer, „slow wave" oder telenzephaler Schlaf zusammengefaßt, gegenüber paradoxem, desynchronisiertem, rhombenzephalem oder REM-Schlaf.

Der *REM-Schlaf* ist neben den schnellen Augenbewegungen auch durch andere Indikatoren vegetativer und zentralnervöser Aktivierung charakterisiert, wie wechselnder Atmung, Durchblutung der Geschlechtsorgane, (beim Mann Erektion) und Myokloni, d. h. Gruppen von EMG-Entladungen (bis zu 2 s Dauer), die von keiner mechanisch registrierbaren Bewegung begleitet werden (s. auch Birbaumer 1975). Die Erfassung des REM-Schlafs erfolgt daher am besten polygraphisch, d. h. unter Zuhilfenahme verschiedener physiologischer Registrierungen wie EOG, EMG und EEG.

Das EEG im REM-Schlaf ist gekennzeichnet durch unterschiedliche Frequenzen, vor allem jedoch durch niedergespannte, desynchrone Aktivität. Im kindlichen Schlaf-EEG machen REM-Phasen 50 − 80% aus, im EEG des Erwachsenen verteilen sich 20% REM-Schlaf auf ungefähr 5 Phasen während einer Nacht (s. Abb. 1.2b). REM-Schlaf schließt sich normalerweise an die vier oben beschriebenen Schlafstadien an. Allerdings wird Stadium 4 mit zunehmendem Alter weniger und im höheren Lebensalter gar nicht mehr erreicht. Die erste REM-Phase wird im normalen Schlaf ungefähr 90 min nach dem Einschlafen registriert. Abweichungen von diesem Rhythmus werden z. B. bei Depressiven beobachtet: Schulz et al. (1982) beschreiben bei Depressiven und Schlafgestörten REM-Phasen unmittelbar nach dem Einschlafen, die sie als SOREMP („sleep onset REM periods") bezeichnen. REM-Schlaf wird im allgemeinen mit Traumaktivität assoziiert; es ist jedoch umstritten, ob REM-Phasen Voraussetzung für Traum-Aktivität sind. Wahrscheinlich werden im REM-Schlaf eher gefühlsbetonte und bildhafte Träume erlebt, während diejenigen des orthodoxen Schlafes eher unanschaulich, bruchstückhaft sind. Die physiologische und psychologische Bedeutung des REM-Schlafes ist nicht eindeutig geklärt. Es zeigt sich jedoch, daß eine Unterdrückung von REM-Schlaf auf Dauer zu Irritabilität und psychopathologischen Symptomen führt. Schlafdeprivation hat meist zur Folge, daß in darauffolgenden Nächten vermehrt REM-Phasen auftreten, daß also quasi vornehmlich REM-Schlaf nachgeholt wird. Zu diesem „REM-Rebound" kommt es auch, wenn REM-Phasen selektiv unterdrückt werden (dadurch, daß der Proband entsprechend geweckt wird).

Veränderungen der charakteristischen oder vorherrschenden EEG-Frequenzen in den einzelnen Schlafstadien können auch auf pathologische Veränderungen hinweisen. Z. B. fehlen Schlafspindeln bei Kindern, die infolge unbehandelter Hyperthyreose geistig behindert sind. Eine relativ erhöhte Häufigkeit von Schlafspindeln wird nach Überdosierung von Antidepressiva und Hypnotika beobachtet.

## 1.3 Ereigniskorrelierte Potentiale − exogene Komponenten

Jedes Ereignis löst im EEG, also im Spannungs-Zeit-Diagramm, einen charakteristischen Kurvenverlauf aus. Dieser Kurvenverlauf wird (abweichend von dem rein physikalischen Begriff) als Potentialverlauf oder einfacher als „Potential" bezeichnet. Diese Potentiale sind dem Spontan-EEG, also nichtereigniskorrelierter Aktivität, überlagert. Handelt es sich bei dem auslösenden Ereignis um einen einfachen physikalischen Reiz, so wird das ereigniskorrelierte Potential (EKP) auch als evoziertes Potential (EP) bezeichnet: „Alle einem modalitätsspezifischen Reiz bzw. einer elektrischen Stimulation sensibler Afferenzen folgende Reizantworten werden unter dem Begriff 'Evozierte Potentiale' subsumiert" (Stöhr 1982, S. 1). In der Regel sind die EKP im Spontan-EEG nicht sichtbar und müssen durch Mittelungsprozesse der Antworten auf wiederholte Reize erkennbar gemacht werden (s. unten). *Latenz* vom auslösenden Ereignis, *Amplitude* und Richtung (negative oder positive *Polung*) der EKP variieren mit Parametern des auslösenden Ereignisses oder Reizes, dem Aktivierungsniveau des Individuums, der Intaktheit der Nervenleitungen zwischen Peripherie und Kortex, sowie psychologischen Aspekten der Informationsverarbeitung. Die charakteristische Abfolge von positiven und negativen Potentialverschiebungen, wie sie in den registrierten EKP sichtbar wird, ist seit mehr als 2 Jahrzehnten Gegenstand neurophysiologischer und psychophysiologischer Forschung, deren vornehmliches Interesse der Genese der EKP sowie der Bedeutung der einzelnen Wellen für Verhaltenssteuerung und Informationsverarbeitung gilt.

Generell unterscheidet man in Abhängigkeit von der Latenz der Potentialverschiebung vom auslösenden Reiz folgende Kategorien von EKP:

Exogene Potentiale, zu denen Potentialverschiebungen vor allem innerhalb der ersten 100 ms nach Reizbeginn gerechnet werden. Merkmale der exogenen EKP sind ihre Modalitätsspezifität (akustische, visuelle und somatosensorische Reize rufen ein deutlich differenzierbares Muster von Potentialschwankungen hervor), ihre relative Unabhängigkeit vom Aktivierungsniveau der Person (exogene EKP können auch während des Schlafes oder bei Bewußtlosigkeit ausgelöst werden), hohe intraindividuelle Stabilität, sowie ihre Repräsentation in klassischen sensorischen Bahnen. Die einzelnen Wellen oder „Komponenten" der exogenen EP reflektieren vor allem die Funktion peripherer sensorischer Organe und subkortikaler Leitungssysteme in Hirnstamm und thalamischen Strukturen. Ihre Abhängigkeit von Reizcharakteristiken und die relative Unabhängigkeit von psychologischen Variablen waren ausschlaggebend für die Bezeichnung „exogen".

Die diagnostisch-klinische Bedeutung der Messung exogener EP liegt vor allem in der Überprüfung der Intaktheit peripherer sensorischer und subkortikaler Leitungssysteme.

Im summierten akustischen EP (AEP) (Abb. 1.3) sind z. B. sieben distinkte Wellen (bzw. positive Gipfel) sichtbar. Jede Welle repräsentiert die Funktion einer Schaltstation auf dem Weg der akustischen Information vom Ohr zum Kortex. Welle I wird z. B. der Aktivität des achten Hirnnerven (N. vestibulocochlearis) zugeschrieben; Welle II zeigt die Aktivität des Nucleus cochlearis, Welle III die Aktivität des oberen Olivenkerns an. Die Wellen IV und V werden der Aktivität der lateralen Linsenkörper und der Inferior colliculi zugeschrieben; Welle VI und VII werden vermutlich auf thalamischer Ebene generiert, z. B. in den Corpora geniculare (Kniekörpern). Neuere Ergebnisse legen allerdings eine etwas andere Einteilung nahe (s. Abschn. 1.7).

In Abhängigkeit von ihrer Latenz bezeichnet man bei den AEP die zuletzt genannten Wellen als Hirnstammpotentiale (auch „frühe" AEP, FAEP, bzw. „brainstem" AEP, BAEP, mit Latenzen zwischen 0 und 10 ms), da deren Generierung im Hirnstamm vermutet wird, und unterscheidet davon die „mittleren Komponenten" zwischen 10 und 50 ms und die „späten Komponenten", die z. T. aufgrund ihrer über dem Vertex dominanten Amplituden auch als Vertexpotentiale bezeichnet werden; die späten Komponenten sind aufgrund ihrer Charakte-

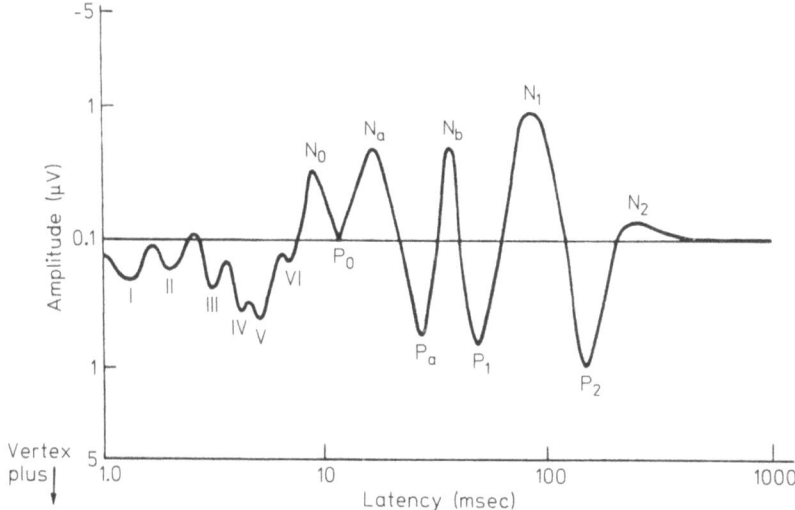

**Abb. 1.3.** Schematische Darstellung eines akustisch evozierten Potentials (AEP) (logarithmischer Maßstab). Die Gipfel (Peaks) I – VI werden zwischen akustischem Nerv und lateralem Kniekörper generiert, also relativ weit entfernt von dem Ableitungsort an der Schädeloberfläche. Diese Gipfel werden daher auch „far field potentials" genannt. Gipfel VI tritt in der Vertexableitung nicht hervor. Die mit **N** (negativ) und **P** (positiv) bezeichneten Gipfel repräsentieren wahrscheinlich Aktivität aus Thalamuskernen, dem akustischen Kortex und Assoziationsarealen. (Nach Picton et al. 1974)

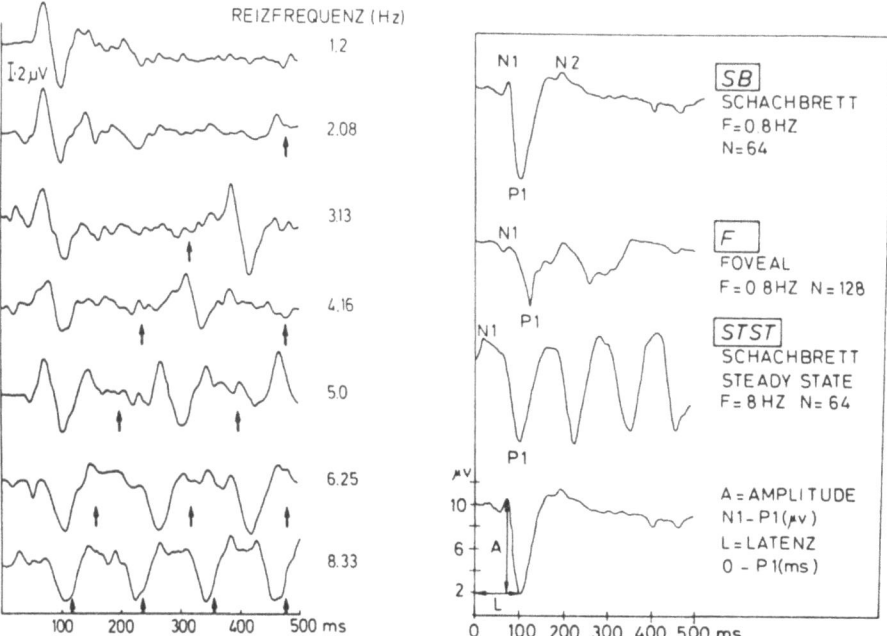

**Abb. 1.4.** *Links:* Übergang von transientem VEP zum Steady-state-VEP bei Zunahme der Musterumkehrfrequenz (Schachbrett). Die Pfeile markieren den Zeitpunkt der Musterumkehr. *Rechts:* VEP bei einer gesunden Vp bei transienter (SB und F) und Steady-state-Stimulation. (Aus Stöhr et al. 1982)

ristika den endogenen EKP zuzurechnen und werden entsprechend später vorgestellt.

Auch für das visuell evozierte Potential (VEP, s. Abb. 1.4) gilt, daß seine
Amplitude prinzipiell mit der Anzahl funktionstüchtiger Neurone korreliert. Das
VEP ist gegenüber dem AEP in seiner Struktur komplexer und variabler, da das
Auge mehr Information (Leuchtdichte, Frequenzspektrum (Farbe), Reizmuster-
konfiguration, Kontrast, retinaler Ort der Reizabbildung etc.) aufnimmt und zu
den primären und sekundären Projektionsarealen (okzipital) weiterleitet. Demzufolge muß das VEP vor allem in Abhängigkeit der gewählten Stimulation beschrieben werden. In der Psychophysiologie, Neurologie und Ophthalmologie
bedient man sich vornehmlich zum einen der Messung blitzevozierter Potentiale,
zum anderen der Registrierung musterumkehrevozierter Potentiale. Beim Einsatz
von stroboskopisch vermittelten Lichtblitzen ist man stärker mit Einflüssen der
genannten Reizparameter konfrontiert, da sich im EP die Reaktionen auf Reiz-
struktur und Beleuchtungsänderung vermischen. Bei der Musterumkehr (z. B.
Schachbrett- oder Streifenmuster), bei der helle und dunkle Anteile rhythmisch
wechseln, bleibt die Leuchtdichte dagegen konstant. In Reaktion auf die Musterumkehr entwickelt sich ein reliables, intra- und interindividuell weniger variables
VEP mit charakteristischer Wellenform, in der vor allem die P100 dominiert (s.
Abb. 1.4). Infolgedessen bedient man sich vor allem in der neurologischen Diagnostik eher der Methode der Musterumkehr, während die Messung blitzevozierter Potentiale vor allem zur Untersuchung zeitlicher Charakteristika der visuellen
Informationsverarbeitung eingesetzt wird. (Die Bedeutung verschiedener Reizparameter und intervenierender Variablen sowie der Einsatz der VEP-Messung in
Neurologie und Ophthalmologie werden ausführlich bei Stöhr et al. 1982, beschrieben).

Als früheste registrierbare neurale Aktivität bildet sich im somatosensorisch
evozierten Potential (SEP) das Summenaktionspotential am stimulierten peripheren Nerven ab. Nach einer Stimulation am Handgelenk kann nach ca. 14 ms
eine negative Welle (N14) auf der Höhe der Nackenwirbelsäule (C2, C3) abgeleitet werden; die nachfolgende P15 wird bereits als thalamische oder lemniskale
Reaktion angesehen. Kontralateral zur stimulierten Extremität zeigt sich die N20
als erste kortikal generierte Komponente, während gleichzeitig eine positive Verschiebung über frontalen Arealen auftritt (Goff et al. 1978).

Veränderungen der Parameter dieser Potentialschwankungen, wie z. B. eine
Erhöhung der Latenzen einzelner Wellen oder eine Erniedrigung der Amplituden, weisen auf pathologische Veränderungen hin. Veränderungen im Muster visueller EP werden z. B. bei der Diagnose der multiplen Sklerose oder anderer De-
myelinisierungskrankheiten herangezogen. Entsprechend ist die Messung exogener EP vornehmlich Untersuchungsgegenstand der Neurologie, Neurophysiolo-
gie und Neuropsychologie (s. Abschn. 1.7).

## 1.4 Ereigniskorrelierte Potentiale – endogene Komponenten

Die sich den exogenen EP zeitlich anschließenden Potentialschwankungen mit
Latenzen zwischen 100 und 300 – 500 ms vom auslösenden Reiz erweisen sich als

weniger abhängig von physikalischen Reizparametern; in Abhebung von den exogenen Potentialen werden sie infolgedessen als „endogene" EKP bezeichnet. Merkmale der endogenen EKP sind ihre Abhängigkeit vor allem von psychologischen Reizparametern und dem psychologischen Zustand der Person und ihre z. T. modalitätsunabhängige Topographie. Als Faustregel nennen Donchin et al. (1978): "The useful distinction, which can serve as a guide for experimentation, is that whenever variance in the ERP can not be attributed to variance in the physical stimulus, the ERP-components will be considered endogenous. Whenever the variance is attributable to the physical nature of the stimulus we consider the components exogenous" (S. 356).

Wohl am intensivsten untersucht und diskutiert werden die negative Verschiebung nach 100–200 ms, als N1 oder N100 bezeichnet, und die positive Verschiebung nach 300–500 ms, P3, P300 oder Teil des Late Positive Complex, LPC, genannt.

Die N1 (s. Abb. 1.5 und 1.6a) wurde vor allem mit Aufmerksamkeit und Reizselektion in Verbindung gebracht, da ihre Amplitude größer wird, wenn die Aufmerksamkeit durch Instruktion auf einen bestimmten Zielreiz gerichtet wird. Aufmerksamkeit bezeichnet jene Funktionen, die uns erlauben, Wahrnehmungs- und motorische Prozesse selektiv von einer Reizkategorie abhängig zu machen. Dem gegenüber stehen nichtselektive Vorgänge wie Aktivierung/„arousal" oder Wachheit. Nach den Theorien von Broadbent (1958) und Treisman (1964, 1969) tritt im Verlauf der Informationsverarbeitung die Selektion an *einem* Punkt ein;

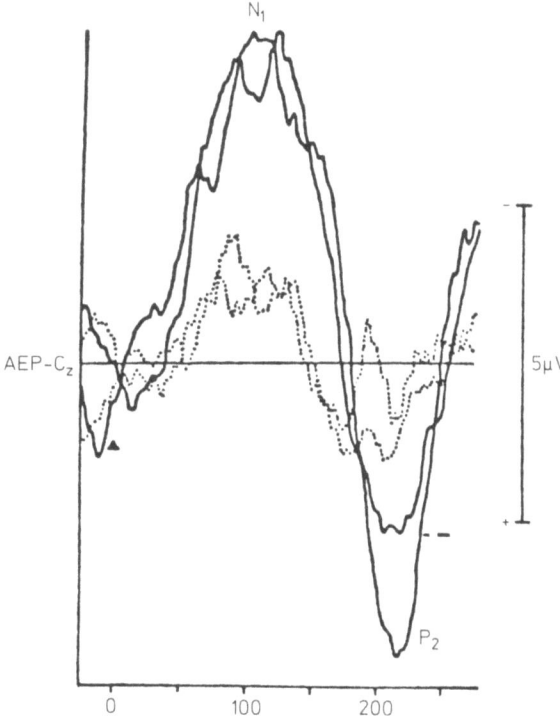

**Abb. 1.5.** Akustisch evozierte N100 (Cz vs. rechtes Ohrläppchen). Die Vp wird mit einer Serie von abwechselnden Tönen und Lichtblitzen stimuliert. Wenn die Aufmerksamkeit auf die Töne gerichtet ist, ist die durch den Ton evozierte N100 deutlich größer (*durchgezogene Linie*), als wenn sich die Aufmerksamkeit auf die Lichtblitze richtet (*gepunktet*). (Aus Hillyard u. Picton 1979)

man könnte diese Theorien daher auch als Flaschenhalstheorien bezeichnen. Zwei gleichartige Reize werden nach diesem Modell parallel gespeichert. Nur eine der beiden Botschaften kann aber dann einen Filter passieren, und zwar auf der Grundlage ihrer *physikalischen* Eigenschaften („stimulus set"). Hillyard u. Picton (1979) diskutieren die N1 im Rahmen dieser Broadbent-/Treisman-Überlegungen. Hillyard et al., die die N1 wohl am intensivsten untersucht haben, kommen zu dem Schluß, daß die "N1 amplitude differential might be a correlate of a stimulus set (filter) mode of selective attention directed towards... attributes of the attended channel" (Hillyard et al. 1978, S. 280). Selektives Filtern, durch die N1 repräsentiert, scheint sich vor allem auf grundlegende Attribute der Stimuli zu beziehen, wie z. B. Modalität, räumlich-zeitliche Lokalisation, sowie auf eine erste Selektion der Informationsquelle. Die Ergebnisse zur N1 lassen sich wie folgt zusammenfassen:
− Die N1 ist wahrscheinlich die früheste Komponente, die von selektiver Aufmerksamkeit beeinflußt wird.
− Der aufmerksamkeitssensitive Teil der N1 ist von der Modalität des Reizes weitgehend unabhängig (nicht aber die Amplitude).
− Um N1-tuning beobachten zu können, müssen zwei Voraussetzungen erfüllt sein: Die Bedingungen „beachte" − „beachte nicht" müssen durch einfache physikalische Reizparameter unterscheidbar sein; die Aufgabenbelastung muß hoch sein, d. h. das Reizintervall kurz oder die Diskrimination schwer.
− Die N1 kennzeichnet den Stimulus Set im Modell von Broadbent/Treisman; der Filter wirkt erst auf einem relativ hohen (kortikalen) Niveau.
    Generell kann also die N1 mit selektiver Aufmerksamkeit assoziiert werden.
    Neuere Ergebnisse (Knight et al. 1982) legen eine Unterscheidung zwischen einer zeitlich früheren (N1a) und einer etwas länger latenten (N1b) Komponente der N1 nahe, die sich auch durch unterschiedliche topographische Dominanz auszeichnen: die N1a ist wahrscheinlich temporal generiert, die N1b ist eher frontal dominant.
    Die *P300* ist eine positive Welle, die sich mit einer Latenz von ca. 200 ms zu entwickeln beginnt und parietale Dominanz aufweist. Ihre maximale Amplitude tritt frühestens 300 ms nach Reizeinsatz auf, kann aber erheblich verzögert sein. (Die wichtigsten Forschungsarbeiten zur P3 wurden von den Gruppen um Sutton, Donchin, Hillyard und Squires geleistet.) Die P3-Amplitude erweist sich als abhängig von der Wahrscheinlichkeit des Stimulus (sie ist umgekehrt proportional zur Auftrittswahrscheinlichkeit des auslösenden Reizes), der Aufgabenrelevanz des Reizes (sie tritt nur deutlich hervor, wenn ein Reiz erkannt wird, gezählt werden muß oder mit einer Aufgabe kombiniert ist) und dem Ausmaß der Information (z. B. über die Adäquatheit der Reaktion) (s. Abb. 1.6). Infolgedessen wurde die P3 vor allem mit Gedächtnisaspekten der Informationsverarbeitung in Verbindung gebracht. Stimuli werden bewertet in bezug auf ihren Informationsgehalt für im Gedächtnis gespeicherte Modelle der „Umwelt", was zu Reduktion von Unsicherheit und zur Modifikation der gespeicherten Modelle („restructuring of mental models", "up-dating of environmental schemata"; Donchin 1981) führt.
    Im Rahmen der Gedächtnistheorie von Grossberg (1978, 1980) wird präzisiert, wie im ZNS falsche Gedächtnisinhalte korrigiert werden. Dabei werden

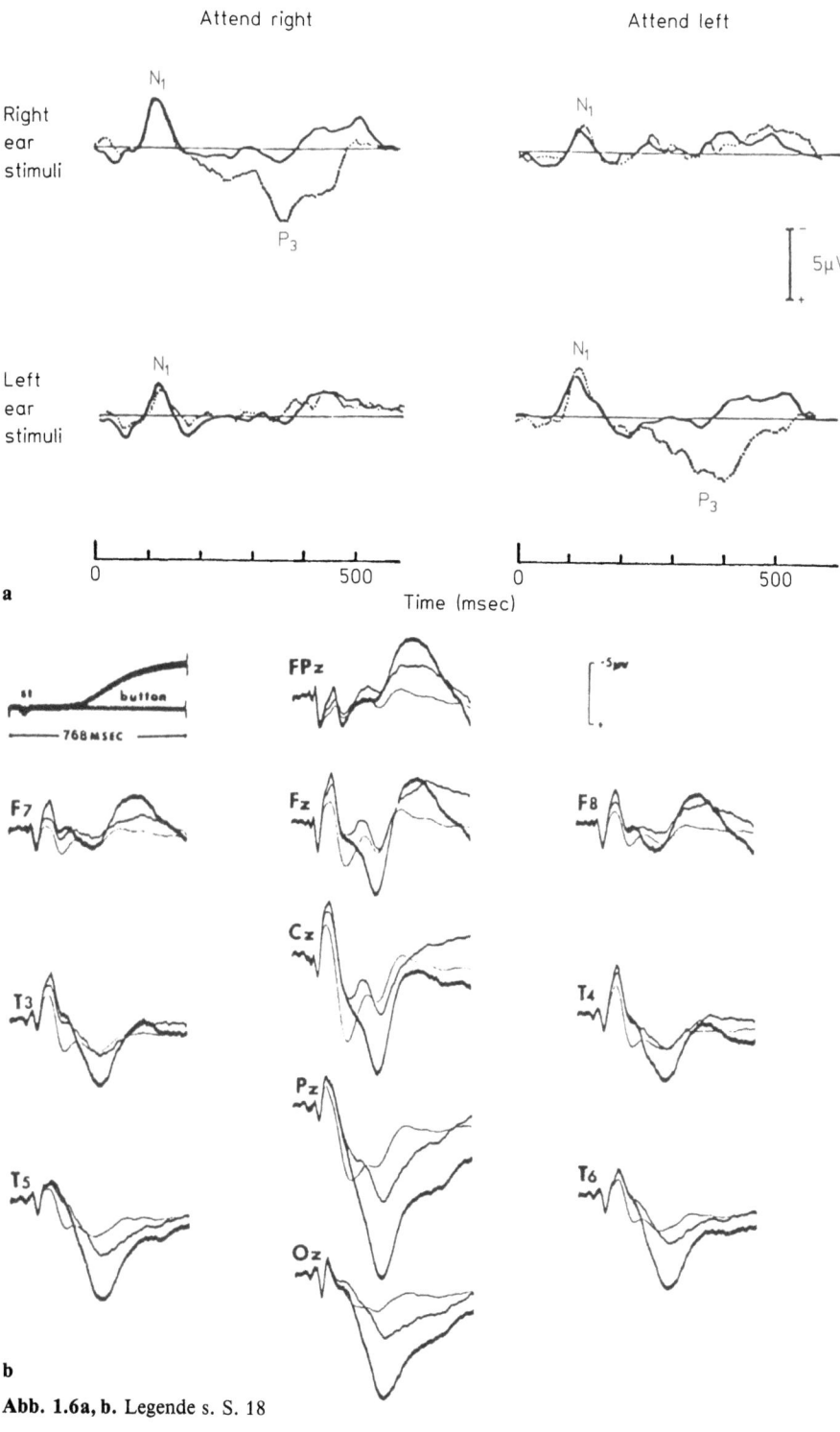

**Abb. 1.6a, b.** Legende s. S. 18

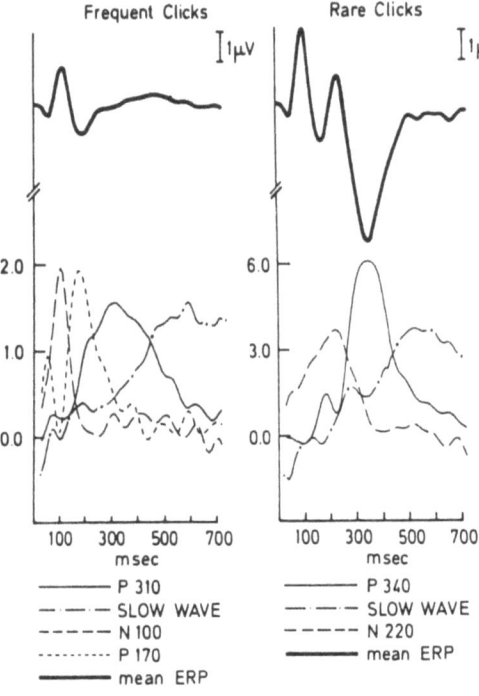

c

**Abb. 1.6a – c.** Beispiele unterschiedlicher P300-Amplituden: **a** AEP auf zufällige Sequenzen von Silben (ba, pa, da, ja). Durchgezogene Linien kennzeichnen die Potentiale auf Silben, die nicht gezählt werden mußten, gepunktet sind dagegen AEP auf Silben, die gezählt werden sollten („target"). Dargestellt ist das AEP einer Vp, gemittelt über 480 („non-target") bzw. 160 („target") Durchgänge (aus Hink 1975, nach Hillyard u. Picton 1979). **b** Grand averages, d. h. über Vpn gemittelte EKP für Zielreize (*dicke Linien*), seltene (*mittel*) und häufige (*dünn*) irrelevante Reize („non-targets"). Man beachte die parietale Dominanz der P300. Ableitorte wie in Abb. 2.1. (Aus Curry et al. 1983). **c** Mean ERP: EKP gemittelt über Vpn und Ableitungen auf häufige, „non-target" (*links*) und seltene (*rechts*) Clicks. Bereiche gemeinsamer Kovariation können durch die Bestimmung von Hauptkomponenten (*unten*) ermittelt werden; s. dazu Kap. 5. (Aus Hermanutz et al. 1981)

nach einem „mismatch", also einer Diskrepanz zwischen Gedächtnisinhalt und ankommender Reizkonfiguration, in schneller Folge Hypothesen auf ihre Übereinstimmung mit dem gerade registrierten Ereignis geprüft, bis es zu einem „match", also zu einem Gleichklang auf den verschiedenen neuronalen Netzwerken kommt. Nach Grossberg löst also ein „mismatch" zwischen aktuell erfahrenen Afferenzen und efferenten Erwartungen ein „reset" (ein Zurücksetzen auf Ausgangswerte) des Kurzzeitgedächtnisses aus; die aktivierten bisher gespeicherten Muster werden global durch ein unspezifisches Erregungs- („arousal") System unterdrückt. Grossberg (1980) diskutiert die P3 als Folge dieses „Reset"-Prozesses.

Ergebnisse von Stamm et al. (1982) legen jedoch nahe, innerhalb des Modells von Grossberg die P3 eher als Zeichen einer „adaptive resonance" zu sehen, d. h. die P3 wird durch das Auffinden einer geeigneten Hypothese ausgelöst, die zur Aufhebung des „mismatch" und damit zum Gleichklang der verschiedenen neuronalen Netzwerke führt. Da nach Grossberg damit das Ereignis im Kurzzeitgedächtnis repräsentiert ist, wäre dann die P3 gleichfalls ein Indiz für den Speichervorgang eines Ereignisses im Gedächtnis. [Die intensive Diskussion darüber, welchen Aspekt der menschlichen Informationsverarbeitung die P3 repräsentiert, wird auch von Rösler (1982), Donchin (1981) und Duncan-Johnson (1981) wiedergegeben.] Rösler (1982) spezifiziert aufgrund eingehender Literaturstudien und eigener Untersuchungen die Bedeutung des P3-Komplexes als „Hilfsroutine der Informationsverarbeitung, die vom ZNS aufgerufen wird, wenn nach der De-

kodierung der sensorisch vermittelten Information *kontrollierte* Verarbeitungs-
operationen eingeleitet werden müssen" (S. 247/8). Diese Deutung, die eine *reizbezogene* und nicht reaktionsbezogene Bedeutung der P3 impliziert, kann zur Erklärung der inkonsistenten Beziehung zwischen P3 (Amplitude und Latenz) und
motorischen Verhaltensvariablen herangezogen werden. In Abhängigkeit des jeweiligen experimentellen Paradigmas wurden sowohl positive Zusammenhänge
zwischen P3 Latenz und z. B. Reaktionsgeschwindigkeit als auch negative Zu-

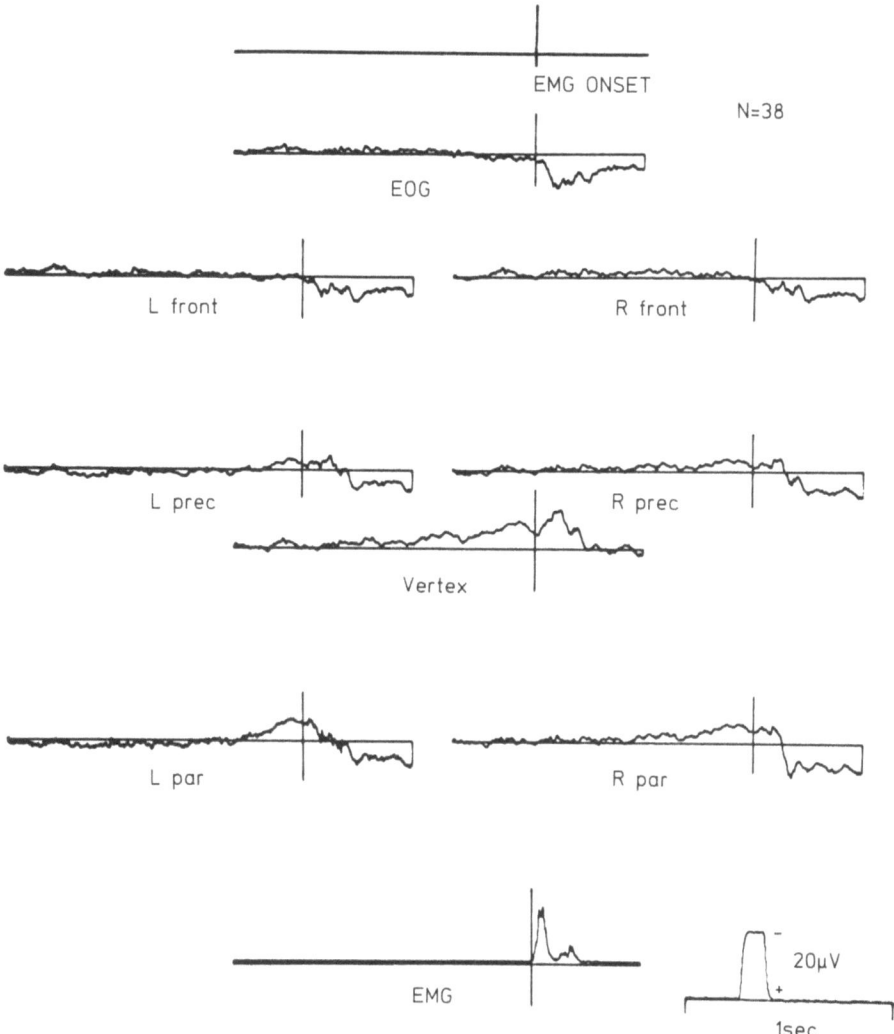

**Abb. 1.7.** Vor Willkürbewegungen zeigen gemittelte EEG-Verläufe eine langsame negative Verschiebung, das Bereitschaftspotential. Der Beginn der ersten Muskelreaktion ist durch die senkrechten
Querstriche angezeigt. Gleichzeitig zeigt sich ein leichter Rückgang der Negativierung, die prämotorische Positivierung, während es mit der Bewegung erneut zu einer Negativierung (Motorpotential) geringer Amplitude kommt. Danach zeigt sich ein Rückgang der langsamen Negativierung, z. T. unter
den Ausgangswert (aus Deecke 1978)

sammenhänge, als auch Nullkorrelationen festgestellt. Donchin (1979) beurteilt jedoch die Reaktion als nur eine von vielen Konsequenzen kognitiver Reizverarbeitung: "It is plausible to expect P3 latency to be determined by one subset of the processes invoked by a stimulus, while reaction time is determined by others" (S. 68).

Vor *motorischen Willkürbewegungen* wurde nach Deecke u. Kornhuber (1978), Deecke et al. (1976) eine Sequenz von drei charakteristischen endogenen EKP differenziert (s. Abb. 1.7):

- eine langsam ansteigende Negativierung, die etwa 0,8 s *vor* einer Bewegung (z. B. Fingerbewegung) beginnt und bei bedeutungslosen Bewegungen 5 µV beiderseits über der vorderen Zentralwindung erreicht. Dieses *Bereitschaftspotential* wird von uns im Rahmen der Regulation langsamer Potentiale betrachtet (s. Abschn. 1.5);
- eine *prämotorische Positivierung* etwa 90 ms vor den ersten Muskelaktionspotentialen, die ebenfalls bilateral über sensomotorischen Arealen dominiert;
- das dritte Potential, 60 – 50 ms vor Bewegungsbeginn, ist einseitig und umschrieben lokalisiert über den primären Projektionsarealen des jeweils aktiven Bewegungssystems. Dieses negative *Motorpotential* entspricht nach Kornhuber et al. (1980) den plötzlich einsetzenden Entladungen der Pyramidenzellen des motorischen Kortex. Bei Bewegungen, die nicht im motorischen Kortex vertreten sind (z. B. Augenbewegungen), fehlt des Motorpotential entsprechend.

## 1.5 Langsame Potentiale

Als weitere Kategorie ereigniskorrelierter Potentiale werden die *langsamen Potentiale* (LP) differenziert (eine Zusammenfassung gegen z. B. Haider et al. 1979 und Rockstroh et al. 1982). Auf der Zeitdimension vom auslösenden Reiz gesehen schließen sich diese Potentiale mit einer Latenz von etwa 500 ms bis zu mehreren Sekunden Dauer an. Die langsamen Potentiale mit ihrem vor allem bekannten Vertreter, der *CNV* ("contingent negative variation"; Walter et al. 1964), werden primär in Vorbereitungs- oder Erwartungssituationen registriert; im Standardparadigma z. B. signalisiert ein Warnreiz (oder S1), daß nach einem definierten Zeitintervall ein zweiter Stimulus mit imperativem Charakter (S2) folgt, der zu einer definierten Reaktion (motorische Reaktion, Entscheidung, Informationsverarbeitung) auffordert. Beispiele für eine Erwartungs- oder Vorbereitungsphase lassen sich im täglichen Leben unschwer finden: ein Blitz (S1) kündigt den Donner (S2) an, ein Motorengeräusch (S1) signalisiert ein herannahendes Fahrzeug (S2); an der Ampel dient Gelb als Warnreiz für das imperative Rot, das den Autofahrer zum Anhalten (motorische Reaktion) veranlaßt; das Läuten der Hausglocke (S1) löst die Erwartung aus, eine Person (S2) an der Haustür anzutreffen. Während des Zeitintervalles zwischen den beiden kontingenten Reizen (S1 und S2) wird eine negative Potentialverschiebung registriert (s. Abb. 1.8). [Neben „langsamen Potentialen" findet man auch die Bezeichnungen „Gleichspannungsverschiebung" und, nach der elektrischen Verstärkerart, „DC" („direct

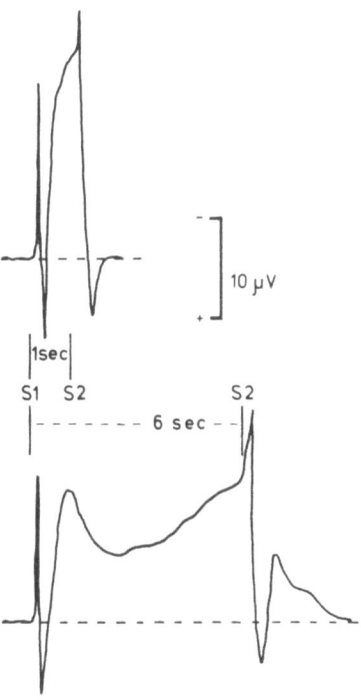

**Abb. 1.8.** Typischer Verlauf des langsamen Potentials am Vertex zwischen zwei kontingenten Reizen (CNV). Die zwei Gipfel, die während längerer Vorwarnintervalle (ab ca. 3 s) beobachtet werden, können bei kurzen S1-S2-Intervallen zu einem monotonen Anstieg verschmelzen. (Aus Rockstroh et al. 1982)

current" bzw. „direct coupled") Potentiale.] Da die Amplitude der negativen Potentialverschiebung vor allem mit dem Informationsgehalt der Stimuli, der Relevanz der antizipierten Reaktion, der Aufmerksamkeit und Motivation der Person variiert, wurde die Bedeutung der CNV vor allem auf der Ebene psychologischer Konstrukte, wie z. B. Aufmerksamkeit, Motivation, Vorbereitung und Erwartung diskutiert. (Einen Überblick über die einzelnen Hypothesen geben z. B. Rockstroh et al. 1982).

Während sich LP in kurzen Interstimulus- (ISI) bzw. Antizipationsintervallen als uniforme negative Verschiebung (wie die CNV) darstellen, beobachtet man in längeren Antizipationsintervallen von mindestens 3 – 4 s Dauer zwei negative Gipfel (s. Abb. 1.8). Die Hauptkomponentenanalyse (s. Abschn. 5.5) beschreibt den Verlauf dieser zweigipfligen negativen langsamen Potentialverschiebung mit zwei getrennten Komponenten, die als frühe und als späte Komponente bezeichnet werden. Diese beiden Komponenten sind auch in kurzen ISI, z. B. von nur 1 s Dauer, identifizierbar, z. B. durch die Hauptkomponentenanalyse, obwohl der biphasische Verlauf verschmolzen ist.

Die relative positive Verschiebung bzw. der Rückgang der negativen Potentialverschiebung zwischen den beiden negativen Gipfeln wird in verschiedenen experimentellen Anordnungen als separate Komponente erfaßt, obwohl sich hier möglicherweise eine Überlappung von früher und später Komponente abbildet (Lutzenberger et al. 1981). Es zeigt sich, daß die Amplitude des ersten negativen Gipfels, der frühen Komponente, mit der Länge des Antizipationsintervalles, dem Bekanntheitsgrad der Reizkonfiguration (Habituation über eine Reihe glei-

cher Sequenzen hinweg) und der Komplexität der Reizkonfiguration (S1 – S2) variiert. Aufgrund dieser Ergebnisse wurde die frühe Komponente mit der Verarbeitung der Reizkonfiguration und des Antizipationsintervalles sowie mit Zeit-
schätzungsprozessen in Verbindung gebracht, sowie mit einem Vergleich des aktuellen Reizes mit dem bereits gespeicherten Modell der zu erwartenden Reizkonfiguration. Je aufwendiger bzw. intensiver diese Verarbeitungsprozesse sind, um
so höher ist die frühe Komponente und um so deutlicher und rascher geht sie im
Verlauf des Interstimulusintervalles zurück.

Die Amplitude der späten Negativierung, die ihr Maximum im allgemeinen
mit dem Einsatz des imperativen Reizes erreicht, variiert mit der „Relevanz" oder
„emotionalen Qualität" dieses imperativen Reizes (aversiv, deutlich positiv oder
neutral), mit der Relevanz der mit dem imperativen Reiz assoziierten Reaktion
(motorische Reaktion, passive Reizbewältigung oder kognitive Leistung, z. B.
beim Lösen arithmetischer Aufgaben) und mit den Konsequenzen der Reiz-
Reaktions-Sequenz (die motorische Reaktion beendet den imperativen Reiz etc.).
Die späte Negativierung folgt den gleichen Gesetzmäßigkeiten wie das einer un-
angekündigten, willentlichen Handlung vorausgehende Bereitschaftspotential;
wahrscheinlich handelt es sich bei BP und später LP um dasselbe Phänomen, das
in unterschiedlichen Paradigmen zum Ausdruck kommt. [Eine Übersicht über
LP vor Willkürbewegungen wird z. B. bei Deecke et al. (1976) und Grünewald u.
Grünewald-Zuberbier (1983) gegeben.] Mit der Verarbeitung des imperativen
Reizes bzw. mit der assoziierten Reaktion kommt es zu einer positiven Verschiebung bzw. einem deutlichen Rückgang der negativen Potentialverschiebung,
z. T. bis unter das Ausgangsniveau. Lediglich Bedingungen, die eine anhaltende
Verarbeitung erfordern oder eine Neubewertung der Reizkontingenzen nahelegen, lösen eine über den imperativen Reiz bzw. die Reaktion hinaus andauernde
Negativierung aus (PINV, Post-Imperative Negative Variation). Im Rahmen des
zu negativen LP angeführten Beispiels könnte man sich hier vorstellen, daß man
beim Klingeln der Türglocke zur Haustür eilt, jedoch nicht die erwartete Person
vorfindet (z. B. Gerichtsvollzieher statt Freund/in).

Ein Vergleich der in der Literatur berichteten Ergebnisse zu LP sowie die Ergebnisse einer Serie von Grundlagenstudien waren Ausgangspunkt für die Formulierung eines integrativen Modells (Rockstroh et al. 1982). In diesem Modell
werden negative Potentialverschiebungen mit Prozessen der Vorbereitung für
eine Informationsverarbeitung oder eine zerebrale Leistung assoziiert, während
positive Potentialverschiebungen die zerebrale Verarbeitung oder Leistung selbst
anzeigen. Kortikale Negativierung repräsentiert demzufolge das Ausmaß oder
die Bereitstellung eines „zerebralen Potentials", während positive Potentialverschiebungen bzw. die Reduktion der Negativierung den Verbrauch dieses Potentials anzeigen. Das Ausmaß bzw. die Entwicklung der Negativierung, also das
Ausmaß der Bereitstellung des Potentials, werden bestimmt durch die erwartete
zerebrale Leistung. Der Warnreiz „triggert" den Abruf von gespeicherten Informationen über Kontingenzen und Reaktionsanforderungen, so daß ein entsprechendes Maß an vorbereitender Aktivität, an kortikalem Potential, bereitgestellt
werden kann. (Für eine ausführliche Diskussion dieses Modells s. Rockstroh et
al. 1982.) Ein derartiges Modell gestattet die Formulierung präziserer Hypothesen über das Verhalten langsamer Potentiale unter definierten Bedingungen so-

wie die Überprüfung dieser Hypothesen und erlaubt die Aufstellung mathematischer Modelle zur Beschreibung der LP (s. Abschn. 5.6).

Beispiele aus unserer eigenen Forschung zu LP werden im Zusammenhang mit den einzelnen Methoden zur Analyse langsamer Potentialverschiebungen vorgestellt.

## 1.6 Zur klinischen Bedeutung des Spontan-EEGs

Die Ableitung eines Spontan-EEGs gehört heute zu den routinemäßig durchgeführten Zusatzuntersuchungen im Rahmen der klinisch-neurologischen Diagnostik. Für solche Ableitungen wurden eine Reihe von Übereinkünften[1] ausgearbeitet, um eine weltweite Vergleichbarkeit klinischer EEG-Befunde zu gewährleisten. Diese Übereinkünfte betreffen den gesamten apparativen Bereich, die Lokalisation und Art der Elektroden, die Art der Ableitungen, die Dauer der Aufzeichnung sowie einige üblicherweise durchzuführende Provokationsmethoden (d. h. bestimmte Verfahren der Stimulation, die bestimmte EEG-Aktivitäten hervorrufen können, s. unten). Eine Auswertung erfolgt visuell ohne besondere Hilfsmittel (s. Abschn. 5.1). Schließlich wird der Befund verbal dokumentiert, und es ist auch für diesen Bereich ein Glossar üblicher Termini zusammengestellt worden. Bevor diese Gesichtspunkte ausführlicher dargestellt werden und bevor auf Aspekte spezieller klinischer EEG-Befunde eingegangen wird, sollen einige grundsätzliche Überlegungen zur klinischen Bedeutung des Spontan-EEGs angestellt werden.

Die Aussagekraft eines Spontan-EEGs hängt nicht nur von den jeweiligen Ableitungsbedingungen ab, sondern auch von den anderen Befunden und Angaben zum jeweils abzuklärenden Krankheitsbild. Es hat sich nämlich gezeigt, daß aus einem EEG keinesfalls immer auf eine Erkrankung des ZNS geschlossen werden kann. So können in seltenen Fällen pathologische EEG-Veränderungen ohne klinische Entsprechung und ein normales EEG mit nachgewiesener Störung des ZNS einhergehen. Ein EEG-Befund erreicht in seiner Aussagekraft also nur eine gewisse Wahrscheinlichkeit; er ist quasi ein Baustein im diagnostischen Puzzle. Für die praktische Anwendung bedeutet dies, daß jeder EEG-Befund zunächst quantitativ und qualitativ zu beschreiben ist. Die Beurteilung erfolgt dann nach Erfahrungswerten und Normen der klinischen Elektroenzephalographie, und die Beziehung zum jeweils abzuklärenden Krankheitsbild kann nur vor dem Hintergrund der übrigen klinischen Informationen geschehen. Vor Einführung der modernen, nichtinvasiven neuroradiologischen Diagnostik (wie z. B. Röntgen, Computertomographie) wurde das EEG auch zur lokalisatorischen Diagnostik herangezogen – ein Gesichtspunkt, der heute eher untergeordnete Bedeutung hat. Die eigentliche Qualität des EEG ist dagegen zunehmend stärker in den Vor-

---

1 Das 10–20-System, ein Glossar wichtiger Termini und Standards der EEG-Instrumentierung und der klinischen Praxis des EEGs wurde 1983 von der International Federation of Societies for Electroencephalography and Clinical Neurophysiology unter dem Titel "Recommendations for the Practice of Clinical Neurophysiology" (Amsterdam, Elsevier 1983) zusammengestellt.

dergrund getreten: Das EEG ist ein wichtiger Funktionsparameter, mit dessen Hilfe *dynamische Vorgänge* des ZNS im Kurzzeit- und Langzeitbereich erfaßt und verglichen werden können. So spielt im Rahmen der Überwachung von Patienten einer Intensivstation die fortwährende EEG-Ableitung eine zunehmende Rolle. Auch pharmakologische Auswirkungen auf das ZNS, speziell im Bereich der Psychopharmakologie, stellen ein Interessenfeld dar, das vor allen Dingen durch computerunterstützte Auswertemethoden an Bedeutung gewonnen hat. Neben anderen Untersuchungsmethoden wird das EEG auch zur Bestimmung des klinischen Hirntodes herangezogen.

Auf den folgenden Seiten soll auf die üblichen Voraussetzungen und Standards klinischer EEG-Ableitungen eingegangen werden.

Klinische Untersuchungsmethoden stehen grundsätzlich vor dem Problem, möglichst auch beim schwerkranken Patienten durchführbar zu sein, nicht selten also auch am Krankenbett. Die Kooperation des Patienten ist oft aus den verschiedensten Gründen beeinträchtigt, bei einigen Störungen (komatöse Patienten, ausgeprägte Aphasie, andere Bewußtseinsstörungen oder Störungen des Wahrnehmungsvermögens) sogar aufgehoben. Das hat dann Auswirkungen auf eine störungsfreie Aufzeichnung etwa durch Bewegungs- und Muskelartefakte, oder bedingt mangelnde Befolgung einfacher Aufforderungen wie „Schließen/ Öffnen Sie bitte Ihre Augen!"

Kann die Untersuchung nicht im EEG-Labor durchgeführt werden, treten Probleme der Abschirmung und Verlust anderer Randbedingungen wie (akustische) Ruhe, Halbdunkel und anderes mehr auf.

Hier beginnt die Arbeit des technischen Assistenten, der einige charakterisierende Bemerkungen über Ort und Zeit der Ableitung sowie den Allgemeinzustand des Patienten und besonders dessen Bewußtseinszustand und Kooperativität auf einem Formblatt zur EEG-Kurve festhalten soll. Vom beantragenden Arzt sollte das Krankheitsbild charakterisiert werden und insbesondere die derzeitige Dauermedikation aufgelistet sein.

Eine Überprüfung der Funktionstüchtigkeit aller Kanäle vor jeder Registrierung ist unerläßlich, und eine Veränderung in der Verstärkung oder der Filter muß unbedingt in der laufenden Kurve vermerkt werden.

Als Elektroden werden im klinischen Routinebetrieb zumeist *Bällchenelektroden* benützt. Der Name deutet an, daß das Metallteil in ein saugfähiges Material eingebettet ist und dieses wiederum von einem Stück Gaze umhüllt wird. Zur Erhaltung der Leitfähigkeit wird die Elektrode in physiologischer Kochsalzlösung aufbewahrt. Die Befestigung bzw. die Plazierung am Kopf geschieht mittels einer Haube aus Gummibändern. Diese Bänder sind so angeordnet, daß die Standardpositionen (des allgemein verbreiteten 10 – 20-Systems, s. Abb. 2.1) ohne besondere Umstände besetzt werden können.

Von diesen Elektroden können nun unipolare oder bipolare Ableitungen (s. Abschn. 2.2) zur Darstellung der EEG-Kurve gewählt werden. Eine gute Übersicht über die EEG-Aktivität beider Hirnhälften und deren Regionen gewinnt man durch sog. Längs- und Querreihen-Ableitungen, wie Abb. 1.9 zeigt.

Andere Ableiteprogramme sind natürlich denkbar und in verschiedenen Labors auch routinemäßig im Einsatz. So können z. B. andere Elektrodenabstände gewählt werden o. ä. m. Wesentlich andere Erkenntnisse lassen sich allerdings

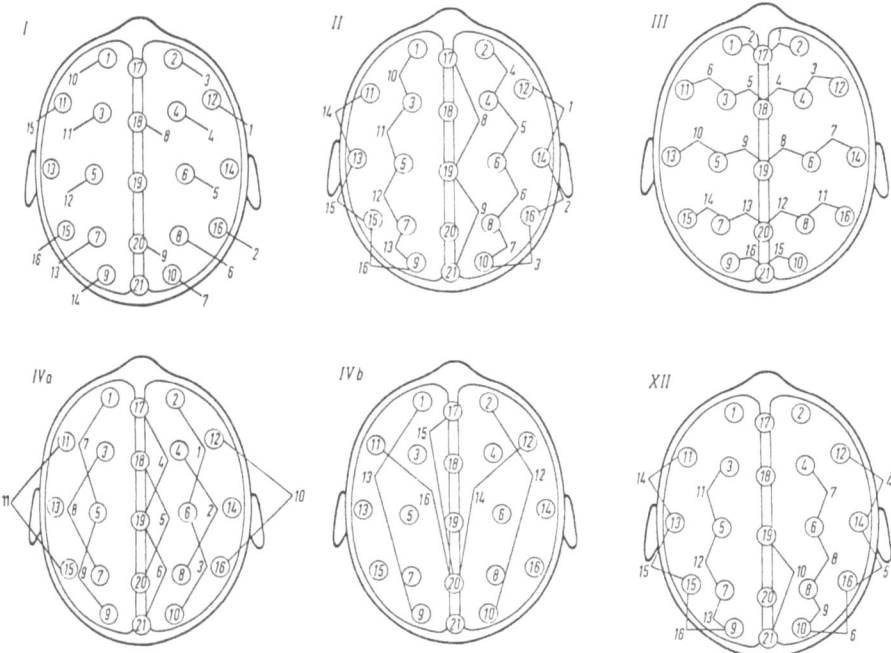

**Abb. 1.9.** Ableiteprogramme des EEG-Routinelabors von Simon (1977). (Die genaue Ermittlung der Elektrodenabstände nach dem 10-20-System ist in Abb. 2.1 dargestellt)

damit bei bloßer visueller Analyse kaum gewinnen. Eine Routineableitung dauert ca. 30 min und gliedert sich z. B. in folgenden Ablauf: (1) unipolare Längsreihe mit zeitweiligem Augenöffnen, (2) bipolare Längsreihe mit zeitweiligem Augenöffnen und nach längerer Entspannung bzw. Ruhe: unvermitteltes Klopfen (oder ähnliches akustisches Signal), (3) bipolare Querreihe mit zeitweiligem Augenöffnen und (4) bipolare Längsreihe mit ständig geschlossenen Augen und Aufforderung zu forcierter Atmung über einen Zeitraum von 4 min und anschließender „Erholungs- bzw. Entspannungsphase" von mindestens 2 min. Registriert wird mit einer Papiervorschubgeschwindigkeit von 30 mm/s; aus Sparsamkeitsgründen (Papierverbrauch und Archivplatz) wird auch mit 15 mm/s registriert. Schlafableitungen werden in der Regel mit 15 mm/s oder 10 mm/s „geschrieben".

Bei der Darstellung des typischen Registrierablaufes wurden schon 3 Provokationsmethoden genannt: (1) zeitweiliges Augenöffnen auf Aufforderung, (2) plötzliche akustische Reizung und (3) Hyperventilation. Zur Abklärung zerebraler Anfallsleiden können noch Schlafentzug (4) und Photostimulation (5) als weitere Provokationsmethoden herangezogen werden. Diese Provokationsmethoden sind erst nach unauffälligem Spontan-EEG und unter differentialdiagnostisch notwendiger Fragestellung bei besonders sorgfältiger klinischer Überwachung durchzuführen. Es ist seit langem bekannt, daß Unregelmäßigkeiten im Schlaf-Wach-Rhythmus und insbesondere Schlafentzug bei entsprechend disponierten Individuen zerebrale Krampfanfälle auslösen können oder die Anfallsbereit-

schaft zumindest erhöhen. Die erhöhte Anfallsbereitschaft geht unter diesen Bedingungen sehr häufig mit charakteristischen Veränderungen des EEGs einher,
was im „Schlafentzugs-EEG" erkennbar sein würde. Unabhängig davon kann
eine Reizung der Augen mit repetitiven Lichtblitzen Wellenformen auslösen, die
für zerebrale Anfallsleiden charakteristisch sind. Ganz ähnliche Erscheinungen
können auch durch verschiedene Arten akustischer Reizung provoziert werden.
Klinisch kann auf diese Art und Weise der eindrucksvolle Nachweis eines „pho-
togenen" oder „audiogenen" zerebralen Anfallsleidens gelingen.

Eine Sonderform des Spontan-EEGs stellt die streng standardisierte Dauerab-
leitung als Teil der notwendigen Untersuchungsmaßnahmen zur Abklärung eines
vermutlich eingetretenen Hirntodes dar. Im positiven Fall darf hier über viele
Stunden  keinerlei elektrozerebrale Aktivität nachweisbar sein. Die International
Federation of Societies for Electroencephalography and Clinical Neurophysiology hat hier eine Kommission gebildet, die sich mit der Festlegung der Kriterien
zur Bestimmung des klinischen Hirntodes befaßt hat. (Ingvar 1974).

Unter dem Einfluß verschiedener Experimentallabors (Dement/Guillemi-
nault und Gastaut/Broughton) hat eine erweiterte Form des EEGs Bedeutung erhalten und wird zunehmend auch im klinischen Bereich angewendet: das *Schlaf-
EEG* zur Abklärung von Schlafstörungen, unklaren, vorübergehenden Bewußtseinsstörungen und anderen Störungen, die eine Beziehung zum Schlaf-Wach-
Rhythmus erkennen lassen. Untersuchungen dieser Art können jedoch kaum
noch in den Routinebetrieb klinischer EEG-Abteilungen eingeordnet werden und
sind spezialisierten Institutionen vorbehalten.

Es wurde eingangs schon darauf hingewiesen, daß die *EEG-Auswertung* ohne
besondere Hilfsmittel visuell vorgenommen wird. Im Schnitt werden etwa 30 min
Auswertungszeit für Routineableitungen angesetzt; spezielle Fragestellungen und
Kinder-EEG-Untersuchungen, Langzeit-EEG oder Schlafableitungen verlängern
die Auswertungszeit z. T. beträchtlich.

Obwohl für die *Befunddokumentation* ein Glossar der Terminologie ent-
wickelt wurde, empfiehlt die Deutsche EEG-Gesellschaft, die gesamte EEG-
Kurve − und nicht etwa „repräsentative Ausschnitte" − zu archivieren, da trotz
aller Bemühungen der verbal dokumentierte Befund entscheidende Mängel aufweisen kann:
− Die verwendete Terminologie entspricht nicht den gebotenen Einheitlichkeits-
  kriterien.
− Eine verbale Darstellung stellt notwendigerweise eine Transformation und
  Verkürzung visueller Eindrücke dar.
− Divergierende Interpretationen sind auf sprachlicher Ebene nicht mehr falsifi-
  zierbar und beeinflussen auch eine nur selektive Archivierung („Übersehenes"
  wird dann weder sprachlich noch faktisch bewahrt).

Am Ende der EEG-Untersuchung sollte ein klarer Befund stehen, der vor allen Dingen auch einen Bezug zur klinischen Fragestellung herstellt. Aus dem hier
aufgezeichneten Befund-Dokumentations-Interpretations-Dilemma hat auch der
Einsatz automatischer Analyseverfahren ("computerized EEG-analysis") bisher
nicht herausführen können.

Der bloße EEG-Befund, der Befund ohne irgendwelche Zusatzinformationen
der Klinik zum Krankheitsbild, läßt nur globale und deskriptive Kategorien zu,

die nach Erfahrung zu der Bewertung „normal" oder „pathologisch" führen.
Sehr global können folgende Kategorien unterschieden werden:
1) Verzerrung und/oder Abnahme normaler Muster,
2) Auftreten und Zunahme pathologischer Muster,
3) Verschwinden aller Muster überhaupt.

Diese Grundkategorien lassen sich räumlich (umschrieben bzw. fokal vs. diffus, ein- oder beidseitig) und zeitlich (kurz, einmalig oder wiederholt, intermittierend, anhaltend bis durchgehend) näher bestimmen. Vorübergehende Veränderungen, d. h. plötzliches Auftreten und Verschwinden eines abnormen EEG-Musters, werden als „paroxysmal" charakterisiert.

Ein klinischer Bezug läßt sich damit nicht wirklich herstellen. Das beste Verständnis vom EEG und seiner Beziehungen zu anderen Untersuchungsmethoden bei der Abklärung zentralnervöser Störungen entwickelt sich wohl aus der Vorstellung, daß das EEG nur ein Teil der neurologischen Untersuchung sein kann. Bei jedem Patienten können je nach Art und Lokalisation der Störung pathologische Befunde sowohl im neurologischen Befund (körperliche Funktionsweisen) wie auch im EEG gefunden werden; pathologische Befunde können auf eine der Untersuchungsarten beschränkt sein oder sogar in beiden fehlen, so daß zusätzliche Untersuchungsmethoden herangezogen werden müssen, wenn Anamnese und klinischer Allgemeineindruck auf jeden Fall eine Störung nahelegen. [Eine ausgezeichnete Darstellung der breiten EEG-Phänomenologie findet sich in der Monographie von Simon (1977); besonders das umfangreiche Bildmaterial ist für den mit dem EEG arbeitenden Kliniker eine wertvolle Hilfe. Entsprechend den eingangs dargestellten Überlegungen soll deshalb noch einmal betont werden, daß die primäre klinische Analyse und Darstellung einer EEG-Kurve dem von Simon aufgezeigten Weg folgen wird.]

Hier soll nun eine Darstellung nach Krankheits- und Störungsbildern folgen, um auf diese Weise einen Überblick über die Aussagefähigkeit des EEGs im klinischen Bereich zu geben. Die Reihenfolge entspricht ansatzweise der klinischen Relevanz des EEGs – wobei wir uns der Problematik einer solchen Hierarchisierung durchaus bewußt sind.

## 1.6.1 Die Epilepsien

Die Ätiologie der Epilepsien ist uneinheitlich und wird zumeist auch von mehreren, voneinander unabhängigen Faktoren bestimmt. Trotz umfangreicher Untersuchungen der klinisch und theoretisch fundierten Neurowissenschaften ist auch der pathogenetische Mechanismus epileptischer Anfälle nicht endgültig abgeklärt, was letztlich vor allem therapeutische Konsequenzen hat. Von einer Epilepsie sollte erst dann gesprochen werden, wenn epileptische Anfälle immer wieder auftreten und eine primär epileptogene Funktionsstörung des ZNS angenommen werden muß. Epilepsie ist also durch das Auftreten krampfartiger Anfälle gekennzeichnet, die Konsequenz kollektiver synchroner neuronaler Entladungen sind. Die synchrone Massenentladung ruft ein riesiges EPSP, eine sog. paroxysmale Depolarisation (PDS) hervor. Über den Ursprung der PDS gibt es im wesentlichen zwei Hypothesen:

1) Synchrone EPSPs summieren sich, und inhibitorische Rückmeldeschleifen unterbrechen diesen Vorgang zu spät, da die inhibitorisch/exzitatorische Balance gestört ist.
2) Aktive Membranveränderungen tragen zu den Anfällen bei: die synaptische Übertragung verursacht synchrone Depolarisationen an pathologischen Zellmembranen, die unangemessen reagieren.

Ungefähr 1% der Weltbevölkerung leidet an Epilepsie, die mit Antiepileptika nur z. T. (ca. 80%) unter Kontrolle gebracht werden kann.

Elektrische Muster während Krampfanfällen, die dem epileptischen Formenkreis zugeordnet werden, sind so vielfältig und differenziert, daß eine ausführlichere Beschreibung hier zu weit führen würde. (Eine detaillierte Beschreibung gibt z. B. Niedermeyer 1982.) Niedermeyer schlägt daher auch vor, nicht von der Krankheit „Epilepsie" zu sprechen, sondern epileptische Krampfanfälle als abnorme Reaktionen des Gehirns zu bezeichnen, die auf verschiedene, das gesamte Gehirn oder nur Teile des Gehirns involvierende Krankheiten oder pathologische Veränderungen zurückgeführt werden können. Das Ausmaß der zugrundeliegenden Störungen determiniert jedoch zum großen Teil die Art des Krampfanfalls. Pathologische Prozesse innerhalb von Gehirnstrukturen können ebenso Krampfanfälle auslösen wie Prozesse außerhalb des Gehirns (z. B. metabolisch-toxische Veränderungen) und sekundäre Enzephalopathien. Eine Beschreibung epileptischer Aktivitäten muß daher unter morphologischen, neurobiochemischen und elektrophysiologischen Aspekten erfolgen.

Unter *morphologischem* Aspekt wird der neuronalen „De-Afferentation" am epileptischen Fokus besondere Beachtung geschenkt: Es wird angenommen, daß Läsionen u. a. auch zur Bildung neuer dendritischer Fortsätze (Spines) und damit zu einer erhöhten Anzahl von Synapsen führen. An diese neuen Synapsen gelangen Neurotransmitter, die normalerweise nicht dort vorkommen, was abnorme Erregung zur Folge haben kann.

*Neurobiochemische* Mechanismen bei der Epilepsie erweisen sich als extrem komplex. Unter anderem werden Veränderungen von Gliaprozessen und Veränderungen im Anionentransport diskutiert. Nach Gumnit (1979, zit. bei Niedermeyer 1982) ist eine Veränderung im Ionenaustausch (exzessive Kaliumanhäufung mit nachfolgend gesteigerter extrazellulärer Kaliumkonzentration) aufgrund inadäquater Gliamechanismen für die Auslösung epileptischer Anfälle verantwortlich.

Auch Störungen der Natrium-Kalium-Pumpe, gesteigerter Kalziumeinstrom oder die Akkumulation von freiem Acetylcholin können Ursache exzessiver Depolarisation sein. Während offensichtlicher Krampfanfälle wurden ferner eine deutliche Steigerung der zerebralen Durchblutung, der $CO_2$-Produktion und des Glukoseumsatzes beobachtet. Epileptische Entladungen reflektieren massive und gehäufte axosomatische Entladungen, denen ebenfalls extrem ausgeprägte langsame Depolarisationen vorausgehen. Die Verschiebungen im Membranpotential können bis zu 30 mV betragen – bei einer Dauer von bis zu mehr als 100 ms. Epileptische Entladungen können ferner mit „ultralangsamer" Aktivität (im DC-Bereich) einhergehen. Derartige langsame Veränderungen sind von negativer Polarität im Zentrum des Krampfpotentials und eher positiv in den umliegenden Bereichen. Möglicherweise initiieren derartige DC-Verschiebungen epileptische

Krampfpotentiale, indem sie Entladungen der entsprechenden Strukturen erleichtern. Modifizierend wirkt hier die Aktivität lokaler Gliaelemente mit.

Nach Schmidt u. Wilder (1968) (s. Niedermeyer 1982) zeigen epileptische Neuronen folgende Merkmale: 1. autonome und anhaltende Krampfentladungen (paroxysmale Entladung), die von außen durch synaptische Aktivität beeinflußt werden können; 2. gesteigerte elektrische Erregbarkeit; 3. anhaltende Negativierung der kortikalen Oberfläche; 4. Impulssalven von sehr hoher Frequenz (700 – 1000/s) durch plötzliche Depolarisation des Ruhemembranpotentials; 5. Die Fähigkeit, sekundäre epileptogene Foki in synaptisch verbundenen Bereichen zu induzieren. Ein weiteres Merkmal der epileptischen Potentialstruktur sind auffällig hypersynchrone Entladungsmuster. Während Desynchronisation im EEG mit Erregung („arousal") und der Aktivität des ARAS assoziiert werden, werden synchronisierende Strukturen im unteren Hirnstamm, in thalamo-kortikalen Systemen und Verbindungen über den Corpus callosum lokalisiert.

Bei der Klassifikation der Epilepsien werden etwas vereinfachend „bilateral synchrone" und „asynchrone" von „unifokalen" und „multifokalen" Epilepsien unterschieden. Eine ausschließlich auf das EEG bezogene Klassifikation wird dem Variationsreichtum der klinischen Phänomene nicht gerecht, und letztlich hat sich eine klinisch neurophysiologisch orientierte Betrachtungsweise durchgesetzt (Gastaut 1970). Für den deutschsprachigen Raum sei auch auf die Monographie von Janz (1969) hingewiesen.

Das wohl charakteristischste Element im EEG bei Epilepsie ist der Komplex von Spike und Wave (s. Abb. 1.1 und 1.10). Ein Spike (deutsch: Spitze oder Spitzenpotential) ist definiert als vorübergehendes, deutlich von der Hintergrundaktivität zu differenzierendes Potential mit einer Dauer von 20 – 70 ms und variabler Amplitude; die Polarität ist im allgemeinen negativ. Man nimmt an, daß dem Spike eine Hypersynchronizität, also übermäßige simultane neuronale Entladungen zugrunde liegt. Spikes können isoliert, einzeln oder in Serie, oder in Verbindung mit langsamen Wellen („waves") auftreten. Der oberflächennegative

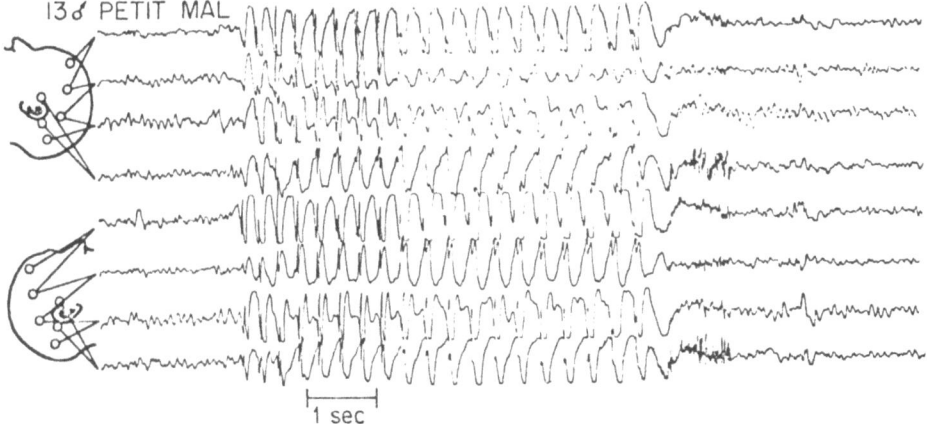

**Abb. 1.10.** Das EEG eines Patienten mit Petit-mal-Epilepsie zeigt hier deutlich die paroxysmale Spike-wave-Entladung. (Aus Stevens 1974)

Spike resultiert vor allem aus den EPSPs apikaler Dendriten der Pyramidenzellen. Die länger andauernde, gleichfalls negative Wave wird dagegen durch IPSPs nahe des tieferliegenden Zellsomas hervorgerufen. Spike-wave-Komplexe treten neben der klassischen Frequenz von 3/s auch höherfrequent auf (4/s und 6/s). Die Form der Spikes ist altersabhängig.

Von Spikes werden sog. steile Wellen („sharp waves") abgegrenzt; auch sie werden charakterisiert als vorübergehende, deutlich von der Hintergrundaktivität zu trennende Wellen mit negativer Polarität und einer Dauer von 70 bis 200 ms; sie treten meist lokalisiert auf. Im Gegensatz zu Spikes ist die abfallende Flanke einer steilen Welle verlängert. Das Auftreten dieser Wellenformen und ihr kombiniertes Auftreten im sog. Spike-wave-Komplex wird in den folgenden Abschnitten für die verschiedenen Epilepsien im Zusammenhang mit den übrigen EEG-Charakteristika dargestellt.

Das Kurvenbild bei Grand-mal-Epilepsie kann je nach klinischem Zustand sehr unterschiedlich ausfallen, ist während des Anfalles sehr charakteristisch und wegen der motorischen Erscheinungen von Bewegungsartefakten überlagert. Sequenzen von schnellen Spikes, 10 – 25/s, oft mit frontalem Maximum und Amplituden von bis zu 100 und sogar 200 µV, charakterisieren den Anfall. Die Entladungsrate ist unregelmäßig, Sequenzen dauern gewöhnlich zwischen 2 und 10 s. Bei Andauern von mehr als 5 s treten meist tonische Krämpfe auf. Im Intervall zwischen den Krämpfen zeigt sich eventuell eine normale Grundaktivität. Hier können jedoch auch generalisierte Spike-wave-Muster oder Poly-spike-wave-Muster beobachtet werden. Ein konstanter EEG-Herd weist auf eine umschriebene zerebrale Erkrankung wie z. B. Narben oder Tumoren hin, ein multifokales Auftreten der beschriebenen Muster spricht am ehesten für diffuse organische Störungen aufgrund einer bereits durchgemachten und mit Defekten abgeheilten Erkrankung oder einer prozeßhaft weiter fortschreitenden Erkrankung. Im zeitlichen Vorfeld eines Anfalles können umschriebene oder diffuse Unregelmäßigkeiten und Verlangsamungen der Grundaktivität auftreten, und während der tonischen Phase kommt es dann zu rasch ansteigender, generalisierter Beta-Aktivität mit Spitzen, die verlangsamt und während der klonischen Phase in eine rhythmische Verlangsamung mit eingestreuten Spitzenpotentialen übergeht. In der postparoxysmalen Phase kommt es dann häufig zu einer Abflachung des Kurvenbildes mit anschließender unregelmäßiger Delta-Aktivität.

Eine Reihe von Epilepsien wird unter dem Begriff des Petit mal zusammengefaßt. Charakteristische EEG-Veränderungen dieser Krankheitsbilder sollen im folgenden beschrieben werden.

Propulsiv-Petit-mal oder Blitz-, Nick- und Salaamkrämpfe (BNS-Krämpfe) zeigen folgende EEG-Charakteristika: Das blitzartige Zusammenkrampfen läßt sich elektroenzephalographisch nicht mit Sicherheit erfassen; gelegentlich findet sich ein generalisiertes Spitzenpotential. Der tonische Propulsivanfall zeigt ganz ähnliche EEG-Muster, wie sie auch im tonischen Grand-mal-Anfall gesehen werden: Es finden sich rasche und niedrige Spitzenpotentiale, deren Amplitude im Verlauf der tonischen Anfallsphase zunimmt und gegen Ende ihr Maximum erreicht. Im Intervall finden sich ziemlich regelhaft diffuse, arrhythmische langsame Wellen mit eingelagerten Spitzen ohne erkennbare Synchronisation zwischen verschiedenen Hirnregionen. Diese gemischten Krampfpotentiale sind recht charakteristisch und auch unter dem Terminus der Hypsarrhythmie in die Literatur eingeführt.

Das myoklonisch-astatische Petit mal zeichnet sich im Anfall durch unregelmäßige Spike-wave-Muster generalisiert über allen Hirnabschnitten aus. Neben Spike-wave-Varianten werden auch Sharp-slow-wave-Komplexe beobachtet. Gelegentlich ist die Unterscheidung einer Hypsarrhythmie nur schwer oder gar nicht möglich. Im Intervall zeigt sich in der Regel eine verlangsamte und unregelmäßige Grundaktivität. Spike-wave-Varianten finden sich auch im Ruhe-EEG ohne klinische Manifestation.

Recht charakteristische EEG-Veränderungen finden sich bei den Absencen, wenn diese den einzigen Anfallstypus des Patienten darstellen (Pyknolepsie). Hier zeigen sich im Anfall generalisierte, bilateral synchrone Spike-wave-Komplexe, von denen etwa 3 pro Sekunde registriert werden. Dieses Muster kann unmittelbar aus normaler Grundaktivität auftreten oder z. B. während Hyperventilation aus generalisierten Allgemeinveränderungen hervorgehen. Im Intervall sind solche Komplexe generalisiert oder auch nur umschrieben beobachtbar, es können isolierte Spikes auftreten oder auch eine Vermehrung von Theta-Aktivität. Für die Pyknolepsie ist charakteristisch, daß sie durch Hyperventilation, Photostimulation oder gelegentlich auch nur durch Augenschluß provoziert werden kann, was zur diagnostischen Abklärung eines Anfallsleidens beiträgt.

Das Impulsiv-Petit mal (oder auch myoklonisches Petit mal) zeigt während des Anfalls typischerweise ein generalisiertes, bilateral synchrones Polyspike-wave-Muster. Im Intervall findet sich oft ein normales EEG mit Alpha-Aktivität, in die gelegentlich Polyspikes oder Polyspike-wave-Komplexe eingelagert sind. Pathologische EEG-Muster und Anfälle werden besonders durch Schlafentzug und z. T. auch durch Photostimulation provoziert.

Fokale Anfälle zeigen eine gewisse Beziehung zu den Grand-mal-Epilepsien, wobei die Klinik und auch das EEG auf die Störung in einer Hemisphäre hinweisen. Während des Anfalles zeigen sich über der betroffenen Hemisphäre Spikes und evtl. auch hochgespannte langsamere Wellen mit steiler Form. Übergänge in Ausbreitung und Generalisierung, entsprechend auch der Klinik, kommen vor. Im Intervall zeigen sich evtl. eine normale Hintergrundaktivität oder auch Allgemeinveränderungen ohne anfallstypische Wellenformen. Schlafentzug provoziert entsprechende EEG-Veränderungen, andere Provokationsmethoden sind weniger wirksam.

Die Epilepsien mit psychomotorischen Anfällen zeigen während des Anfalles zumeist generalisierte rhythmische Theta-Aktivität, teilweise mit steiler Form und auch eingestreuten Spitzen. Im Intervall finden sich einseitig oder beidseitig langsame Wellen, z. T. mit steiler Form und Amplitudenmaximum in den temporalen Ableitungen.

Bezüglich der EEG-Kurven bei seltenen und besonderen Epilepsien verweisen wir z. B. auf Janz (1969) oder Matthes (1977).

## 1.6.2 Bewußtseinsstörungen

*Nichtepileptische Bewußtseinsstörungen.* Dem EEG kommt als Hilfsmittel gegenüber folgenden nichtepileptischen Bewußtseinsstörungen eine besondere klinische Bedeutung zu, vor allem bei jenen anfallsartigen Störungen, die phänomenologisch Ähnlichkeiten zu epileptisch bedingten Bewußtseinsstörungen haben und infolgedessen differentialdiagnostische Abklärungen notwendig machen. Es handelt sich dabei um vorübergehende zerebrale Durchblutungsstörungen und synkopale Anfälle mit Bewußtlosigkeit bei kardiovaskulären Erkrankungen. Schließlich gibt es eine Reihe von vasomotorischen Regulationsstörungen aufgrund spezieller vegetativer Funktionsmechanismen, die zu plötzlicher Bewußtlosigkeit führen können: der autostatische Kollaps, der sog. „Lachschlag" und auch der „Hustenschlag" sowie die Miktionssynkopen. Auch psychovegetativ können plötzliche Bewußtlosigkeiten etwa durch Schreck oder starke affektive Reaktionen ausgelöst werden. Weitere kurzfristige Bewußtseinsstörungen können durch Stoffwechselanomalien ausgelöst werden. Hier ist vor allem an hypoglykämische Zustände zu denken, die gelegentlich große Schwierigkeiten bei der Abgrenzung gegen Temporallappenepilepsie bereiten. Weiterhin können Störungen des Elektrolythaushaltes, der Funktion von Schilddrüse und Nebenschilddrüse, sowie Leberaffektionen zu vorübergehenden Bewußtlosigkeiten führen. Schließlich kommt es auch psychogen zu Bewußtlosigkeit. Bei all diesen Störungen würde im Intervall ein normaler EEG-Befund zu erwarten sein. Auf die pathologischen Veränderungen des EEGs während der Bewußtlosigkeit soll in den folgenden Abschnitten kurz eingegangen werden (s. auch zerebrovaskuläre Störungen und metabolische Störungen).

*Koma und Hirntod.* Obwohl Koma einen Zustand bezeichnet, der jedem Kliniker vertraut ist, bereitet eine befriedigende Definition solcher Zustände doch große Schwierigkeiten. Die von Plumm u. Posner (1965) vorgeschlagene Definition ist für die klinische Realität sicherlich zu eng, wenn als Koma lediglich der Zustand bezeichnet werden soll, in dem keine Reaktivität mehr ausgelöst werden kann („unarousable responsiveness"). Es ist auch allgemein üblich, eher von komatösen Zuständen als von Koma zu sprechen, um auf diese Weise anzudeuten, daß immer unterschiedliche Grade einer Bewußtseinsstörung vorliegen, die die „Vertikalstruktur" bzw. das Vigilanzsystem des Bewußtseins betreffen und nicht inhaltliche Bewußtseinsstörungen bei normaler Vigilanz, wie sie etwa im Zusammenhang mit psychischen Störungen und Erkrankungen auftreten. Komatöse Zustände basieren auf beidseitigen, akuten, z. T. deutlich ausgedehnten Läsionen auf pontin-mesenzephaler Ebene, da das aufsteigende retikuläre Aktivierungssystem (ARAS) den Zustand auf dem Kontinuum zwischen Bewußtlosigkeit und Wachheit determiniert. Differentialdiagnostisch ist das Koma von Schlafzuständen, Paralysen (Locked-in-Syndrom oder Pseudo-Koma), mutistischen Zuständen („akinetic mutism") und apallischen Syndromen zu trennen. In verschiedenen Untersuchungen haben wir bei Patienten ganz unterschiedlicher Ätiologie zeigen können, daß eine zuverlässige Beschreibung und Graduierung des „Vertikalsystems" bei komatösen Patienten möglich ist (Brinkmann et al. 1975, 1976; Schulz et al. 1975). Entsprechend den hier angedeuteten Kontroversen in der Deskription und Klassifikation komatöser Zustände kann auch nur eine kursorische

Übersicht über EEG-Befunde gegeben werden, da die verschiedenen Untersuchungen auf immer wieder anderen Klassifikationen des zugrundeliegenden komatösen Zustandes beruhen und insofern eine Vergleichbarkeit erheblich erschwert ist.

In Deutschland hat sich besonders Kubicki mit EEG-Veränderungen während komatöser Zustände befaßt, wobei seine Untersuchungen sich vor allen Dingen auf Arzneimittelintoxikationen konzentrieren (Kubicki et al. 1970). Wegen ihrer globalen Beeinflussung zentralnervöser Funktionsabläufe stellen die Arzneimittelintoxikationen in gewissem Sinne einen Modellfall verschiedener Stadien jener angesprochenen Vertikalstruktur des Bewußtseins dar; ganz entsprechend finden sich im EEG bei leichteren Intoxikationen noch physiologische Muster, wie sie auch in Schlafstadien beobachtet werden. Mit zunehmender Komatiefe und Intoxikation des ZNS treten dann die langsamen Frequenzen immer stärker in den Vordergrund, und die Beeinflussung des EEGs durch externe sensorische Stimuli wird immer geringer und verschwindet schließlich vollständig.

Das EEG im Koma zeichnet sich in leichten Fällen durch diffuse, kontinuierliche Verlangsamung (Theta- und Delta-Rhythmen) aus. In frühen Stadien des Komas kommen auch Muster vor, wie sie bei normaler Schläfrigkeit beobachtet werden, also Alpha-Rhythmen mit eingestreuten Theta-Frequenzen. Ebenso kann IRDA (intermittent rhythmic delta activity) auftreten, die aber in frühen Stadien des Komas noch durch exogene Stimulation unterbrochen werden kann. IRDA-Muster sind bei Erwachsenen vor allem frontal dominant, bei Kindern über okzipitalen Regionen. Von diagnostischer Bedeutung sind auch ausgedehnte Phasen bilateraler, hochamplitudiger Delta-Aktivität, die sich über einige Sekunden oder sogar Minuten erstrecken können. Diese Delta „bursts" treten entweder simultan oder sekundär zu exogener Stimulation auf. Der Reaktivität auf externe Stimulation wird besondere Bedeutung beigemessen (s. Abschn. 1.7). Im tiefen Koma findet sich keine Reaktion auf wiederholte Stimulation, während in leichteren Zuständen langsame Wellen als Reaktion auf aktivierende Stimulation und Reduktion der Amplituden auftreten. Bei einigen Patienten zeigen sich auch Spikes und steile Wellen, die jedoch nicht mit epiletiformen Krampfanfällen einhergehen müssen, obwohl sie auf eine Art Krampfzustand hinweisen.

Triphasische Wellen von mittlerer bis hoher Amplitude, die in rhythmischen Zügen von $1,5 - 2,5/s$ auftreten, sind charakteristisch für das sog. hepatische Koma (Koma nach Leberschäden). Sie sind bilateral synchron und symmetrisch über beiden Hemisphären. Triphasische Wellen werden auch bei Intoxikation, Stoffwechselstörungen, manchmal bei subduralen Hämatomen und bei Sauerstoffmangel (hypoxischen Zuständen) beobachtet.

Vereinfachend ergeben sich als generelle Kriterien des EEG-Befundes im Koma vor allem die Verlangsamung und die reduzierte bis ausbleibende Reaktivität auf externe Stimulation. Das Ausmaß und die Generalisierung der Verlangsamung und die Reaktion auf externe Stimulation können für die Bestimmung der Tiefe des Komas von Bedeutung sein. Insgesamt sind die beobachtbaren EEG-Veränderungen außerordentlich vielgestaltig. Der interessierte Leser wird hier verwiesen auf z. B. Arfel (1975), Kubicki u. Haas (1975). Im übrigen sei auch an dieser Stelle darauf hingewiesen, daß komatöse Zustände bei neurologischen Erkrankungen entsprechend der jeweiligen Klinik ganz unterschiedliche EEG-Befunde bieten können und entsprechend den oft einseitigen Läsionen seitendifferente Veränderungen deutlich werden.

Komatöse Zustände können schließlich die Frage des Hirntodes aufwerfen. Dieses Problem ist vor allem auch ein Ergebnis der modernen apparativ unterstützten Intensivmedizin. Geht das EEG eines komatösen Patienten schließlich in eine Nullinie über, läßt sich diese Nullinie durch keinerlei Provokationsmethoden verändern, und entspricht auch der neurologische Befund der Vorstellung, daß der Hirntod eingetreten ist, sind besondere technische Voraussetzungen zu berücksichtigen, bevor aus einem solchen EEG der endgültige Schluß des eingetretenen Hirntodes zu ziehen ist. Diese Standards beruhen vor allem auf der Beobachtung isoelektrischer EEGs bei Patienten, die trotz dieses gelegentlich auch über längere Zeiträume hinweg anhaltenden Befundes wieder „ins Leben zurückkehrten". Die Empfehlungen für EEG-Abteilungen bei vermutetem Hirntod sind in den verschiedenen Ländern etwas unterschiedlich gefaßt. Hinsichtlich folgender Punkte besteht Übereinstimmung:

1. Es sollten mindestens 8 Oberflächenelektroden und 2 Referenzelektroden gesetzt werden, um die verschiedenen Hirnareale ausreichend zu erfassen.

2. Die Impedanzwerte zwischen den Elektroden sollten unter 10 kOhm und oberhalb 0,1 kOhm liegen.

3. Die Funktionstüchtigkeit des gesamten Ableitungssystems muß getestet und dokumentiert werden.

4. Die Abstände zwischen den Elektroden sollten mindestens 10 cm betragen, um auf diese Weise eine Amplitudenvergrößerung zu erreichen und auch elektrische Felder tieferer Hirnstrukturen zu erfassen.

5. Die Empfindlichkeit des Systems sollte während großer Strecken der Ableitung auf 2 µV/mm eingestellt werden, um ein isoelektrisches EEG von einem niedergespannten EEG sicher unterscheiden zu können.

6. Es sollten Zeitkonstanten um 0,3 – 0,4 s eingestellt werden.

7. Es sollte versucht werden, die EEG-Aktivitäten durch äußere Reize zu beeinflussen.

8. Bei sorgfältiger klinischer Vorabklärung ist eine Ableitung von mindestens 6 h zu fordern; andere Kliniker haben 12 h für eine verläßlichere Zeit gehalten. Hier sind die Bedingungen des Einzelfalles sorgfältig zu prüfen.

## 1.6.3 Degenerative Erkrankungen des ZNS

Da diese Erkrankungen zumeist auch mit höherem Lebensalter verbunden sind, darf nicht unerwähnt bleiben, daß EEG-Veränderungen, die ausschließlich diesem letzteren Umstand zuzuschreiben sind, kaum gesondert herausgearbeitet werden können. Eine Verlangsamung des Alpha-Rhythmus ist wahrscheinlich die am häufigsten zu findende EEG-Veränderung bei alten Menschen ohne andere Störungen des ZNS. Alle übrigen Veränderungen hängen auf die eine oder andere Weise mit zerebrovaskulären oder metabolischen Störungen zusammen und sollten dann zusammen mit diesen erörtert werden. Schließlich sollte auch noch darauf hingewiesen werden, daß psychiatrische Erkrankungen des Alters, wie z. B. die paranoiden Psychosen, durchaus normale EEG-Befunde aufweisen können; ein normales EEG im Alter ist infolgedessen nicht mit geistig-seelischer Gesundheit gleichzusetzen.

Von den degenerativen Erkrankungen des ZNS sollen hier vor allem diejenigen erwähnt werden, die sich erst im Erwachsenenalter manifestieren. Bei der Chorea Huntington findet sich zunächst häufig ein normales EEG, das mit zunehmendem Erkrankungsalter oft niedergespannt ist und auch mit einer Verlangsamung der Grundaktivität einhergehen kann; paroxysmale Spikes treten sehr selten auf. Beim Morbus Alzheimer findet sich in der Regel ein pathologisches EEG mit langsamer, unregelmäßiger Grundaktivität, vermehrter Theta- und Delta-Aktivität und gelegentlich auch Einlagerung von bilateralen Spitzen. Im Gegensatz dazu ist das EEG bei Pick-Atrophie häufig normal oder nur leicht allgemein verändert. Schließlich wäre noch darauf hinzuweisen, daß degenerative Erkrankungen des ZNS auch mit zerebralen Krampfanfällen einhergehen können und sich dann EEG-Veränderungen wie bei den Epilepsien zeigen können.

### 1.6.4 Zerebrovaskuläre Störungen

In der Abklärung und Verlaufsbeurteilung dieser sehr häufigen Erkrankungen kommt dem EEG unverändert eine große Bedeutung zu. Beim akuten Schlaganfall zeigt sich z. B. lokalisiert eine Zunahme von Delta-Aktivität, noch bevor die Läsion im Computertomogramm sichtbar wird. Neben der lokalen oder auch diffusen Zunahme langsamer Aktivität tritt vor allem eine Reduzierung der charakteristischen Grundaktivität auf. Bei Thrombosen der inneren Halsschlagader zeigt sich im EEG mit großer Regelmäßigkeit ausgeprägte, unregelmäßige Delta- und Subdelta-Aktivität über der betroffenen Hemisphäre, vor allem über den vorderen und mittleren Hirnabschnitten. Diese Delta-Aktivität wird oft von Theta- und Alpha-Aktivität überlagert. Ganz ähnliche EEG-Veränderungen finden sich nach Verschluß der mittleren Hirnarterie, wobei dem Ausprägungsgrad überlagernder Hintergrundaktivität größere prognostische Bedeutung als der mehr oder weniger ausgeprägt vorhandenen Delta-Aktivität zukommt (Kayser-Gatchalian u. Neundörfer 1980).

Tiefer gelegene vaskuläre Komplikationen sind im EEG häufig weniger auffällig. Hier wird in der Zukunft mehr von computerunterstützter EEG-Analyse zu erwarten sein (Pfurtscheller et al. 1980).

### 1.6.5 Metabolische Störungen

Die Abhängigkeit des EEG von intakten Stoffwechselprozessen ist unmittelbar einsichtig. Wichtige Stoffwechselstörungen mit Einfluß auf Gehirnfunktionen, die auch im EEG sichtbar werden, sind Hypo- und Hyperglykämie, Hypoxie, Leberschäden (hepatische Enzephalopathien) und Störungen des Säure- und Basenhaushaltes sowie der Nierenfunktionen (Urämie).

*Zucker.* Die Funktion neuronaler Systeme hängt weitgehend von der angemessenen Versorgung mit Glukose ab. Zu niedriger Blutzuckerspiegel (Hypoglykämie) wird daher in veränderten EEG-Mustern sichtbar. Dies gilt vor allem für abrupte Änderungen im Blutzuckerspiegel, während das absolute Blutzuckerniveau im EEG weniger sichtbar wird. Die akut auftretende Hypoglykämie führt zu einer erheblichen Verlangsamung des EEGs mit generalisierter Delta-Aktivität und eingelagerten Komplexen, wie sie typischerweise bei Epilepsie beobachtet werden können. Sehr beeindruckend ist auch die rasche Normalisierung eines solchen EEG-Befundes mit schweren Allgemeinveränderungen nach enteraler oder parenteraler Glukosegabe. Demgegenüber sind Hyperglykämien im EEG-Befund weniger ausgeprägt. Beim Übergang in ein diabetisches Koma kann das Kurvenbild jedoch ganz ähnliche schwere pathologische Allgemeinveränderungen zur Darstellung bringen, die eine Unterscheidung vom hypoglykämischen Koma nicht zulassen würden.

*Leber.* Die EEG-Veränderungen bei hepatischer Enzephalopathie sind nicht unbedingt sehr ausgeprägt. Es überwiegt ein vermehrtes Auftreten von Theta- und Delta-Aktivität über den vorderen und mittleren Hirnabschnitten bei gelegentlich noch relativ gut erhaltener Alpha-Aktivität über den hinteren Hirnabschnitten. In früheren Jahren hat man das Auftreten von sog. „triphasischen Wellen" für sehr charakteristisch und geradezu pathognomonisch gehalten (Bickford u. Butt 1955). Inzwischen konnte gezeigt werden, daß triphasische Wellen auch bei anderen Funktionsstörungen beobachtet werden können: Z. B. in der postiktischen Phase einer Grand-mal-Serie bei chronischer Epilepsie.

*Niere.* Wegen der Bedeutung des „monitoring" bei chronischem Nierenversagen soll diese Stoffwechselstörung und ihre EEG-Veränderung auch noch angesprochen werden. Sowohl im akuten wie auch chronischen Stadium kommt es hier vor allem zu einer Verlangsamung der Hintergrundaktivität mit Reduzierung auch der Amplitude und gelegentlichem Auftreten von Theta-Bursts. Entsprechend der klinischen Manifestation von zerebralen Krampfanfällen werden auch Spikes einzeln und in Serie beobachtet. Untersuchungen vor, während und nach Hämodialyse bei chronischer Niereninsuffizienz konnten eine diskrete Beschleunigung der dominierenden Hintergrundaktivität nach Abschluß der Dialyse belegen (Brass 1978, pers. Mitteilung). Diese diskreten Veränderungen ließen sich nur durch computerunterstützte EEG-Analyse nachweisen.

Auch *endokrine Störungen* können von langsamen EEG-Mustern begleitet sein. Beim Morbus Addison (Nebenniereninsuffizienz) tritt eine deutliche Steigerung der Delta- und Theta-Aktivität auf. Beim Morbus Cushing (Überfunktion der Nebennieren) wird sowohl eine Steigerung schneller Frequenzen als auch langsamer Frequenzen beobachtet. Schwere Beeinträchtigung der Hypophysenfunktion kann von massiver, diffuser Theta- und Delta-Aktivität zusammen mit eingeschränktem Bewußtsein einhergehen. Bei Überfunktion der Schilddrüse wurde eine Verschiebung im Alpha-Rhythmus zu etwas schnelleren Frequenzen beobachtet. Vermehrt können auch My-Rhythmen über der rolandischen Region auftreten. Auch epileptiforme Krampfanfälle wurden beobachtet.

## 1.6.6 Sauerstoffmangel im Gehirn

Im Ruhezustand verbraucht das Gehirn ungefähr 20% des Körpersauerstoffes. Die durch $CO_2$ induzierte Dilatation und die durch $O_2$ induzierte Konstriktion zerebraler Gefäße erlaubt eine lokalisierte Anpassung der Zirkulation an die verschiedenen Stoffwechselanforderungen. Ist das Angebot an Sauerstoff und Glukose unzureichend, schaltet der Zellstoffwechsel auf anaerobe Glykolyse über. Endprodukte anaeroben Stoffwechsels sind Milchsäure und Pyruvat. Erhöhte Milchsäurekonzentration im Gehirngewebe und in der zerebrospinalen Flüssigkeit (CSF) weisen auf Sauerstoffmangel hin. In der Folge kommt es zu erniedrigten pH-Werten, die wiederum zur Lähmung (Paralyse) der Gefäßwände und zum Verlust der Autoregulation führen können, also irreversible Schäden verursachen. Isolierte Abnahme des Sauerstoffdrucks im Gewebe ($pO_2$) senkt das neuronale Membranpotential und steigert so die Entladungsrate. Im Gegensatz dazu führt gesteigerter $pCO_2$ zu einem Anstieg des Membranpotentials und inhibiert spontane Aktivität. Ein Absinken des Sauerstoffgehaltes bedingt also eine Desynchronisation (Amplitudenreduktion und Frequenzsteigerung) im EEG. Anhaltender Sauerstoffmangel führt zu diffuser Verlangsamung und schließlich zu elektrischer Ruhe. Neben der diffusen Verlangsamung treten wieder frontale rhythmische Delta-Aktivität (IRDA) und verschiedene Formen steiler Wellen (Spikes) hervor. Ausgedehnte rhythmische Aktivität im Theta-Frequenzbereich ohne regionale Differenzierung und ohne Reaktion auf Stimulation begleitet komatöse Zustände, z. B. nach Herzstillstand. In ähnlicher Weise charakterisieren monoton auftretende Alpha-Frequenzen das sog. „Alpha-Koma".

Bei der Beschreibung derartiger Muster wird jedoch immer auf die Problematik einer Diagnose allein aufgrund des Spontan-EEG-Befundes hingewiesen (s. Niedermeyer 1982).

## 1.6.7 Entzündliche Erkrankungen des Nervensystems

Die entzündlichen Erkrankungen des ZNS und seiner Hüllen umfassen bakterielle und virale Erkrankungen sowie entzündliche Veränderungen, deren Ursache bisher nicht eindeutig geklärt werden konnte (z. B. Encephalomyelitis disseminata). Die verschiedenen Formen der Meningitis (bakteriell oder viral) zeigen zumeist nur eine leichte, unspezifische Verlangsamung mit etwas vermehrt auftretender Theta-Aktivität. Es werden aber auch vollkommen unauffällige EEG-Befunde registriert.

Akute Enzephalitiden zeichnen sich vor allem durch diffuse, hochamplitudige, unregelmäßige oder regelmäßige Delta-Aktivität aus. Besonders die Herpessimplex-Enzephalitis geht oft mit einem charakteristischen EEG-Muster einher, das mit den Stadien der Krankheit variiert. In den frühen Stadien zeigt sich polymorphe Delta-Aktivität vor dem Hintergrund unregelmäßiger Grundaktivität mit Betonung über den affizierten Temporalregionen. Später treten fokale oder lateralisierte Komplexe steiler oder langsamer Wellen auf, ebenfalls über den temporalen Hirnabschnitten. In noch späteren Krankheitsphasen zeigen sich dann periodische Muster steiler Wellen mit relativ stereotyper Auftretensfrequenz.

Verlangsamung und periodisches Auftreten steiler Wellen sowie das Auftreten von Komplexen wird auch für die Encephalomyelitis disseminata berichtet.

### 1.6.8 Raumfordernde Prozesse im ZNS

Zur Lokalisation von Hirntumoren und Hämatomen (epi- und subdurale, akute und chronische) wird man nur noch in seltenen Fällen auf das EEG zurückgreifen müssen. (Allerdings wird die schädliche Wirkung der bei der Computertomographie benötigten Röntgenstrahlung sowie deren relativ unspezifische Absorption auf Dauer der Kernspintomographie, aber auch bildgebenden Verfahren, die auf dem EEG beruhen, Bedeutung einräumen.) Die praktische Bedeutung des EEGs liegt z. Zt. mehr in der Überwachung postoperativer Phasen und in der Verlaufsbeurteilung während der Rehabilitation. Je nach Art und Lokalisation des Tumors kommen vielgestaltige EEG-Veränderungen zur Darstellung, die nur im Zusammenhang mit dem klinischen Krankheitsbild und anderen Hilfsuntersuchungen vernünftig einzuordnen sind.

Das EEG bei den verschiedenen Tumorformen kann gekennzeichnet sein durch:
- polymorphe Delta-Aktivität (PDA) oder lokalisierte Delta-Aktivität (LDA),
- IRDA oder sinusoidale Delta-Aktivität,
- umschriebene Reduktion der Aktivität im Bereich des Tumors,
- Veränderungen (im allgemeinen Verlangsamung) im Alpha-Rhythmus, vor allem bei posterior lokalisierten Tumoren,
- diffuse oder lokalisierte Theta-Aktivität,
- Spikes oder Spike-wave-Entladungen, vor allem bei Tumoren, die epileptische Zustände induzieren.

Auffällig ist also in jedem Fall eine Verlangsamung bzw. ein Vorherrschen langsamer Frequenzen. Ähnliche Charakteristika können auch bei intrakranialen Abszessen und subduralen Hämatomen beobachtet werden.

### 1.6.9 Posttraumatische Veränderungen

Zwischen den akuten posttraumatischen komatösen Zuständen und dem EEG besteht eine enge Beziehung, und es gelten ganz ähnliche Zusammenhänge, wie sie auch schon bei den komatösen Zuständen infolge Intoxikation dargestellt wurden. Wiederum ist es vor allem die Verlaufsbefundung und der Vergleich dieser Ableitungen, die von klinischer Relevanz sind. Besonders auch für die Entwicklung posttraumatischer Epilepsien sind regelmäßige EEG-Kontrollen nach einem Schädelhirntrauma von Bedeutung, wobei es sich erweisen kann, daß die ursprüngliche Klassifikation des Traumas revidiert werden muß; relativ kurze Bewußtlosigkeit und fehlende neurologische Herdsymptome können zunächst für eine Commotio cerebri sprechen. Das Auftreten von pathologischen EEG-Veränderungen, wie sie für Epilepsien typisch sind, würde die nachträgliche Diagnose einer Contusio cerebri, also einer Hirnsubstanzschädigung, nahelegen.

## 1.6.10 Kopfschmerzen

Dieses Thema ist in der Literatur außerordentlich kontrovers abgehandelt worden. Bei kritischer Durchsicht der verschiedenen Untersuchungen läßt sich sagen, daß Kopfschmerzen ohne nachweisbare Läsion im ZNS (inkl. der zerebrovaskulären Versorgung) auch keine pathologischen EEG-Veränderungen verursachen. Diese Feststellung gilt auch für die Migräne, den „Cluster-Kopfschmerz" und vasomotorische Kopfschmerzen. Lediglich bei Kombination des Kopfschmerzsyndroms mit neurologischer Herdsymptomatik (etwa bei der „migraine accompagné" und der familiären hemiplegischen Migräne) können pathologische und oft herdförmige Veränderungen des EEGs beobachtet werden. Im übrigen ist immer zu berücksichtigen, daß Kopfschmerzen häufig ein Symptom beginnender Erkrankungen des ZNS darstellen und in diesem Sinne „symptomatisch" auch mit pathologischen EEG-Veränderungen aufgrund des zugrundeliegenden Krankheitsprozesses einhergehen können.

## 1.6.11 Psychiatrische Störungen und Erkrankungen

Eine Beurteilung dieses Fragenkomplexes steht zunächst vor dem großen Problem der Vergleichbarkeit psychiatrischer Diagnosen und Zuordnungen. Diese Situation wird möglicherweise in Zukunft weniger pessimistisch zu beurteilen sein, nachdem seit 1980 eine völlig neue Fassung des diagnostischen und statistischen Manuals der Geisteskrankheiten der American Psychiatric Association vorliegt, das unter der Bezeichnung DSM-III besser bekannt ist. Mit Hilfe dieses Manuals sollte es möglich sein, vergleichbare Studien vorzulegen, und im Zusammenhang mit der ebenfalls immer verbreiteteren Anwendung computerunterstützter EEG-Auswertung darf man gespannt sein, welche Ergebnisse noch vorgelegt werden. Schon jetzt ist klar, daß dem EEG im Bereich der 6 organischen Hirnsyndrome die größte Bedeutung zukommen wird: 1. Delirium und Demenz, 2. amnestische Syndrome und organische Halluzinosen, 3. organische Verwirrtheitszustände und organische affektive Syndrome, 4. organische Persönlichkeitsstörungen, 5. Intoxikation und Entzug, und 6. atypische oder gemischte organische Hirnsyndrome. Aber auch für die großen Gruppen der psychiatrischen Störungen und Erkrankungen ohne bisher bekannte organische Ursache könnten zukünftige Untersuchungen zur Differenzierung beitragen. In diesem Zusammenhang sei beispielhaft auf eine Arbeit von Nusselt u. Kockott (1976) über EEG-Befunde bei Transsexualität hingewiesen.

## 1.7 Klinisch-neurologische Bedeutung evozierter Potentiale

Die EP-Messung erfaßt zum einen die Geschwindigkeit, mit der Impulse im jeweiligen Sinnessystem weitergeleitet werden, zum anderen die Amplitude und die Form der Reizantworten. Diese Meßparameter sind abhängig von der Zahl funktionsfähiger Neurone und vom Grad der Synchronizität bei der Impulsübertragung. Unter klinischem Aspekt dient die EP-Messung (mit Ausnahme der späteren kortikalen Reizantworten) einer Funktionsprüfung der jeweiligen sensorischen Leitungsbahnen. (Eine detaillierte Darstellung sowohl der Grundlagen evozierter Potentiale als auch klinischer Bilder geben Stöhr et al. 1982.)

Im evozierten Potential äußern sich pathologische Veränderungen der Impulsleitung fast ausschließlich in Veränderungen der Latenz zwischen Stimulation und Potential- (bzw. Komponenten-)Maximum. Veränderungen in Form und Amplitude geben eher Auskunft über eine Reduktion der Zahl funktionsfähiger Neurone. Eine Impulsblockierung nur von einem Teil der Fasern oder eine variable Impulsverzögerung in den übrigen Fasern zeigt sich eher in einer Kombination von Latenzzunahme, Amplitudenminderung und Dispersion der Gesamtimpulswelle (s. Stöhr et al. 1982).

Im folgenden seien beispielhaft diagnostisch wichtige Veränderungen im akustisch evozierten Potential (AEP), visuell evozierten Potential (VEP) und im sensorisch evozierten Potential (SEP) dargestellt.

Die positiven Gipfel mit der kürzesten Latenz werden in zeitlicher Reihenfolge mit römischen Ziffern (I – VI) als „Wellen" oder „Komponenten" gekennzeichnet. Die Zuordnung dieser Komponenten zu neuroanatomischen Strukturen der Hörbahn ist noch nicht endgültig abgeklärt. Man nimmt an, daß bei der Leitung der akustischen afferenten Impulse zu den primären Projektionsfeldern im Kortex Welle I und II die Reaktion des akustischen Nerven, Welle III die Aktivität des Nucleus cochlearis, Welle IV die Aktivität des oberen Olivenkernkomplexes, Welle V die Aktivität des Nucleus lemniscus lateralis repräsentieren. Die Wellen V – VII hängen wahrscheinlich mit Aktivität auf subthalamischer Ebene [untere Vierhügelplatte (inferior colliculi) und mittlere Kniehöcker] zusammen. Diese Zuordnung entspricht neueren Befunden (Möller u. Jannetta 1983) und ergibt somit eine Verschiebung um einen Gipfel gegenüber den bisherigen Vermutungen. Im allgemeinen tritt besonders Welle V deutlich hervor, weshalb die Latenz zwischen Welle I und Welle V oft als besonders verläßliches Diagnostikum für Latenzveränderungen im AEP gewertet wird. Die Leitungszeit zwischen Welle I und V wird mit 4,0 – 4,2 ms (in Abhängigkeit vom Schalldruckpegel des akustischen Reizes und dem Geschlecht des Patienten) angegeben. Diagnostische Hinweise geben jedoch die Latenzen zwischen allen Gipfeln („inter-peak-latencies"). Abb. 1.3 gab ein Beispiel für ein normales AEP; Veränderungen in diesem Muster müssen nicht pathologischen Ursprungs sein; Alter, Geschlecht, Hirngewebstemperatur, Ableitungsort und die Art der Stimulation (monaural, binaural, kontra- oder ipsilateral), sowie Reizparameter (Polarität, Reizfrequenz, Reizintensität) und schließlich auch der Wachheitsgrad des Probanden (bei späteren Komponenten) können Variationen im typischen AEP-Muster bedingen.

Generelle Hinweise auf pathologische Prozesse liefern folgende Veränderungen im AEP:
1. das AEP kann einseitig oder beidseitig völlig fehlen;
2. das AEP ist ein- oder beidseitig schlecht ausgeprägt;
3. einzelne Komponenten sind in ihrer Amplitude reduziert;
4. alle Gipfel treten mit erhöhter Latenz auf (gegenüber Reizbeginn) oder einzelne Komponenten zeigen veränderte Inter-peak-Latenzen;
5. Veränderungen treten reversibel oder irreversibel oder chronisch progredient auf.

Das völlige Fehlen eines AEPs spricht oft für eine schwere periphere Läsion, für traumatisch oder toxisch bedingte Ertaubung oder für Hirntod. Schlecht ausgeprägte AEPs bei erhaltener Komponente I sprechen für eine Läsion im Bereich des Nucleus cochlearis. Amplitudenminderungen können durch Druck, Traumata, Ischämie oder Demyelinisierung bedingt sein. Sie gelten als besonders aussagekräftig, wenn sie isoliert auftreten und mit einer guten Darstellung der ersten Potentiale einhergehen (Stöhr et al. 1982; Starr 1976, 1977; Starr u. Achor 1975). Latenzverzögerungen einzelner Komponenten erlauben die exakte Lokalisation der Schädigung im Verlauf der Hörbahn. Als Ursachen kommen wiederum Demyelinisierung, zerebrovaskuläre Läsionen und Tumoren in Betracht.

Im folgenden seien einige Beispiele für die diagnostische Bedeutung einiger AEP-Komponenten bzw. ihrer Veränderungen aufgeführt: Bei Schalleitungsstörungen zeigt sich eine Parallelverschiebung der Latenzen, vor allem der Interpeak-Latenz zwischen Gipfel I und V. Differentialdiagnostisch können hiervon cochleare Läsionen unterschieden werden, die mit steileren Kurven im Latenz/ Amplitudendiagramm einhergehen. Demyelinisierung im Bereich der Hörbahn (z. B. Encephalomyelitis disseminata) kann mit Hilfe der AEP-Messung von rein audiologischen Störungen getrennt werden. Obwohl deutliche Veränderungen im AEP fast nie ohne subjektive Hörstörungen und audiometrisch faßbare Ausfälle beobachtet werden, können geringe Demyelinisierungen bereits frühzeitig anhand von Veränderungen im AEP erkannt werden, bevor es zu klinischen Ausfällen kommt. Für die Lokalisation der Läsion ist ferner von Bedeutung, daß die Hörbahn vom oberen Olivenkern an teils gekreuzt, teils ungekreuzt verläuft, so daß unilaterale Läsionen weniger Auswirkungen haben.

Generell wird berichtet, daß die Latenz von Welle I meist unverändert ist, während Verzögerungen der Inter-peak-Latenzen späterer Wellen die Ebene des Läsionsherdes angeben. (Bei Demyelinisierung auf Mittelhirnebene ist z. B. die Latenz I – V normal, die Latenz IV – VI sehr auffällig verlängert.)

In ähnlicher Weise können AEPs Auskunft über die Lokalisation raumfordernder Prozesse geben. Da sich im AEP jedoch z. T. ipsi- und kontralaterale Aktivität überlagern, wird zur exakten Lokalisation z. B. eines Tumors zusätzlich neuroradiologische Diagnostik empfohlen (Stöhr et al. 1982).

Als Beispiel für die diagnostische Bedeutung des AEPs wird die Frühdiagnostik von Kleinhirnbrückenwinkeltumoren genannt. Dabei treten am häufigsten ipsilaterale Latenzverzögerungen von Welle I oder II an auf, während die nachfolgenden Potentiale weniger deutlich ausgeprägt sind. Für die Lokalisation des Tumors kann außerdem von Bedeutung sein, daß ipsilateral sämtliche Potentiale reduziert sind oder völlig fehlen, während es kontralateral nur zu Verlängerungen der Inter-peak-Latenzen kommt. Bei Hirnstammtumoren zeigen sich vorwiegend Verzögerungen der Inter-peak-Latenzen der Komponente I – V. Tumoren im Brücken(Pons)-Bereich zeigen sich oft in ipsilateralen Latenzverzögerungen der Wellen I – III bei kontralateraler Latenzerhöhung der Gipfel II – V. Bei höher lokalisierten Tumoren sind erst spätere Gipfel verzögert (z. B. Welle V bei Läsionen im lateralen Lemniskus). Auch Gefäßanomalien können zu pathologischen Veränderungen im AEP führen. Dabei wird z. B. eine Latenzverzögerung des gesamten AEPs beobachtet, ohne veränderte Inter-peak-Latenzen der Gipfel I – V. Als Ursache für die Veränderungen im AEP wird Druck auf die entsprechenden Bahnen durch Spasmen und elongierte ektatische Gefäße angenommen (z. B. Trigeminusneuralgie, Fazialisspasmus). Die Veränderungen im AEP sind bei Beseitigung der Gefäßanomalie reversibel. Ebenso führen Durchblutungsstörungen im Hirnstamm zu Verlängerungen der Inter-peak-Latenzen. In vielen Fällen sind dabei auch die Gipfel schlecht ausgeprägt. Schließlich ist die Messung

des AEPs auch bei Bewußtseinsstörungen unterschiedlicher Genese von Bedeutung (Brinkmann u. Ebner 1977).

Die diagnostische Bedeutung des AEPs bei Koma und Hirntod ist z. T. umstritten. Obwohl bei 75% eines Patientenkollektivs (Chiappa 1982) bei Hirntod
ein Fehlen des Gipfels I beobachtet wurde, ist die exakte Diagnose erst dann
möglich, wenn über die intakte Hörfunktion des Patienten Informationen vorliegen (Gipfel I fehlt auch bei Taubheit). Umgekehrt ist ein normales AEP bei anderen Anzeichen von Hirntod von prognostischer Bedeutung, da dann eine struktu-
relle Hirnstammschädigung unwahrscheinlich erscheint und Erholung wahr-
scheinlicher wird.

In der Ophthalmologie wird die Messung der VEP vor allem bei Sehschärfe-
und Trennschärfebestimmung, Amblyopie, Trübungen (Glaukom), Nachtblind-
heit, Störungen des Farbsinnes und Entzündungen des optischen Nervs eingesetzt. Während hierbei allerdings andere psychophysische Methoden von gleicher
oder sogar größerer diagnostischer Relevanz sein können, kommt der VEP-Messung vor allem bei demyelinisierenden Erkrankungen Bedeutung zu, z. B. bei Re-
trobulbärneuritis (RBN) und multipler Sklerose (MS). Bei RBN sind die Latenzen der P100 bei allen Reizformen deutlich verlängert, bei meist normalen Amplituden. Die deutliche Latenzverzögerung bleibt in vielen Fällen auch nach Ab-
klingen der Krankheit bestehen, während sich die Amplituden normalisieren.

Bei der Diagnose der MS gehört die Messung von schachbrettevozierten Potentialen bereits zum Standardprogramm. Bei Stimulation durch Schachbrett-
und Streifenmusterumkehr zeigen sich vor allem eine Latenzverzögerung der
P100 und interokulare Latenzdifferenzen, während Veränderungen in der Amplitude wegen der großen Variabilität seltener berücksichtigt werden. Vor allem
Latenzverzögerung bei fovealer Stimulation (die allein genommen seltener pathologische Ergebnisse bringt) deutet auf MS hin. (Es wird vermutet, daß mit dem
fovealen Reiz eine andere Population von Fasern gereizt wird, die langsamer lei-
ten und daher für Demyelinisierung besonders sensibel sind.) Besondere Bedeutung wird dem VEP auch bei MS-Patienten mit spinaler Symptomatik beigemessen, da bei Nachweis eines klinisch stummen, supraspinalen Herds durch ein pathologisches VEP eine Myelographie zum Ausschluß eines andersartigen spinalen
Prozesses entfallen kann. Nach Diener (in Stöhr et al. 1982) kommt es bei Ver-
besserungen im Verlauf der MS auch zu Normalisierungen der VEP.

Zentrale Störung bei der MS ist die disseminierte, örtlich begrenzte Demyelinisierung, bei der zwar die Kontinuität des Axons erhalten bleibt, die aber zur
Herabsetzung der Leitgeschwindigkeit bis zu völligem Leitungsblock führen
kann. (Es werden Latenzverzögerungen bis zu 100 ms beobachtet.)

Die VEP-Messung hat sich auch bei der Diagnostik von Gesichtfelddefekten
als bedeutsam erwiesen. Dabei liefert vor allem die Amplitude der P100 bei Halb-
feldstimulation diagnostisch relevante Informationen, z. B. die ipsilateral geringe
Amplitude der P100 bei kontralateral unverändertem Potential. Auch bei Kom-
pression des Sehnervs und des Chiasmas durch Tumoren, wie z. B. Keilbeinmeni-
ngeomen oder Hypophysentumoren, ergeben sich deutliche Amplitudenreduk-
tionen (bei normalen Latenzen) bis hin zu völligem Fehlen des VEPs. Obwohl die
Ableitung des VEPs zur frühzeitigen Feststellung drohender Kompressionen hilf-
reich sein kann, wird der Perimetrie größere diagnostische Ergiebigkeit beigemes-

sen, so daß das VEP nur als Ergänzungsmethode mit einigen speziellen Indikationen betrachtet wird.

Obwohl ein Fehlen des VEPs als diagnostisches Kriterium kortikaler Blindheit genannt wird, berichten verschiedene Autoren über ein schachbrett- oder blitzinduziertes VEP bei computertomographisch nachgewiesenem bilateralem, posteriorem Insult mit kompletter kortikaler Blindheit. Für die Diagnose kortikaler Blindheit ist die VEP-Messung nur bedingt von ausschließlicher Relevanz. („Man kann also das Vorliegen einer kortikalen Blindheit durch Nachweis fehlender VEP objektivieren. Der Umkehrschluß auf eine psychogene Blindheit aufgrund erhaltener VEP ist wohl nur bei Nachweis einer CT-intakten Sehrinde gerechtfertigt." Stöhr et al 1982, S. 304.)

VEP-Ableitungen im Koma können von gewisser prognostischer Bedeutung sein, da VEPs auch bei isoelektrischem EEG beobachtet wurden, solange Hirnstammreflexe erhalten waren. Die Latenz ist jedoch verlängert und späte Potentialkomponenten fehlen.

Schließlich bedingen Medikamente und Drogen Veränderungen im VEP. Anästhetika können z. B. zu Amplitudenzunahme oder Latenzverlängerung führen. (Die Amplitudenzunahme ist durch erniedrigten $pCO_2$ zu erklären.) Amplitudenreduktion wurde nach Amphetamin beobachtet, Amplitudenzunahme nach Phenobarbital, Atropin und Chlorpromazin. Auf Alkoholintoxikation hin kommt es zu Amplitudenminderung und Asymmetrien in der VEP-Topographie.

Die Messung der SEP kann mit gewissen Einschränkungen zur Funktionsprüfung des somatosensiblen Systems und zur Lokalisation vorliegender Krankheitsprozesse herangezogen werden. Meist dienen SEP zur Abklärung peripherer Nervenfunktionen. Wieder gilt, daß Veränderungen der Latenz und Amplitude der SEP Aufschluß über Störungen geben. Läsionen des sensorischen Funktionssystems können in sehr unterschiedlichen Abschnitten auftreten, da sich das somatosensorische System zwischen Körperperipherie und sensiblem Kortex ausdehnt. Unterschieden wird zwischen Peripherie (dem Abschnitt distal der Eintrittsstelle der somatosensorischen Afferenzen in das Rückenmark), Rückenmark, Hirnstamm, Thalamus und Großhirn. Neben multifokalen Läsionen wie bei der MS können sehr lokalisierte Läsionen im SEP sichtbar werden.

Generell führen Läsionen der peripheren Nerven zu folgenden Veränderungen in der Leitgeschwindigkeit: Bei toxisch oder mechanisch bedingter Axondegeneration besteht im akuten Stadium eine normale oder allenfalls leicht herabgesetzte Leitgeschwindigkeit. Neuropathien, die mit Demyelinisierung einhergehen, führen immer zu deutlicher Herabsetzung der Leitgeschwindigkeit. Umschriebene Entmarkungsvorgänge treten auch bei akuter und chronischer Druckeinwirkung auf den Nerven auf.

Gegenüber der klinisch-neurologischen Untersuchung und der Elektromyographie ist die SEP-Messung von besonderer Bedeutung, wenn die Schädigung der sensiblen Nervenanteile weit fortgeschritten ist, oder wenn Erkrankungen proximaler Nervenanteile oder Läsionen im Bereich des Nervenplexus und der Nervenwurzeln vorliegen, so daß eine Neurographie schwierig geworden ist. Läsionen im Rückenmarkbereich (Turmoren, traumatische und vaskuläre Läsionen, Entzündungen) führen meist zu deutlichen Veränderungen in Konfiguration, Amplitude und Latenz des SEP, allerdings nur dann, wenn die Hinstränge oder aber die dem Stimulationsort entsprechenden Hinterwurzel-Hinterhorn-Segmente betroffen sind. Bei Halsmarktumoren finden sich z. B. pathologische Veränderungen (erniedrigte Amplitude und verzögerte Latenz) von der zweiten Komponente an (N11 – N14). Bei Brustmarktumoren zeigen sich Latenzverzögerungen und Amplitudenreduktion im SEP nach Beinnervenstimulation. Auch bei zervikaler Myelopathie sind alle der N9 folgenden Komponenten verzögert oder erniedrigt. Ähnliches gilt für traumatische Rückenmarkläsionen. Bei entzündlichen Rückenmarkerkrankungen (außer MS) wird vor allem eine Erniedrigung der spinalen bzw. kortikalen Reizantworten ohne signifikante Latenzverzögerung berichtet.

Auch bei MS kommt SEP-Messungen (z. B. nach Beinnervenstimulation) eine diagnostische Bedeutung zu. Gerade SEP-Untersuchungen erlauben vor allem bei Frühformen der MS, bei chronischem Verlauf und rein spinaler Symptomatik eine Stützung der Diagnose. Hervorstechendstes Merkmal ist wieder eine Latenzverzögerung der SEP-Komponenten, die auf reduzierte Nervenleitgeschwindigkeit hinweist. Die Latenz der N20 z. B. ist nach Medianusstimulation bis zu 50 ms verlängert, und die Komponente kann auch klein und deformiert sein. Veränderungen in zervikalen Reizantworten erlauben diagnostische Schlüsse auch bei fehlenden Sensibilitätsstörungen. Als bedeutsam erweist sich vor allem die N20-Komponente und das Intervall zwischen peripherem SEP und kortikaler N20. Eine Verlängerung dieses Intervalles weist auf eine multifokale Demyelinisierung hin. Bei Beinnervenstimulation tritt vor allem eine Latenzverzögerung der P40 hervor; bei Trigeminusstimulation zeigt sich bei MS-Patienten vor allem eine beidseitige Latenzverzögerung der P19, oft in Kombination mit einer Amplitudenreduktion.

Bei Läsionen auf Hirnstammebene (Gefäßverengung, Tumoren, Blutungen) ist das SEP immer dann verändert, wenn entweder Hinterstrangkerne oder der Lemniscus medialis betroffen sind. SEP-Veränderungen bei Läsionen auf Thalamusebene zeigen übereinstimmend eine deutliche Veränderung bzw. den Ausfall von Komponenten ab der N20 oder P15. Ähnliches gilt für Blutungen oder Infarkte; es kommt zu einer Erniedrigung aller Komponenten ab der N20. Gleiches gilt auch für Tumoren im Großhirn. Wie schon in den Abschnitten über AEP oder VEP dargestellt, kommt dem SEP bei der Diagnose von komatösen Zuständen und Hirntod ebenfalls eine prognostische Bedeutung zu. Wird eine somatosensorische kortikale Reizantwort registriert, so ist die Erholungswahrscheinlichkeit größer. In manchen Fällen besteht eine direkte Relation zwischen Erholung und Latenzverzögerung. Ein Ausfall von SEP und AEP bei eher unauffälligem EEG weist dagegen auf sekundäre Schädigung vor allem des Hirnstamms hin. Zusammenfassend werden als deutliche Kriterien bei der Diagnose von Koma und Hirntod der Ausfall von der N13b (Bulbärhirnschädigung), eine Verlängerung des Intervalls N3/N20 und eine Erniedrigung bzw. ein Ausfall der N20 (rostral lokalisierte lemniskale Läsion) genannt.

# 1.8 Psychopathologische Aspekte ereigniskorrelierter Potentiale

Die Messung ereigniskorrelierter Potentiale in der Psychiatrie erfolgt unter zwei Gesichtspunkten: zum einen sollen objektive physiologische Maße die Diagnostik, die bisher weitgehend auf (problematischen) psychiatrischen Skalierungen und Selbsteinschätzungen basiert, unterstützen. Zum andern erwartet man sich aus der Messung der EKP Informationen über veränderte neurophysiologische Prozesse, die mit Verhaltensänderungen bzw. den Störungen in Verbindung gebracht werden können (Shagass et al. 1978). Entsprechend Birbaumers (1973, 1975) Drei-Ebenen-Modell, demzufolge Verhalten auf der subjektiv-verbalen, der physiologischen und der motorischen Ebene zu beschreiben ist, interessieren Korrelationen zwischen den Ebenen bzw. veränderte Zusammenhänge bei Personen mit psychopathologischen Symptomen. Auf Ansätze in diese Richtung und auf Probleme, die aus den derzeit gebräuchlichen psychiatrischen Klassifikationsschemata und Diagnoseschlüsseln erwachsen, soll hier nicht näher eingegangen werden (s. dazu Rockstroh et al. 1982). Im Rahmen dieses Überblicks sollen lediglich relevante Ergebnisse über EKP bei bestimmten psychiatrischen Störungen kurz aufgelistet werden. Dabei soll jedoch nicht der Eindruck entstehen, daß sich typische EKP-Muster oder Veränderungen einzelner EKP-Komponenten bereits eindeutig bestimmten Symptomen oder Verhaltensänderungen bei psychiatrischen Patienten oder psychiatrischen Kategorien zuordnen lassen. Schlußfolgerungen wie z. B. „eine EKP-Komponente ist kleiner oder größer bei einer bestimmten Patientengruppe, verglichen mit Kontrollpersonen" wäre irreführend, da der Kontext der EKP-Messung nicht berücksichtigt wird und ebensowenig das genaue Verhaltensmuster der Patientengruppe. Beim derzeitigen Stand der Forschung können EKP-Messungen höchstens als ein Element in dem Mosaik psychologischer, physiologischer, neuroanatomischer und neurochemischer Bausteine bei der Beschreibung eines Störungsbildes betrachtet werden. Wir gehen davon aus, daß EKP-Komponenten neurophysiologische bzw. kognitive Prozesse widerspiegeln, die bei psychiatrischen Störungsbildern in veränderter Weise (verglichen mit Kontrollpersonen) zum Ausdruck kommen. Veränderte EKP-Muster dürfen nicht als Substrat pathologischer Prozesse verstanden werden.

Für schizophrene Patienten wird berichtet, daß EKP-Komponenten bis zu 100 ms Latenz vom auslösenden Reiz größere und weniger variable Amplituden zeigen (gegenüber gesunden Kontrollpersonen) und bei Darbietung einfacher Reizserien. (Diese Ergebnisse sind unter dem Aspekt zu bewerten, daß für die meisten Ergebnisberichte keine genauere Beschreibung der Patientengruppe, z. B. eine Spezifizierung der Schizophrenie nach akut, chronisch, latent, paranoid-halluzinatorisch etc. vorliegt.) Vor allem chronisch Schizophrene zeigen eine deutliche Stabilität der SEP bis zu 100 ms.

EKP-Komponenten mit Latenzen über 100 ms erwiesen sich dagegen als kleiner und variabler bei Schizophrenen als bei gesunden Kontrollpersonen. Diese Tendenz wird berichtet für die N100 – P200-Sequenz. Komponenten zwischen 100 und 300 ms Latenz treten bei Schizophrenen verzögert auf.

Callaway (1979) sieht in der größeren Variabilität späterer Komponenten eine Folge der Stabilität der früheren Komponenten, da die späten Komponenten "the combined effect of the positive feedback maintaining this process and of the lateral inhibition in competing operations" (S. 521) widerspiegeln.

Als hervorstechendes Merkmal wird eine deutliche Verringerung der P300-Amplitude (im „oddball" und ähnlichen Paradigmen) bei Schizophrenen erachtet; die P300 kann sogar vollständig ausbleiben (Roth et al. 1980; Duncan-Johnson et al. 1981). Gering ausgeprägte P300-Amplituden werden auch von Miller et al. (1981) bei anhedonischen Personen und von Ward et al. (1981) bei Pbn mit hohen Werten auf dem OST (Lovibond Object Sorting Test, Erhebung von Denkstörungen bei Schizophrenen) berichtet. Vor dem Hintergrund der Erklärungshypothesen zur P300 deuten derartige Ergebnisse z. B. auf veränderte, beeinträchtigte Reizeinordnungsprozesse hin, möglicherweise zurückzuführen auf geringere nach außen orientierte Aufmerksamkeit bei verstärkter Beschäftigung mit internen Prozessen (z. B. Halluzinationen).

Im Zwei-Stimulus-Reaktionszeit-Paradigma wurde vor allem eine reduzierte CNV-Amplitude (also weniger Negativierung in Erwartung eines imperativen Reizes) berichtet, zusammen mit einer Verlängerung der Negativierung über den S2 bzw. die Reaktion hinaus (als PINV, Post Imperative Negative Variation, bezeichnet) (Dongier et al. 1976, 1977; Verhey et al. 1981). Ähnlich wie die reduzierte P300 wurde die geringere CNV oft als Unaufmerksamkeit oder Ablenkung („distraction"), möglicherweise aufgrund von Halluzinationen, interpretiert, nicht jedoch als Charakteristikum der Schizophrenie. Die PINV als Charakteristikum schizophrener Störungen zur Diagnostik heranzuziehen (Dongier et al. 1977), ließ sich nicht unbedingt validieren. Eine PINV kann auch unter bestimmten Bedingungen bei gesunden Pbn beobachtet werden (s. z. B. Rockstroh et al. 1979; Elbert et al. 1982; Delaunoy et al. 1975, 1978). Die PINV erweist sich als sensitiv gegenüber den Untersuchungsbedingungen. Eine internationale Studie unter streng standardisierten Versuchsbedingungen (Abraham et al. 1980, 1981; Verhey et al. 1983) ergab jedoch eine beträchtliche Test-Retest-Reliabilität für die PINV, höher auch als die Reliabilität der CNV.

Eine weitere Durchsicht der Literatur zu anderen psychiatrischen Störungen zeigt jedoch, daß die berichteten Veränderungen von EKP-Komponenten nicht für schizophrene Störungen spezifisch sind. Ähnlich wie für Schizophrene werden auch für depressive Patienten (diagnostiziert als psychotisch Depressive und nicht als neurotisch Depressive) vergleichsweise ausgeprägtere Amplituden der SEPs bis zu 100 ms berichtet. Auch die Beobachtung größerer Stabilität der Amplituden bestätigt sich für depressive Patienten (Shagass 1979). Ebenfalls ähnlich den Beobachtungen bei schizophrenen Patienten ist der Befund verringerter Amplituden zwischen 100 und 300 ms Latenz bei psychotisch Depressiven (AEP, VEP). Andererseits berichten Levit et al. (1973) ausgeprägtere P300-Amplituden bei Depressiven verglichen mit Schizophrenen.

Schließlich ähneln sich auch die Ergebnisse zu langsamen Potentialen (CNV und PINV) von Depressiven und Schizophrenen (Timsit-Berthier et al. 1973; Giedke et al. 1980). Depressive Patienten und gesunde Kontrollpersonen unterschieden sich nicht hinsichtlich CNV-Amplitude und PINV, wenn sie innerhalb des Zwei-Stimulus-Paradigmas keine Kontrolle über die Dauer des S2 hatten;

unter dieser Bedingung zeigten beide Gruppen eine anhaltende Negativierung (PINV), die bei Patienten jedoch nicht signifikant ausgeprägter war. Wird Kontrolle über den S2 ermöglicht (der S2 bricht mit der motorischen Reaktion ab), so nimmt in beiden Gruppen die CNV-Amplitude zu und die PINV-Amplitude ab. Die Gruppen unterscheiden sich erst, wenn die Kontingenz zwischen S2 und der eigenen motorischen Reaktion verwischt oder schwer zu durchschauen wird, wenn der S2 z. B. nur in einigen Durchgängen durch die motorische Reaktion kontrolliert werden kann. Unter dieser Bedingung zeigen depressive Patienten eine deutliche PINV, während die postimperative Komponente bei Kontrollpersonen weiter abnimmt. Dieses Ergebnis von Giedke et al. (1980) verdeutlicht die Abhängigkeit der EKP-Reaktion bei Patienten ebenso wie bei gesunden Personen von situativen, experimentellen Bedingungen.

Spezifische EKP-Muster charakterisieren also weniger spezifische Störungen als Verarbeitungsprozesse, die sowohl bei gesunden Personen als auch – in möglicherweise veränderter Form – bei Patientengruppen hervorgerufen werden können.

Das häufig berichtete Ergebnis, daß Phobiker eine verringerte CNV aufweisen, wurde von Proulx u. Picton (1981) spezifiziert: ein Teil der hochängstlichen Pbn erfaßte die Kontingenz zwischen Stimuli und Reaktion nicht; bei diesen Pbn zeigten sich niedrige CNV-Amplituden. Hochängstliche Pbn, die die Kontingenz jedoch erfaßten, entwickelten eine ausgeprägte CNV. Die generell verringerte CNV bei ängstlichen Pbn kann also auf die Mittelung über Pbn mit und Pbn ohne ausgeprägte CNV-Amplituden zurückgeführt werden. Angst selbst kovariiert also nicht direkt mit spezifischen Veränderungen in der CNV. Angst kann höchstens die Wahrnehmung der Kontingenz beeinträchtigen und dadurch einen Einfluß auf die CNV-Amplitude ausüben. Barbas et al. (1978) konnten nachweisen, daß die Darbietung des phobischen Reizes im Zwei-Stimulus-Reaktionszeit-Paradigma ausgeprägtere CNV-Amplituden und anhaltende postimperative Negativierungen induzierten.

Der vorangehende Überblick macht deutlich, daß z. Zt. der Zusammenhang zwischen EKP-Befunden und psychiatrischen Diagnosen noch ungeklärt ist. Auch die prognostische Bedeutung von EKP-Mustern oder -Veränderungen bleibt abzuklären. Besonders reliabel scheint der Befund einer verlängerten Negativierung (PINV) zu sein; dieses Phänomen erweist sich jedoch weniger als Merkmal einer spezifischen psychiatrischen Störung als ein Hinweis auf Informationsverarbeitungsprozesse, die im Zusammenhang mit psychiatrischen Störungsbildern verändert zum Ausdruck kommen können.

## 1.9 Rückmeldung und operante Kontrolle von EEG-Parametern

Die vorausgehend angeführten Ergebnisse basierten weitgehend auf der Messung elektrokortikaler Reaktionen als abhängige Variablen während der experimentellen Manipulation der Reizbedingungen und des Verhaltens. Aufschluß über die Bedeutung dieser EEG-Parameter läßt sich jedoch auch gewinnen, wenn diese operant konditioniert bzw. selbst induziert werden und der Einfluß so erzielter

Veränderungen auf Verhalten und peripher physiologische Reaktionen beobachtet wird. Der erste Schritt wäre hierbei der Nachweis, daß der betreffende EEG-Parameter tatsächlich unter operante Kontrolle gebracht werden kann. Mit zunehmenden Fortschritten in der Biofeedback-Methodologie sind die Möglichkeiten und Auswirkungen der Selbstregulation für sehr viele EEG-Parameter untersucht worden, wie z. B. Frequenzbänder des Spontan-EEGs, evozierte und langsame Potentiale, oder auch die Aktivität einzelner Neurone (einen umfassenden Überblick über den Stand der Forschung geben Elbert et al. 1984).

Auf der Ebene einzelner Neurone demonstrierte Olds (1965) als erster eine Steigerung der Entladungsrate tegmentaler Neuronen nach verstärkender Stimulation im MFB ("medial forebrain bundle"). Ähnliche Ergebnisse wurden inzwischen für Neurone der Pyramidenbahn (Fetz et al. 1969 – 1975) und für Neurone im präzentralen Kortex (Wyler 1984) erzielt. Einen Meilenstein in der Erforschung der Selbstregulation kortikaler Reaktionen setzte auch Kamiya mit seinen Studien zur Kontrolle der Alpha-Aktivität: Die Pbn lernten sowohl zu diskriminieren, ob sie sich in einem Zustand mit vorherrschender oder fehlender Alpha-Aktivität befanden, als auch einen mit Alpha-Aktivität gekoppelten Ton zu verlängern. Ferner zeigte sich, daß der willentlich ausgedehnte Alpha-Zustand mit bestimmten psychischen Befindlichkeiten (entspannnter Wachzustand) einherging. Diese ersten Berichte lösten eine Welle von Studien zur Selbstregulation der Alpha-Aktivität und nachfolgend ebenso viele kritische Beurteilungen aus. Inzwischen konnte nachgewiesen werden, daß Intensität und zeitliche Ausdehnung der Alpha-Aktivität nicht über das Baseline-Niveau (z. B. in Ruhe mit geschlossenen Augen) hinaus verändert werden können, und daß gesteigerte Alpha-Aktivität vielfach durch Augenbewegungsartefakte vorgetäuscht wird.

Das Interesse an operanter Kontrolle des Theta-Rhythmus gründete auf der Kovariation zwischen Theta-Aktivität und einer Leistungsverminderung bei Vigilanz (anhaltende Aufmerksamkeit) erfordernden Aufgaben (O'Hanlon u. Beatty 1975). Ein derartiger Zusammenhang ließ sich jedoch bei Radarbeobachtern im Biofeedbacktraining nicht nachweisen. Außerdem scheint, ähnlich wie für Alpha-Aktivität berichtet, auch die Theta-Aktivität kaum über ein Baseline-Niveau hinaus operant verändert werden zu können, und es ergaben sich keine unmittelbaren Kovariationen zwischen selbstregulierter Theta-Aktivität und Verhaltensvariablen (z. B. Schmerzverarbeitung oder Reaktionen auf phobische Reize) (Lutzenberger et al. 1975, 1976). In jüngerer Zeit wurde ein Einfluß von selbstgesteuerter Theta-Aktivität auf Schlafverhalten bei Epileptikern und Schlafgestörten berichtet (Lubar 1984; Hauri 1978).

Von praktisch-klinischer Bedeutung erweist sich das Training zur Unterdrückung langsamer, synchroner Rhythmen und zur Steigerung schnellerer Frequenzen zwischen 12 – 14 Hz, als sensomotorischer Rhythmus (SMR) bezeichnet, bei Epileptikern (siehe z. B. Sterman 1984; Lubar 1984).

Im Bereich ereigniskorrelierter Potentiale konnte in den letzten Jahren nachgewiesen werden, daß sowohl akustische und sensorische Hirnstammpotentiale (Finley 1984), als auch verschiedene Komponenten visuell evozierter Potentiale (Roger 1984) und schmerzevozierter Potentiale (Rosenfeld et al. 1984) unter operante Kontrolle gebracht werden können. Erste Ergebnisse weisen auf die praktisch-klinische Bedeutung dieser Kontrolle hin: z. B. führte die biofeedbackgesteuerte Erhöhung sensorisch evozierter Potentialamplituden zu einer Senkung der Empfindungsschwelle bei Quadriplegikern (Finley 1984). Rosenfeld et al. (1984) demonstrierten reduzierte Schmerzempfindlichkeit bei Pbn, die lernten, eine Komponente im schmerzevozierten Potential (N200) zu verringern.

Die Konditionierung langsamer Potentialverschiebungen (Elbert et al. 1980; zusammenfassend Rockstroh et al. 1982, 1984) ergab eindeutige Zusammenhänge zwischen selbstinduzierter Negativierung und Leistungsverbesserungen bei Reaktionszeit-, Signalerkennungs- und Rechenaufgaben, verglichen mit der Leistung nach selbstinduzierter verringerter Negativierung. Diese Ergebnisse, die durch Befunde von Bauer (1984) und Stamm (1984) zur Leistung in Abhängigkeit von spontan auftretenden langsamen Potentialverschiebungen (PRE, potential related events) gestützt werden, belegen, daß mit Hilfe operanter Verfahren Aufschluß über die Bedeutung elektrokortikaler Phänomene gewonnen werden kann.

## 1.10  Zur Elektrogenese von EEG und EKP

Die den elektrophysiologischen Potentialen zugrundeliegenden Prozesse finden vor allem an Nervenzellen und Gliazellen im Kortex statt. Dabei sind sowohl das Zellsoma als auch Dendriten und Axone bzw. Axonkollateralen anatomisches Substrat der Prozesse. Interneuronale Verbindungen aus subkortikalen Regionen und intrakortikalen Verbindungen modulieren und steuern die Zellaktivität über Synapsen.

Wie entstehen Potentiale? Das Ruhemembranpotential an einer Nervenzelle beträgt ungefähr $60 - 70$ mV, mit negativem Pol innerhalb der Zelle; es beruht auf dem Ungleichgewicht von Anionen und Kationen innerhalb gegenüber außerhalb der Zellmembran. Dieses Membranpotential verändert sich in Abhängigkeit von Schwankungen der Membranpermeabilität bzw. von Ionenfluktuationen. Wenn ein Aktionspotential entlang eines Axons weitergeleitet wird und eine exzitatorische Synapse erregt, kommt es am anschließenden Neuron zu einem exzitatorischen postsynaptischen Potential (EPSP). Ausreichende Summation von EPSPs löst entsprechend ein Aktionspotential an der postsynaptischen Neuronmembran aus. Die Erregung inhibitorischer Synapsen führt zu Hyperpolarisation am nachfolgenden Neuron, löst also ein inhibitorisches postsynaptisches Potential (IPSP) aus. Diese postsynaptischen Potentiale, vor allem in den vertikal angeordneten Pyramidenzellen, werden als primär verantwortlich für die Generierung der extrazellulären Feldpotentiale und damit des EEGs angesehen. Dabei sind die Ionenfluktuationen im extrazellulären Raum von besonderer Bedeutung (s. Creutzfeld u. Houchin 1974; Speckmann u. Elger 1982).

Neben neuronalen Generatoren spielen auch Gliazellen eine Rolle bei der Entstehung und Weiterleitung von Feldpotentialen. Der Terminus „Glia" bezeichnet Zellen, die zwischen Nervenzellsomata, Dendriten und Axonen dicht gepackt sind. Primär scheint Gliazellen eine Versorgungs-, Füll- und Stützfunktion zuzukommen, da sie sowohl mit Zellsomata als auch mit Blutgefäßen in Berührung stehen. Die histologische Anordnung von Glia und Nervenzellen mit nur sehr kleinen interzellulären Freiräumen gestattet extrazelluläre Impulsleitung.

Von Gliazellen lassen sich ähnliche Membranpotentiale ableiten, wie sie von Neuronen gemessen werden. Im Gegensatz zu Neuronen kommt es bei Gliazellen nicht zu einer Impulsweiterleitung in Form von Aktionspotentialen oder postsynaptischen Potentialen. Wiederholtes Feuern von Neuronen führt zu erhöhten extrazellulären Kaliumkonzentrationen und in der Folge zu Gliadepolarisationen. Auf diese Weise können Potentialgradienten an Gliazellen aufgebaut werden, die intra- und extrazellulären Stromfluß ermöglichen. Über die enge Verbindung vieler Gliazellen können sich Potentialfelder von beträchtlicher räumlicher Ausdehnung entwickeln. Daneben wird Gliazellen auch ein verstärkender Effekt auf neuronale Potentiale zugesprochen.

Extrazelluläre Feldpotentiale basieren also auf der Summation von EPSPs bzw. IPSPs. Potentialdifferenzen bzw. Stromfluß wird zwischen zwei Elektroden, einer Oberflächenelektrode und einer Tiefenelektrode, registriert, wenn die eine Elektrode (z. B. die Tiefenelektrode) die aktive synaptische Struktur erfaßt, so daß positive Ladungen zum anderen Pol (der Oberflächenelektrode) wandern. Die Anordnung der aktiven synaptischen Strukturen löst ein positives Feldpotential an der einen (Oberflächenelektrode) gegenüber einem negativen Pol an der anderen Elektrode (Tiefenelektrode) aus. Die Aktivierung von inhibitorischen Synapsen verursacht einen Strom, der in ähnlicher Polarisierung gemessen wird, und die Aktivierung von höhergelegenen exzitatorischen Synapsen. Entsprechend wird sich ein negatives Feldpotential an der Oberfläche einer zentralnervösen Struktur entwickeln, wenn höhergelegene exzitatorische und tiefergelegene inhibitorische Synapsen aktiviert sind (Abb. 1.11).

Die Generierung von Potentialschwankungen, wie sie in der Wellenform des EEGs sichtbar werden, basiert primär auf synchronen Entladungen in afferenten Fasern und nachfolgend in EPSPs der apikalen Dendriten dieser aufsteigenden Fasern. Amplitude und Dauer der Depolarisationen sind abhängig vom Entladungsmuster der afferenten Fasern. Die synaptische Aktivität der Dendritenstrukturen löst extrazellulären Stromfluß und dementsprechend Feldpotentiale aus. In Abhängigkeit von der Ableitungstechnik (DC oder kurze Zeitkonstante)

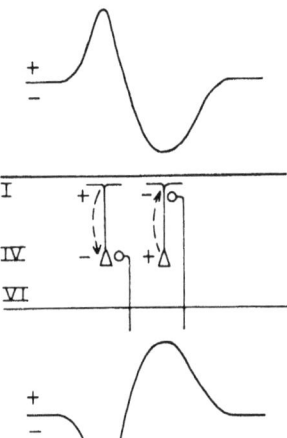

**Abb. 1.11.** Schematisches Modell der Elektrogenese von EKP-Wellen über dem sensorischen Kortex. Thalamische Afferenzen, die in der Nähe des Pyramidenzellkörpers enden, lösen exzitatorisch ein an der Kortexoberfläche positives Potential aus. Kurz darauf entsteht durch Depolarisation von apikalen Dendriten durch axodendritische Synapsen oder auch durch elektrotonische Invasion aus dem Zellkörper ein oberflächennegativer Gipfel (*obere Kurve*); unterhalb des Kortex kann eine Kurve umgekehrter Polarität beobachtet werden. (Aus Goff et al. 1978)

repräsentieren die gemessenen Potentialschwankungen Depolarisationen der dendritischen Membranen oder schnelle Fluktuationen der Oberflächenfeldpotentiale.

Über diese neurophysiologischen Prozesse wird das EEG folgendermaßen erklärt: synchrone Entladungen meist von afferenten Fasersystemen werden sichtbar in einzelnen hochamplitudigen EEG-Wellen. Bei einer periodischen Abfolge dieser afferenten Entladungen zeigt die Ableitung sinusförmige Potentialschwankungen, wie sie vermutlich im Alpha-Rhythmus zum Ausdruck kommen (Andersen u. Andersson 1968). Kommt es zu afferenten Entladungen mit hoher Frequenz über längere Zeitintervalle hinweg oder zu asynchronen Entladungen (Desynchronisation), so resultieren aus dem extrazellulären Stromfluß negative Feldpotentiale mit geringer Schwankungsbreite. Die EEG-Ableitung zeigt infolgedessen kleinamplitudige, höherfrequente Wellen. Bei der DC-(Gleichspannungs)-Ableitung werden die anhaltenden Depolarisationen höhergelegener Strukturen als negative Potentialverschiebung sichtbar. Zwischen der Amplitude der negativen DC-Verschiebung und der durchschnittlichen Entladungsfrequenz in den afferenten Fasersystemen wird eine enge Verbindung angenommen. Eine Abnahme der Amplituden im Spontan-EEG kann also resultieren aus hoher, asynchroner Entladungsrate oder auch aus einer Abnahme der afferenten Aktivität. Im letzteren Fall wäre die Amplitudenreduktion im Spontan-EEG begleitet von einer positiven DC-Verschiebung (s. Speckmann u. Elgers 1982).

Für die Analyse evozierter und langsamer Hirnpotentiale sind folgende anatomische und neurophysiologische Aspekte sowie Überlegungen zur Potentialgenerierung zu berücksichtigen: Die meisten Daten zu EKP werden im Humanexperiment über EEG-Ableitungen von der Kopfoberfläche gewonnen. Überlegungen zur Bedeutung dieser Potentiale, also Hypothesen zu Aspekten zentralnervöser Informationsverarbeitung, basieren auf diesen EEG-Ableitungen von der Kopfoberfläche. Aus den so gemessenen Potentialen kann jedoch nicht einfach geschlossen werden, welche Hirnregionen bzw. welche potentialgenerierenden Strukturen aktiv gewesen sind. Wissen über die anatomischen Strukturen, physikalische Prinzipien der Ladungsverschiebung, sowie Rückschlüsse aus tierexperimentell gewonnenen Vergleichen von intrakranialen und Oberflächenableitungen auf intrakraniale Prozesse sind nur möglich, wenn bestimmte anatomische Charakteristika und physikalische Prinzipien des Ladungsaustausches berücksichtigt werden.

Ein Aspekt ist die unterschiedliche Ionenleitfähigkeit der Strukturen zwischen Kortex, Hirnrinde und Kopfoberfläche. Die potentialgenerierenden Hirnstrukturen werden von der Ableitungselektrode durch die zerebrospinale Flüssigkeit (CSF, cerebrospinal fluid), die Hirnhäute, den Schädelknochen und die Kopfhaut getrennt. Während die Leitfähigkeit des Schädelknochens relativ gering ist, ist die Leitfähigkeit der anderen Strukturen ungefähr 100mal größer. Die relativ hohe Leitfähigkeit innerhalb der Neuronen- und Gliastrukturen ist auf frei bewegliche Ionen in der extrazellulären Flüssigkeit zurückzuführen. Aus diesen elektrischen Eigenschaften lassen sich folgende Schlüsse auf das Verhältnis zwischen intrakranialen und Oberflächenpotentialen ziehen: Wenn es an einer bestimmten Stelle im Gehirn zu einem Ausfluß von Kaliumionen durch die Membran in die extrazelluläre Flüssigkeit kommt, die extrazelluläre $K^+$-Konzentration also lokal steigt, so bewegen sich $K^+$-Ionen von dem Punkt größerer Konzentration weg und tragen dabei positive Ladungen mit sich. Bereiche geringerer Konzentration, also der negative Pol, ziehen positive Ladungsträger an.

Eine Elektrode, die nahe dem negativen Pol lokalisiert ist, wird daher eine negative Potentialverschiebung aufnehmen. Da sich Ladungsträger von allen Seiten auf den negativen Pol zu bewegen, sinkt die Stromdichte mit steigender Entfernung vom negativen Pol. Die mit der Oberflächenelektrode abgegriffene Potentialänderung wird also mit steigender Entfernung vom negativen Pol abnehmen. Ionen driften immer vom Punkt höherer Konzentration weg und werden andererseits vom entgegengesetzten Pol angezogen. Solche Potentialänderungen fallen annähernd linear mit der Entfernung von der Stromquelle ab, wenn die Elektrode mindestens einen Zentimeter vom Pol entfernt lokalisiert ist ("far field potential"). Die Dauer der Ionenwanderung und damit die Dauer der zu messenden Potentialänderung ist allerdings abhängig von intervenierenden Variablen wie Membranbarrieren und der Ionenmobilität, die von der Größe der Ionen abhängt ($K^+$-Ionen sind kleiner und mobiler als viele große organische Anionen). Von der Potentialänderung abgesehen, die auf die Entfernung zwischen Meßelektrode und Pol zurückzuführen ist, kommt es zu einer weiteren Potentialänderung infolge der geringen Leitfähigkeit des Schädelknochens. Die Kopfoberflächenelektrode wird im Vergleich zur Kortexoberflächenelektrode durch den relativ hohen Widerstand des ca. 0,3 cm dicken Schädelknochens vom aktiven Pol getrennt. Der Widerstand R ist proportional zur Dicke des Schädelknochens und umgekehrt porportional zu der Fläche des Querschnitts. Infolgedessen wird Strom nicht auf direktem, kürzestem Weg den Schädelknochen passieren, sondern wird über einen größeren Querschnitt verteilt fließen. Während eng nebeneinanderliegende intrakraniale Elektroden lokalisierte Potentialänderungen erfassen können, ändert sich der Potentialgradient kaum, wenn zwei Elektroden in vergleichbarem Abstand auf der Schädeloberfläche angebracht sind. Die räumliche Auflösung von Potentialen an der Schädeloberfläche wurde von Lehmann (1977, Lehmann u. Skrandies 1979) untersucht. Dabei zeigt sich, daß gewöhnlich nur ein oder zwei Gipfel im EKP zu einem Zeitpunkt über der gesamten Schädeloberfläche beobachtet werden. Es ist also bei der Interpretation evozierter Potentiale bedeutsam, daß gemessene Potentialdifferenzen immer nur die Aktivität relativ großer Hirnregionen wiedergeben können; dabei werden allerdings räumlich benachbarte Aktivitäten stärker gewichtet als entferntere Aktivitäten (s. Stichwort Widerstand). Modellberechnungen (z. B. nach Cuffin u. Cohen 1979) zeigen, daß bei lokaler Generation ein senkrecht zur Schädeloberfläche liegender Dipol unter dem nächsten Nachbarn im 10–20-System (s. Abb. 2.1) noch eine Amplitude von etwa 10% und unter dem übernächsten von etwa −2% hervorruft (bezogen auf die Amplitude an der direkt über dem Dipol liegenden Oberflächenelektrode).

Ein weiteres Merkmal des kortikalen Stromflusses wird durch das Dipolmodell beschrieben (Abb. 1.12). Wenn sich ein Neuron über verschiedene kortikale Schichten erstreckt, wie z. B. Pyramidenzellen, so fließt innerhalb der Zelle ein Strom in entgegengesetzter Richtung zum extrazellulären Strom. Der Austritt positiver Ionen am Zellsoma resultiert in einem positiven Pol um das Soma, während gleichzeitig in den Dendriten ein negativer Pol generiert wird. Wenn sich die

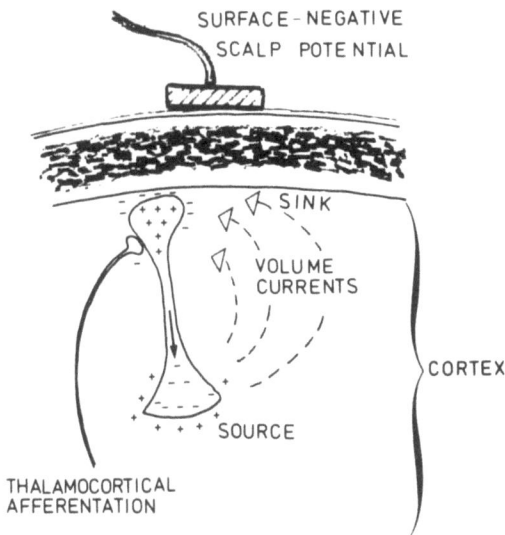

SURFACE - NEGATIVE
SCALP POTENTIAL

SINK

VOLUME
CURRENTS

CORTEX

SOURCE

THALAMOCORTICAL
AFFERENTATION

**Abb. 1.12.** Oberflächennegative LP werden durch Polarisation des Kortex erzeugt, wobei thalamische Afferenzen die apikalen Dendriten von Pyramidenneuronen aktivieren. Die extrazellulären Ströme erzeugen an der Kopfhaut meßbare Potentiale. (Aus Rockstroh et al. 1982)

Dendriten in höhergelegenen Zellschichten befinden und das Zellsoma in tieferen Schichten, so wird hier ein Dipol (s. Anhang A) als Polarisierung des Kortex meßbar. Das Dipolmodell wird vornehmlich zur Erklärung der Generierung ereigniskorrelierter Potentiale herangezogen. Kortikal generierte Dipole, die senkrecht zur Kortexoberfläche stehen, müssen nicht immer senkrecht zur Schädeloberfläche sein. Afferenter Input (z. B. von einem Ton) wird zum Thalamus und von dort zum Kortex geleitet. Unspezifische thalamische Fasern aktivieren die apikalen Dendriten der Pyramidenzellen. Die Depolarisation des Membranpotentials an den apikalen Dendriten bedeutet intrazellulären Stromfluß. Es kommt also zu einem negativen Pol in Zellschicht I und infolge des intrazellulären Stromflusses von Dendriten zum Zellsoma zu einem positiven Pol um das Zellsoma. Der negative Pol in Zellschicht I und der positive Pol in Schicht V oder III bedingen die Polarisierung der spezifischen Hirnregion; auf diese Weise ist ein Dipol generiert. Da der Dipol senkrecht zur Kortexoberfläche angeordnet ist, wird an der Oberflächenelektrode eine negative Verschiebung registriert (Abb. 1.12 ). Infolge der starken Faltung neuronaler Strukturen im Kortex sind Zellschichten jedoch nicht notwendigerweise parallel zur Kopfoberfläche angelegt, Dipole also auch nicht unbedingt senkrecht zur Oberflächenelektrode. Es darf also nicht angenommen werden, daß die mit der Oberflächenelektrode erfaßte Potentialänderung Dipole in direkt darunterliegenden Strukturen anzeigt. So projizieren z. B. Dipole in den primären akustischen Projektionsarealen, die in den Faltungen des Temporallappens (Insel) lokalisiert sind, zu frontalen Regionen und können so negative Potentialverschiebungen im Frontalkortex simulieren. [Für eine ausführlichere Darstellung und Diskussion des Dipolmodells sei auf Goff et al. (1978) und Rockstroh et al. (1982) verwiesen.]

## 1.11 Die Wirkung von Psychopharmaka auf das EEG

### 1.11.1 Spontan-EEG

Bereits Berger untersuchte zu Beginn der 30er Jahre den Einfluß von Barbituraten, Cocain, Chloroform und Morphium auf die von ihm beschriebenen Frequenzbänder, um über diesen Weg weiteren Aufschluß über Charakteristika des
EEGs zu erhalten. Neben diesem – weiterhin gültigen – Aspekt der Grundla-
genforschung interessiert die Wirkung psychotroper Substanzen auf das EEG als
Zugang zu den zentralen Angriffsorten der Substanzen.

Ein kurzer, zusammenfassender Überblick über die Wirkung verschiedener
Pharmakagruppen erscheint nur sehr schwer möglich angesichts der im folgenden angeführten intervenierenden Variablen:
– Die gemessenen Effekte sind abhängig vom Ableitungsort.
– Die Effekte variieren in Abhängigkeit von der Dosis des verabreichten Phar-
  makons. Obwohl in den meisten Fällen eine lineare Beziehung zwischen Dosis
  und Änderung des/der EEG-Parameter angenommen werden kann, werden
  auch „paradoxe" Effekte oder Verschiebungen der Wirkung zu anderen Meß-
  parametern berichtet.
– Die Effekte sind abhängig von individuumspezifischen EEG-Mustern *vor* der
  Applikation psychotroper Substanzen. So gilt z. B., daß EEGs mit vorherrschend hochamplitudigen langsamen Frequenzen sensitiver auf zentrale Stimulanzien (z. B. Amphetamine, Coffein, Halluzinogene) reagieren; Stimulanzien bewirken in diesem Fall eine Veränderung in Richtung schnellerer Frequenzen, während sich bei niederamplitudigen höherfrequenten EEGs keine
  oder kaum Veränderungen messen lassen; letztere reagieren dagegen deutlicher auf zentrale Inhibitoren (z. B. Barbiturate, Anästhetika). Dieser sog. „individuellen Sensitivität" (Itil 1978) können hormonelle, genetische und/oder
  diätetische Faktoren zugrunde liegen.

Generell werden Pharmakaeffekte als Veränderungen der EEG-Parameter
Frequenz, Amplitude und Wellenform (z. B. das Auftreten von Krampfpotentialen) beschrieben.

Als „zentrale Stimulanzien" (oder „excitants") werden Substanzen bezeichnet, die zentrale Erregung oder Desynchronisation neuronaler Verbände fördern
(z. B. Amphetamine, Methylphenidat, Coffein, Halluzinogene, Cholinergika).
Der Kategorie zentraler Inhibitoren („depressants") werden Pharmaka zugeordnet, die die Synchronisation fördern und/oder hemmend wirken (z. B. Barbiturate, Anticholinergika, Neuroleptika). Dabei werden Pharmaka unterschieden, die
dosisunabhängig neuronale Synchronisation herbeiführen (Chlorpromazin, Ben-
zodiazepine, Atropin) und Pharmaka, die bei steigender Dosierung zunächst
Synchronisation und dann Inhibition verursachen (z. B. Pentobarbital, Paralde-
hyd).

Im folgenden sollen stichwortartig die wichtigsten oder vorherrschenden
Pharmakaeffekte genannt werden; ausführliche Darstellungen finden sich bei
Bauer (1982), Itil (1982) und Lipton et al. (1978).

*Anästhetika* (Narkosemittel) induzieren bei geringer (analgetischer) Dosierung zunächst frontal dominante schnelle Aktivität, die sich auf andere Hirnbe-

reiche ausweitet. Bei Dosissteigerung (anästhetisch) zeigt sich progressive Verlangsamung bis zu einer Reduzierung der Feuerrate, die Hemmung auf Hirnstammebene signalisiert. Das Auftreten von Krampfpotentialen ist möglich.

*Hypnotika* (Schlafmittel, vor allem vom Barbiturattyp) bewirken in niedriger Dosierung in ähnlicher Weise zunächst frontale, sich dann ausbreitende schnelle Aktivität (25 – 35 Hz). Mit Steigerung der Dosis bzw. anschließend an die Erhöhung schneller Anteile wird ein Zerfall des Alpha-Rhythmus und eine (dosisabhängige) Zunahme langsamer Wellen beobachtet. Mit steigender Dosis und parallel zur Tiefe der Sedierung (bis zum Koma) nimmt der Anteil langsamer Wellen im Theta- und Delta-Bereich zu. (Komatöse Zustände sind durch diffuse Delta-Aktivität, flache Wellen und Spindeln gekennzeichnet).

*Tranquilizer* (vor allem Benzodiazepinderivate) aktivieren ebenfalls (und anhaltend) hochamplitudige schnelle Aktivitäten im Beta-Bereich sowie langsame Aktivität im Theta-Bereich. Eine Zunahme der Alpha-Aktivität wird nur bei steigender Dosierung berichtet. Im Gegensatz zu anderen zentralen Inhibitoren werden unter der Wirkung von Tranquilizern keine Krampfpotentiale beobachtet; es kommt eher zu einer Unterdrückung des Petit-Mal-typischen 3 Hz Rhythmus (entsprechend werden Tranquilizer in der Epilepsiebehandlung eingesetzt).

Psychopharmaka im engeren Sinne, *Neuroleptika* (Phenothiazin- und Butyrophenonderivate) und *Antidepressiva* (trizyklische Antidepressiva und Lithium) führen vergleichsweise häufiger zum Auftreten von Krampfpotentialen. Vornehmlich Neuroleptika (gelegentlich aber auch Antidepressiva) induzieren bei jüngeren Patienten, zu Behandlungsbeginn und nach dem Absetzen (Entzug) manchmal ausgeprägte paroxysmale Aktivität, die sich bei Patienten mit epileptischer Vorgeschichte bis zu Grand-Mal-Bildern ausweiten kann. Generell kommt es unter Neuroleptika zu einer Verlangsamung im EEG, mit mehr langsamer Alpha-Aktivität, zunehmender Theta-Aktivität und abnehmender Beta-Aktivität.

Ähnliche Wirkungen werden Antidepressiva zugeschrieben. Neben einer Verlangsamung der Frequenzen im Alpha-Spektrum und genereller Zunahme langsamer Frequenzen treten überlagert hochamplitudige schnelle Frequenzen auf. Diese schnelle Aktivität wird jedoch bei chronischer Dosierung auf die Dauer unterdrückt.

*Stimulanzien* (Amphetamin, Methylphenidat, Coffein, Nikotin) aktivieren in erster Linie schnelle Aktivität im Beta-Bereich (16 – 26 Hz) und Aktivität im Alpha-Bereich, bei gleichzeitiger Reduktion schnellerer und langsamerer Frequenzen. (Während Coffein den Amphetaminen in seiner Wirkung ähnlich ist, senkt Nikotin die Alpha-Aktivität. Unter Nikotindeprivation wird eine Frequenzverlangsamung beobachtet).

*Analgetika* (Schmerzmittel, z. B. Opiate) schlagen sich wenig deutlich in EEG-Reaktionen nieder. Eine Reduktion im Alpha-Frequenzbereich und gelegentliches Auftreten von Krampfpotentialen werden berichtet.

## 1.11.2 Evozierte und langsame Potentiale

Die für die Untersuchung von Pharmakaeffekten auf das Spontan-EEG beschriebenen Einschränkungen gelten in ähnlicher Weise auch für die Untersuchung

evozierter Potentiale. Pharmakaeffekte variieren mit der Dosis, dem Kontext der
Messung (Untersuchungsdesign), dem Zustand des Pb (gesunde Pbn oder Patienten), sowie individuumstypischen Potentialmustern (Typ A oder Typ B CNV
nach Tecce et al. 1978).

Obwohl das Bild der Pharmakaeffekte auf EPs infolgedessen ähnlich differenziert gezeichnet werden müßte (siehe z. B. Shagass et al. 1978), lassen sich einige allgemeine Tendenzen formulieren: ZNS-Inhibitoren („depressants") bewirken eher eine Verlängerung der Latenz einzelner EP-Komponenten und eine Erniedrigung der Amplituden, während für zentral erregende Substanzen eher das
Gegenteil gilt. Antipsychotika (Neuroleptika, Antidepressiva) scheinen EPs zu
„normalisieren", in dem Sinne, daß prämedikativ von der Normalpopulation abweichende EP-Muster sich unter Pharmakaeinfluß in die Richtung der erwarte-
ten Verläufe bewegen. Ferner beeinflussen inhibitorisch wirkende Stoffe in Abhängigkeit von der Dosis zunächst später latente, endogene Potentialkomponenten und mit steigender Dosis frühere latente, exogene Komponenten. In ähnlicher
Weise steht die Dosis in linearer Beziehung zur Amplitudenreduktion: mit steigender Dosis nehmen die Amplituden der EP-Komponenten zunächst ab; später
verschwinden Potentialkomponenten völlig.

Untersucht wurden so z. B. SEP und VEP unter dem Einfluß von Anästhetika und Barbituraten. Bei Barbituratanästhesie verschwinden auch die Komponenten P30 und P50 im AEP (s. Shagass et al. 1978). Zusätzlich zu der beschriebenen Amplitudenreduktion nimmt unter Tranquilizern die Latenz früher SEP-
und VEP-Komponenten zu.

Wie in Abschnitt 1.8 berichtet, werden bei schizophrenen Patienten größere
frühe EP-Komponenten mit geringerer Variabilität und kleinere spätere Komponenten mit größerer Variabilität beobachtet. Neuroleptika scheinen diese Zeichen
auszugleichen. Ein Absetzen der Neuroleptika kann ein „Rebound"-Phänomen
mit einer Intensivierung der prämedikativ gemessenen EP-Veränderungen auslösen. Befunde weisen darauf hin, daß die ausgeprägteren pharmakainduzierten
Veränderungen im EP mit besserer klinischer Prognose einhergehen. Antidepressiva führen im allgemeinen zu einer Erniedrigung von EP-Amplituden (SEP).
Während die Latenz früher SEP-Peaks eher geringer wird, nimmt sie für spätere
Peaks zu. Befunde zu Stimulanzien sind uneinheitlich. Während Latenzabnahme
und Amplitudenzunahme für das VEP berichtet werden, ergibt sich bei SEP eine
Amplitudenerhöhung nur für späte Komponenten. Koffein- und Nikotindeprivation gehen mit Amplitudenreduktion einher, die nach entsprechendem Konsum
wieder ausgeglichen wird.

Tecce et al. (1978) untersuchten die Wirkungen verschiedener Psychopharmaka auf die Amplitude der *CNV*. Als generelle Tendenzen ergaben sich Amplitu-
denverringerungen unter Barbituraten, Tranquilizern und Alkohol, also zentral
inhibitorisch wirkenden Substanzen. Die CNV-Amplitude wird eher ausgeprägter unter Stimulanzien, Koffein und Halluzinogenen. Differenziertere Effekte interpretieren Tecce et al. (1978) im Rahmen ihrer „Attention-arousal"-Hypothese
und im Rahmen ihrer Beobachtung individuell unterschiedlicher CNV-Formen
(Typ A mit eher rechteckförmigem Verlauf, Typ B mit langsamer, rampenförmiger Anstiegsflanke). Wird unter der Einwirkung von Hypnotika (Schlafmitteln
und Tranquilizern) subjektiv Beruhigung und Sedierung erlebt und weisen erhöh-

te Reaktionszeiten auf beeinträchtigte Aufmerksamkeit hin, so ist auch die CNV-Amplitude erniedrigt. Bei sog. „paradoxen" Reaktionen lassen sich dagegen auch erhöhte CNV-Amplituden registrieren. In Reaktion auf Stimulanzien wiesen Tecce et al. 1978 bei 13 von 20 Pbn eine paradoxe CNV-Erniedrigung, einhergehend mit subjektiv erlebter Müdigkeit nach, wobei dieses Phänomen eher bei Pbn mit Typ-B-CNV auftrat.

Wie bereits ausgeführt, werden bei schizophrenen und depressiven Patienten – allerdings nicht durchgängig – erniedrigte CNV-Amplituden beobachtet. Entsprechend uneinheitlich oder vorsichtig werden Effekte von Neuroleptika auf die CNV-Amplitude beschrieben. In der Tendenz scheint jedoch eine „Normalisierung" oder Amplitudenerhöhung vorherrschend.

Im weiteren Rahmen müßten auch *hormonelle* Substanzen als psychotrope Substanzen beschrieben werden. Ergebnisse zur Wirkung einiger Peptide auf EEG, EP und LP sind bei Rockstroh et al. (1982) beschrieben.

# 2 Versuchsdurchführung

## 2.1 Beispiel einer psychophysiologischen Experimentalanordnung und Ableitungspraxis

Beim Studium der Literatur zu ereigniskorrelierten Hirnpotentialen wird rasch deutlich, daß für die Untersuchung jeder der drei großen Kategorien (exogene, endogene EKP, LP) Standardparadigmen den jeweiligen Fragestellungen entsprechend modifiziert werden.

Zur Messung *exogener* EP z. B. wird der Proband (Pb) im allgemeinen mit einer Serie von Tönen (akustische EP, AEP), Lichtblitzen (visuelle EP, VEP) oder taktilen Reizen (sensorische EP, SEP) konfrontiert, die in schneller Abfolge (100 ms bis maximal 1 s Interstimulus-Intervall) bis zu 1 000mal und mehr dargeboten werden, aber nicht mit einer Aufgabe für den Pb verknüpft sind. In diesen Paradigmen werden vor allem physikalische Reizparameter variiert, z. B. Lautstärke, Lichtintensität etc.

Ein typisches Paradigma für die Untersuchung *endogener* Potentiale stellt z. B. das sog. „odd-ball"-Paradigma zur Messung der P300 (s. Abb. 1.6) dar. Hierbei wird eine Serie von Reizen (visuell oder akustisch) dargeboten, die zwei Kategorien zugeordnet werden können: eine Klasse von Reizen wird als Zielreiz („target") definiert, die es gegenüber der Klasse der irrelevanten Reize („non-target") zu erkennen, zu zählen, zu diskriminieren gilt, oder deren Auftreten vorherzusagen ist. In den meisten Untersuchungen sind die Zielreize gekennzeichnet durch ihre Auftretenshäufigkeit (seltene Zielreize gegenüber häufigen, irrelevanten Reizen). Zielereignis kann auch das Fehlen eines Reizes sein. Man stelle sich als Beispiel das regelmäßige Ticken einer Küchenuhr vor, die selten, aber immer wieder einmal einen halben Pendelschlag ausläßt: tick, tack, tick, − tick, tack, tick... Tatsächlich ruft in diesem Fall der ausgelassene Zielreiz eine größere P300 hervor als die dargebotenen Reize. Zur Mittelung eines Potentialverlaufes werden in derartigen Paradigmen 20 und mehr Ereignisse pro Pb eingesetzt. (Für detailliertere Beschreibungen verschiedener P300-Paradigmen s. Duncan-Johnson u. Donchin 1977, 1978; Donchin 1981; Rösler 1982).

Bei der Untersuchung der N100 (s. Abb. 1.5 und 1.6a), die sich als sensitiv für Aufmerksamkeitszuwendung erwiesen hat, werden z. B. akustische Reize (Zielreize und „non-targets") dichotisch (an beiden Ohren) dargeboten. Der Pb wird aufgefordert, seine Aufmerksamkeit auf die Zielreize entweder im rechten oder im linken Ohr (Kanal) zu konzentrieren. Die N100-Amplitude ist für den Kanal ausgeprägter, auf den sich die Aufmerksamkeit richtete (Hillyard et al. 1978, 1979). Dieses Paradigma läßt sich am besten am Beispiel einer Cocktailparty veranschaulichen: In dem Gewirr von Stimmen und Gesprächen wird die Konzentration einem bestimmten Gesprächspartner oder Gesprächsgegenstand gewidmet. Nur die Worte des Partners (gegenüber anderen Gesprächsfetzen) und bedeutsame Worte (z. B. ein interessierendes Thema oder der eigene Name) vermögen dann deutlichere N100-Wellen auszulösen.

Eine N200 wird vor allem dann beobachtet, wenn der Zielreiz aufgabenrelevant *und* schwer zu diskriminieren ist.

Die meisten Untersuchungen *langsamer Potentiale* (z. B. der CNV, s. Abb. 1.8) orientieren sich am Zwei-Stimulus-Reaktionszeit-Paradigma: Auf einen ersten Reiz, der als S1, Signalreiz oder Warnstimulus (WS) bezeichnet wird, folgt im Abstand von wenigen Sekunden ein zweiter Reiz; dieser S2 ist oft per Instruktion mit einer Aufgabe verknüpft und wird infolgedessen auch als imperativer Stimulus (IS) bezeichnet. Derartige Bedingungen finden sich in vielen Situationen des täglichen Lebens wieder. Ein typisches Beispiel aus dem Bereich des Sports wäre z. B. der Warnreiz „Auf die Plätze – Fertig", dem der imperative Reiz „Los" folgt. Aber auch der Zuschauer bei einem solchen Start oder der Fußballfan während des Elfmeterschießens erleben die Verknüpfung oder „Kontingenz" der beiden Ereignisse, ohne daß sie selbst eine motorische Reaktion ausführen müssen (obwohl sich die Erwartungsspannung durchaus in einer Veränderung der Muskelaktivität zeigen kann).

S1 und S2 sind in den meisten Laborexperimenten akustische (Sinustöne oder Geräusche) oder visuelle (Lichtblitze oder Muster) Signale, aber auch sensorische Reize oder Kombinationen von Reizen induzieren eine CNV. Die mit dem S2 assoziierte Aufgabe besteht meist in einer motorischen Reaktion (Knopf- oder Hebeldruck), mit oder ohne Kontingenz zum S2: durch rasche Reaktion kann der S2 beendet werden (kontingent); oder der Pb soll so rasch wie möglich auf die Wahrnehmung des S2 reagieren, ohne daß dadurch dessen Dauer beeinflußt werden kann (inkontingent). Das Intervall zwischen den Reizen (Interstimulus-Intervall, ISI) oder das S1-Intervall betrug in frühen CNV-Studien meistens 1 – 2 s (siehe z. B. Tecce 1972), wurde aber mit dem Ziel differenzierter Untersuchung einzelner LP-Komponenten auf 4 – 6 (und mehr) Sekunden ausgedehnt (s. Rohrbaugh et al. 1975; Connor u. Lang 1969; Weerts u. Lang 1973; Rockstroh et al. 1982).

Ausgehend von diesem Grundparadigma bestimmten folgende Überlegungen die Entwicklung der Experimentalbedingungen in unseren eigenen Studien:

a) Um die Komponenten der LP sowie Herzfrequenz und Hautleitfähigkeitsreaktionen erfassen zu können, wurde ein ISI bzw. S1-Intervall von *sechs* Sekunden gewählt. Bei kürzeren ISIs können sich die unterschiedlichen Reaktionen in jedem System überlappen, so daß ihre Quantifizierung schwieriger wird.

b) Um LP und Reaktionsgeschwindigkeit in Abhängigkeit unterschiedlicher Reizqualitäten bzw. -relevanz untersuchen zu können, wurden vornehmlich akustische Reize unterschiedlicher Frequenz und Intensität (z. B. neutrale Töne gegenüber aversiven lauten Geräuschen) gewählt.

c) Das Paradigma soll die Untersuchung der Bedeutung von Kontingenz, d. h. dem Zusammenhang zwischen Reaktion und Konsequenz (z. B. S2-Ende), bzw. von Inkontingenz oder Unabhängigkeit zwischen Reaktion und deren Konsequenz in ihren Wirkungen auf physiologische Größen erlauben. Dabei

gehen wir davon aus, daß die Zusammenhänge zwischen Reaktion und Konsequenz, wie sie hier simuliert werden, eine Elementarsituation menschlichen
Verhaltens darstellen, wobei LP besonders geeignet sind, Verknüpfungsregeln
und Störungen der Verknüpfungen zu untersuchen. Die Aufgabe, auf das Abbrechen eines Warnsignales hin in einer bestimmten Weise zu reagieren (wobei
die Reaktion von positiven oder negativen Konsequenzen gefolgt ist), ist in
vielen Situationen des täglichen Lebens wiederzufinden, kann also als eine Art
Modellparadigma verstanden werden. Durch unvermittelte Änderung oder
plötzliches Ausbleiben der Konsequenz können Bedingungen wie bei gelernter
Hilflosigkeit, Frustration oder enttäuschter Erwartung simuliert werden.

Im folgenden sei das Grundschema unserer Untersuchungen detaillierter beschrieben. Spezifischen
Fragestellungen entsprechend wurden einzelne Aspekte dieses Paradigmas modifiziert; auf derartige
Modifikationen wird im Zusammenhang mit den entsprechenden Analyseverfahren eingegangen.
    Zu Beginn jedes Durchgangs wird über Kopfhörer oder Lautsprecher einer von zwei Sinustönen
von 700 Hz, 65 dB (tief) oder 1200 Hz, 65 dB (hoch) dargeboten. Nach 6 s (S1-Intervall) geht der jeweilige Ton unmittelbar in einen akustischen S2 oder IS über, der von aversiver (Frequenzgemisch
von 110 dB) oder neutraler (300 Hz, 65 dB) Qualität ist. Die Intensität des aversiven Geräusches liegt
unter der Schwelle gesundheitlicher Gefährdung. Die Zuordnung von S1 (hoch – tief) und S2
(aversiv – neutral) ist über die Probanden ausbalanciert. Dadurch können Effekte unterschiedlicher
S1-Qualitäten vermieden werden. Der S2 kann unmittelbar abgebrochen werden, wenn der Pb innerhalb eines definierten Intervalles eine Drucktaste betätigt (Fluchtreaktion). Der Pb ist instruiert, daß
jeder S1 einen bestimmten S2 ankündigt, der durch „rechtzeitige" Reaktion abgebrochen werden soll.
In einigen Studien werden vorzeitige (während des S1) oder zu langsame (länger als das vorher bestimmte Intervall) Reaktionen „bestraft", indem der jeweilige S2 5 s andauert. Ein Durchgang dauert
11 s (6 s S1-Intervall, maximal 5 s S2-Intervall), das Intertrial-Intervall variiert zufällig, z. B. zwischen
16 und 20 s.
    Eine Experimentalsitzung setzt sich im allgemeinen aus Serien von jeweils 20 Durchgängen glei-
cher Art zusammen (z. B. 20 Durchgänge mit neutralem S2, 20 Durchgänge mit aversivem S2, 40
Durchgänge mit reaktionskontingentem S2-Abbruch (20 aversiv, 20 neutral), 40 Durchgänge Inkontingenz zwischen Reaktion und S2-Abbruch), wobei die Durchgänge der einzelnen Bedingungen in
Pseudo-Zufallsabfolge angeordnet sind.
    Um den Einfluß der motorischen Reaktion auf die Amplitude der LP zu überprüfen, wird neben
einer Gruppe von Pbn, die die oben beschriebenen Bedingungen erfahren, eine Gruppe Pbn untersucht, für die die Abfolge und Dauer der Reize den Bedingungen der ersten Gruppe entsprechen, ohne daß sie jedoch die Knopfdruckreaktion ausführen, also motorisch reagieren. Eine solche Gruppe
wird als „yoked control" (Jochkontrolle) bezeichnet. Eine Jochkontrollgruppe dient auch zur Untersuchung des Einflusses einer Kontingenz zwischen Reaktion und Konsequenz. Wie oben beschrieben,
können die Experimentalpersonen die S2 durch rechtzeitige motorische Reaktion abbrechen. Sie erfahren also die Kontingenz zwischen adäquater Reaktion und deren Konsequenz, dem Reizabbruch.
Um zu überprüfen, welche Bedeutung die motorische Reaktion allein auf die LP-Amplitude hat und
welche Bedeutung dem Kontingenzerleben zukommt, erfahren die Pbn einer Jochkontrollgruppe Sti-
mulusabfolge und -dauer in gleicher Weise wie die zugeordneten Experimentalpersonen und führen in
gleicher Weise die motorische Reaktion aus. Entgegen den Experimentalpersonen werden die Kontrollpersonen in der Instruktion nicht auf die Kontingenz zwischen rascher Reaktion und S2-Abbruch
hingewiesen; sie werden lediglich instruiert, daß der S2 unterschiedlich lang andauern kann.
    Der Versuchssitzung gehen im allgemeinen im Abstand von wenigen Tagen eine kurze Eingewöh-
nung in die Laborumgebung und erste Informationen durch den Versuchsleiter voraus. Jeder Pb wird
einzeln untersucht. Während der Versuchssitzung sitzt der Pb in einem Entspannungsstuhl; es wird
darauf geachtet, daß er möglichst bequem und entspannt sitzen kann, um Bewegungsartefakte und
Muskelanspannungen zu vermeiden. Der Raum ist schallgedämpft, temperaturkontrolliert, weitgehend elektrisch abgeschirmt und schwach beleuchtet. Der Pb hält die Drucktaste in seiner bevorzug-
ten Hand. Die Drucktaste ist so geformt, daß bei der Reaktion nur minimale Anspannung und Bewegung erforderlich sind, so daß die Reaktion selbst rasch und ohne Kraftaufwand ausgeführt werden
kann (Mikroschalter).

Nach der Befestigung der Elektroden erhält der Pb eine schriftliche Instruktion mit der Beschreibung der Aufgabe und mit einem Appell an ruhige Haltung und Vermeidung von Augenbewegungen. Es folgen Probedurchgänge, in denen der Pb in Anwesenheit des Versuchsleiters die Reizsequenzen kennenlernt und die motorische Reaktion übt. Auf diese Weise können Mißverständnisse korrigiert und eine für alle Pbn gleiche Ausgangsbasis für die Experimentalphase erzielt werden.

*Beschreibung der physiologischen Ableitungen.* Die Lokalisation der EEG-Elektroden richtet sich nach dem internationalen 10–20-System nach Jasper (1958) (s. Abb. 2.1). Als Bezugspunkte dieses Systems gelten das Nasion (Übergang Nasenrücken – Stirn), das Inion (Einbuchtung am Hinterhauptsknochen) und die beiden präaurikulären Punkte (Vertiefung unterhalb des Jochbeins in der Höhe des Ohrs). Der Kopfumfang zwischen Inion und Nasion wird gemessen und gleich 100% gesetzt; der Punkt auf der Mitte zwischen Nasion und Inion – also bei 50% des Kopfumfanges – über der Mittellinie entspricht dem Vertex (Cz). Entlang der Mittellinie werden durch Abmessen von jeweils 20% nach vorne bzw. hinten die Lokalisation der frontalen (Fz, Fpz), parietalen (Pz), und okzipitalen (Oz) Elektroden bestimmt. Entsprechend wird die Strecke zwischen den präaurikulären Punkten (= 100%) in Abschnitte von 10% (T3), 20% (C3), 20% (Cz), 20% (C4), 20% (T4), 10% (Ohr) eingeteilt. Jeweils 20% von Fz aus in beide Richtungen werden F3, F7 (nach links) und F4, F8 (nach rechts) lokalisiert, von Pz aus P3, T5 und P4, T6 und von Oz aus O1, O2 (s. Abb. 1.9 und 2.1). Eine Ableitung wird als unipolar bezeichnet, wenn Potentialänderungen an einem bestimmten lokalen Bereich erfaßt werden. Dabei ist zu berücksichtigen, daß Spannungsdifferenzen und nicht Potentiale selbst von der Ableitung erfaßt werden, daß also die Differenz zwischen einem Potential an Elektrode 1 und dem Potential an Elektrode 2 die Meßvariable darstellt. Wenn jedoch die elektrische Aktivität unter Elektrode 1 interessiert, dann ist als Referenz eine möglichst elektrisch inaktive Stelle wünschenswert. Meistens werden der Knochen hinter dem Ohr (Mastoid oder A1, A2) oder die Ohrläppchen als inaktive Referenzpunkte gewählt. Vor allem die Ohrläppchen haben sich als vergleichsweise weniger durch elektrische Hirnaktivität beeinflußt erwiesen; sie sind darüber hinaus, verglichen mit anderen zephalischen Referenzpunkten, auch wenig durch Hautpotentiale beeinflußt (Picton u. Hillyard 1972). Messungen von Hillyard am gesamten Kopfbereich ergaben als vergleichsweise inaktivste Punkte die Ohrläppchen und die Nasenspitze.

Nichtzephalische Referenzen, also Referenzpunkte außerhalb des Kopfbereiches, können den Nachteil haben, daß die Aktivität des Elektrokardiogramms (EKG) die registrierten Potentialdifferenzen beeinflußt. Dieser Einfluß kann über eine variable Potentiometerschaltung minimiert werden. Das Potentiometer kann z. B. zwischen eine am 7. Halswirbel angebrachte Elektrode und eine Elektrode auf dem rechten Schlüsselbein geschaltet und dann so geregelt werden, daß die Störung durch EKG-Potentiale auf ein Minimum reduziert ist (Stephenson u. Gibbs 1951).

Die Hautstellen unter den EEG-Elektroden werden folgendermaßen vorbereitet: die Haut wird erst mit Alkohol gereinigt; anschließend werden die obersten Zellschichten mit einem kleinen, sterilen Skalpell entfernt, ohne daß der Pb dies als unangenehm oder schmerzhaft empfindet. Als Elektroden werden scheibenförmige Silberelektroden verwendet, die vor jedem Gebrauch neu chloridiert

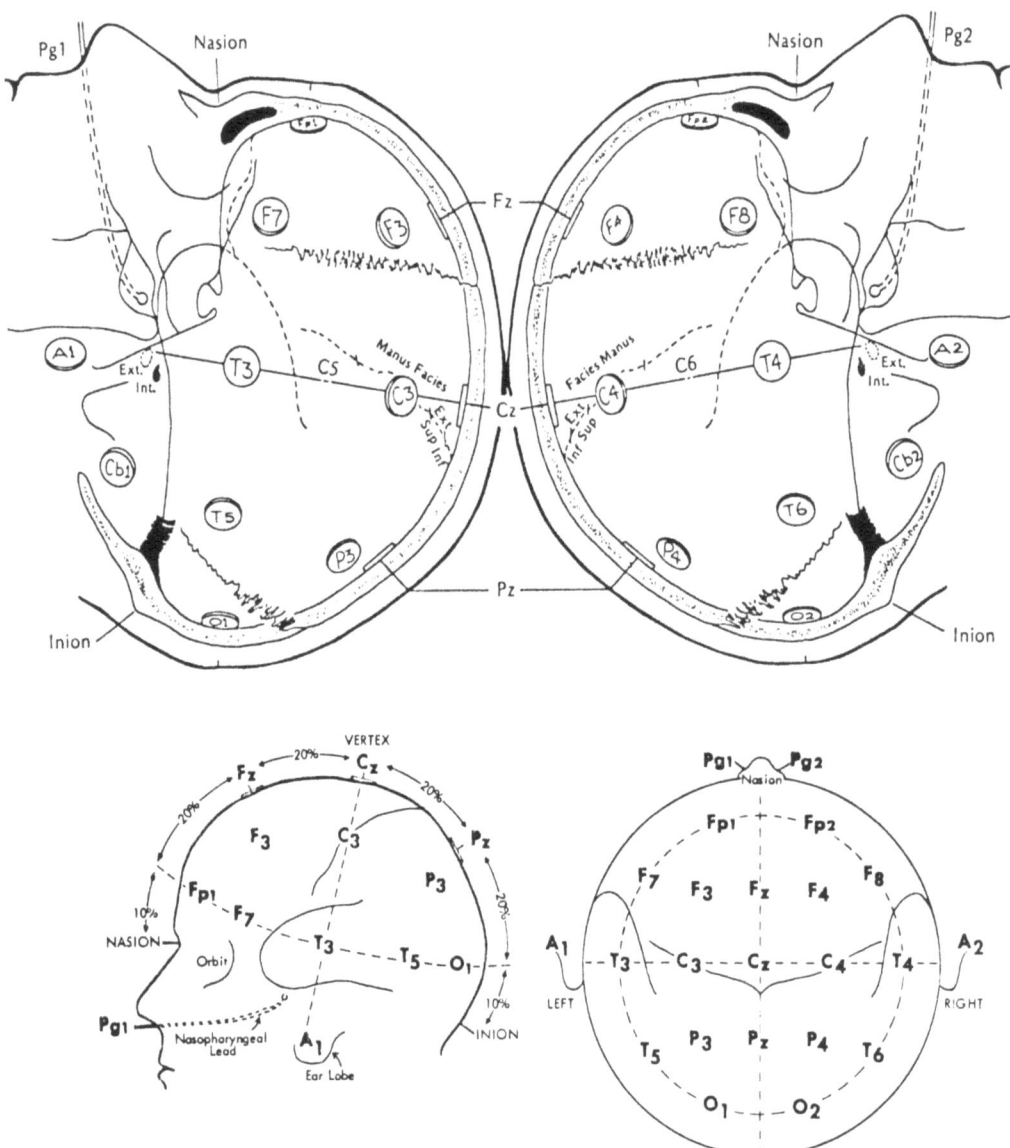

**Abb. 2.1.** Standard-Elektrodenpositionen nach dem internationalen 10-20-System. (Nach Jasper 1958)

(Ag/AgCl) werden; als Elektrolyt kann z. B. Grass Paste EC2, die zuvor auch in die präparierten Hautstellen eingerieben wird, dienen. Solche mit jeweils unverletzter Chloridschicht ausgestatteten Elektroden haben sich als besonders stabil gegenüber Driften (s. unten) erwiesen. Interessieren weniger die langsamen Frequenzanteile, so kann auch mit Ag/AgCl im Sinterblock gearbeitet werden (etwa von Fa. Beckman oder Fa. Schwarzer). (Die hier beschriebenen Elektroden werden vor allem im psychophysiologischen Forschungsbereich eingesetzt. Im klinischen Bereich finden häufiger sog. Bällchenelektroden Verwendung, wie sie in Abschn. 1.6 vorgestellt wurden.) An den Referenzpunkten (Ohrläppchen) werden Cup-Elektroden mit Hilfe von Clips angebracht. Die Ohrläppchen werden zuvor mit Alkohol gereinigt, und es wird etwas Paste eingerieben. (Zu Verstärkungs- und Filterbedingungen s. unten.)

Da Augenbewegungen LP-Ableitungen beeinflussen können (s. unten), muß unbedingt das Elektrookulogramm (EOG) zur Artefaktkontrolle registriert werden. Zur Messung des vertikalen EOGs werden gesinterte Silber-Silberchlorid-Elektroden ca. 1 1/2 cm über und unter dem linken Auge angebracht. Laterale Augenbewegungen werden über Elektroden an den äußersten Rändern der Augenhöhle (Canthi) registriert. Die Elektroden werden mit Kleberingen auf der mit Alkohol gereinigten Haut befestigt und sind mit isotonem Elektroden-Gel als Elektrolyt gefüllt.

Das *EKG* kann gleichfalls über Ag/AgCl-Elektroden registriert werden; Ableitungspunkte sind V1 – V5 (unterer Rippenbogen). (Bei der Messung des EKGs von den im medizinischen Bereich üblichen Standardpunkten an Hand- und Fußgelenk (Einthoven-Dreieck) besteht bei EKP-Untersuchungen die Gefahr, daß das aufgezeichnete Signal durch Muskelreaktionen beeinflußt wird, etwa wenn der Pb auf den Knopf drückt. Sitzen die Elektroden auf dem Brustkorb, können derartige Störeinflüsse minimiert werden.) Die Haut wird mit Alkohol gereinigt, als Elektrolyt dient isotones Elektrodengel. Abb. 2.2 veranschaulicht die Abfolge der Spannungsschwankungen im EKG, die allgemein als „Zacken" bezeichnet werden. Besonders der QRS-Komplex (Vorhof- und Kammerkontraktion) tritt deutlich hervor. In psychophysiologischen Untersuchungen ohne medizinisch-diagnostische Relevanz wird vor allem die Frequenz (zeitliche Dichte) der R-Zacken ausgewertet. Zur R-Zackenerkennung wird das EKG in einen Kardiotachometerkoppler geleitet. Der Kardiotachometer verfügt über spezielle Filtercharakteristika, die besonders auf die Eigenschaften der R-Zacke abgestimmt sind. Das Auftreten der R-Zacke löst ein Triggersignal aus, das eine Uhr bedient. Auf diese Weise kann die Herzfrequenz (reziproker Wert des R-R-Intervalles) bestimmt werden.

Zur Messung der *Hautleitfähigkeit* (s. auch Glossar) werden Elektroden auf dem jeweils zweiten Glied des Zeige- und Mittelfingers der nichtdominanten Hand palmar angebracht. Die Handinnenfläche verfügt über die dichteste Anordnung von Schweißdrüsen; ein Anbringen der Elektroden an den Fingern im Vergleich zum Handballen ist einfacher und weniger anfällig für Artefakte (z. B. Aufliegen oder Druck auf die Elektroden). Die Hautstellen werden mit Wasser gereinigt, als Elektrolyt dient isotones Elektrodengel (s. auch Schandry 1981).

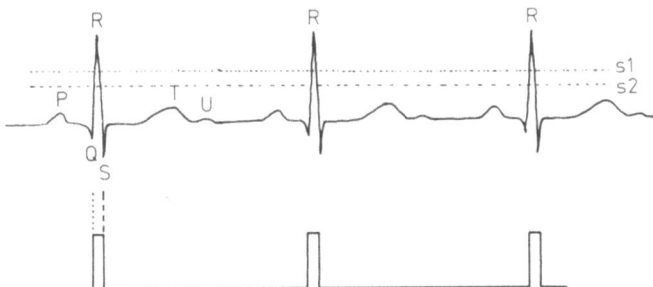

**Abb. 2.2.** Die zeitlichen Abstände von R-Zacken im EKG (*oben*) können zur Bestimmung der Herzfrequenz dienen: Wenn das Eingangssignal des EKGs die Schwelle s1 erreicht, zündet es den Schmitt-Trigger, fällt das EKG unter s2, wird der Trigger wieder gelöscht. Dieses Ausgangssignal ist in der unteren Kurve dargestellt. Durch geeignete Filterung des EKGs und entsprechende Einstellung der Trigger-Schwellen kann erreicht werden, daß nur R-Zacken den Trigger zünden

## 2.2 Allgemeine Aspekte der Versuchsplanung

Die Planung einer experimentellen Studie sollte nicht nur unter dem Blickwinkel
einer theoretischen Leitlinie, sondern auch unter dem ihrer Auswertung erfolgen.
Bei der Erhebung psychophysiologischer Daten, die später statistischen Analysen
unterzogen werden sollen, sind vor allem folgende Punkte zu berücksichtigen:

Die *Stichprobe:* ihre Größe, intervenierende Variablen wie Persönlichkeit, de-
mographische Daten, etc., die die Erhebung psychophysiologischer Reaktionen
beeinflussen können.

Die *Anzahl und Art der experimentellen Bedingungen:* ihr möglicher Einfluß
auf die zu erhebenden physiologischen Maße, ihre Auswertung im varianzanaly-
tischen Design.

Das Problem der *Ausgangswerte* der abhängigen Variablen, der physiologischen Reaktion.

Die *Quantifizierung der Meßgröße* selbst.

Probleme, die nur bedingt bei der Versuchsplanung einbezogen werden können, z. B. bei der Stichprobenauswahl, sind überdauernde *Persönlichkeitsmerk-*
*male,* Alter, Geschlecht, morphologische Merkmale etc., die den tonischen physiologischen Grundzustand des Probanden, also physiologische Ausgangswerte
mitbestimmen. Im gleichen Zusammenhang sind „Habit"-Variablen (Gewohn-
heiten) zu sehen, wie z. B. regelmäßiger Nikotinkonsum etc. Diese Variablen
werden im allgemeinen vernachlässigt, in der Hoffnung, daß bei entsprechender
Stichprobengröße systematische Effekte reduziert werden. Unsere eigenen Untersuchungen (s. unten) weisen jedoch darauf hin, daß z. B. Nikotinkonsum oder
biochemische Variablen deutliche Effekte auf physiologische Größen, unabhängig von den experimentellen Bedingungen oder in Wechselwirkung mit diesen, haben können.

Das Problem der *Operationalisierbarkeit psychologischer Konstrukte* betrifft
auf den ersten Blick die Interpretation der analysierten Daten, ist jedoch bei der
Planung der Datenerhebung und Datenanalyse bereits zu berücksichtigen: Die
Interpretation physiologischer Reaktionen, also die Frage, welche Bedeutung die
gemessene physiologische Reaktion für die menschliche Informationsverarbeitung und Verhaltenssteuerung hat, erfolgt bisher weitgehend auf der Ebene rein
psychologischer Begriffe und Konstrukte, obwohl deren unzureichende Operationalisierung oder Operationalisierbarkeit erkannt wird. Die Deutung physiologischer Reaktionen anhand schlecht definierter psychologischer Konstrukte, oder
die Operationalisierung psychologischer Konstrukte im Rahmen psychophysiologischer Regelkreise, deren Quantifizierung und Deutung selbst noch im Anfangs-
stadium ist, muß unbefriedigend bleiben oder zu Zirkelschlüssen führen. Andererseits sind physiologische Erklärungsmodelle oft ebenfalls unklar und unzureichend für die Interpretation psychophysiologischer Daten. Erst eine präzise
quantitative Deskription der physiologischen Signale kann Ausgangspunkt psychophysiologischer Interpretation sein.

## 2.2.1 Stichprobe

*Persönlichkeit (tonische Hintergrundaktivität).* Obwohl „Persönlichkeitsvariablen" als intervenierende Variablen im psychophysiologischen Pardigma generell angenommen und angesprochen werden, werden zur Kontrolle dieser Variablen höchstens postexperimentelle Befragung oder Selbstbeurteilung („rating scales") vorgeschlagen (siehe z. B. Schandry 1981). Daß psychophysiologische Reaktionen auf experimentelle Bedingungen jedoch deutlich von der Wahrnehmung der Situation, von Einstellungen gegenüber der Situation, Wahrnehmung der eigenen Bewältigung der Bedingungen etc. beeinflußt sind, ist vielfach nachgewiesen worden. Als Beispiel sei auf das Konzept der Wahrnehmung und Beurteilung der eigenen Handlungseffizienz („self-efficacy") von Bandura (1982) oder auf das Konzept der „emotional imagery" von Lang (1979) hingewiesen.

Die komplexe Einflußgröße Selbsteffizienz wird hier deswegen hervorgehoben, da viele Untersuchungen aus Psychophysiologie und Psychosomatik zeigen, daß fast alle physiologischen Kennwerte auch über längere Zeiträume durch die Beurteilung des Einflusses auf die experimentellen Abläufe verändert werden: Nicht die objektive Kontrolle der Versuchsperson, wie sie vom Experimentator geplant ist, bestimmt dabei die Veränderung der physiologischen Meßgrößen, sondern die von der Versuchsperson subjektiv erlebte Beeinflußbarkeit (Kontrolle) der Abläufe. In der klinischen, kognitiven und Sozialpsychologie wurde eine Vielzahl von Meßinstrumenten entwickelt, die verschiedene Aspekte dieses aus mehreren Variablen zusammengesetzten Konstruktes der Selbsteffizienz psychologisch prüfen. Obgleich in einem Experiment nicht alle Aspekte vom Versuchsleiter kontrollierbar sein werden, könnten viele Interpretationsunklarheiten in der Psychophysiologie vermieden werden, wenn man die Beurteilung der Selbsteffizienz durch die Versuchsperson prüfen würde.

Nach Bandura determinieren Wahrnehmung und Beurteilung der Selbsteffizienz die Art, Intensität und Ausdauer, mit der der Proband sich mit den experimentellen Bedingungen auseinandersetzt, ob er vermeintlich unkontrollierbare Bedingungen zu bewältigen versucht oder hilflos wird, und wieviel vorbereitende Energie („preparatory effort") er investiert. Bandura konnte zeigen, daß experimentelle Bedingungen Herzfrequenz und Blutdruck in Abhängigkeit vom Niveau der Selbsteffizienz beeinflußten.

Unsere eigenen Untersuchungen haben gezeigt, daß Persönlichkeitsvariablen und tonische Zustände, wie z. B. Anhedonie, d. h. die Unempfänglichkeit bzw. Insensitivität gegenüber angenehmen, positiv verstärkenden Erlebnissen oder Gefühlen (Meehl 1962; Chapman et al. 1976), langsame Potentiale und evozierte Potentiale unter verschiedenen experimentellen Bedingungen deutlich beeinflussen (Lutzenberger et al. 1981, 1982). Der Vergleich zwischen Soldaten und Studenten zeigt beispielsweise, daß eine derartige Variable für die Stichprobenselektion nicht ohne Bedeutung ist: die Gruppe der Soldaten wies höhere Werte auf der die Anhedonie messenden Selbstbeurteilungsskala auf als die Gruppe der Studenten gleichen Alters (Lutzenberger et al. 1983; Merz 1982). Es könnte vermutet werden, daß eine auf eine große Stichprobe wirkende Umweltvariable zu einer tonischen Veränderung physiologischer und psychologischer Größen führen und in der Folge auch die experimentell erhobenen psychophysiologischen Daten verändern kann.

*Konditionierung tonischer Aktivierung.* Zumindest theoretisch wird in den meisten Experimenten die Tatsache berücksichtigt, daß überdauernde Eigenheiten der Person (Persönlichkeitseigenschaften, physiologische Ausgangslage u. ä.) die Ausbildung der kurzzeitigen phasischen Reaktionen im Experiment mitbestimmen können. In den wenigsten Studien wird aber der umgekehrte Fall in die Planung und Durchführung der Experimente einbezogen, nämlich daß innerhalb eines Experiments, besonders dann, wenn es sich über mehrere Sitzungen oder Phasen erstreckt, eine Konditionierung tonischer Aktivierungsänderungen resultieren kann, die auf die erhobenen Meßwerte einen bedeutsamen Einfluß ausüben kann. Das Phänomen wurde unter dem Begriff „Transswitching" untersucht und in der klinischen Psychologie auch als Modell für die Entstehung psychopathologischer Veränderungen (speziell phobischer Störungen) angesehen. Wenn in einer bestimmten Umgebung systematisch phasische (kurzfristige) Reizänderungen mit bestimmter emotional/physiologischer „Bedeutung" auftreten (unangenehme, angenehme oder furchtauslösende Reize etc.), so erwirbt über klassische Konditionierung eben diese Umgebung überdauernd (tonisch) die Reizqualität der ursprünglich phasischen (kurzzeitigen) Bedingungen. Einfach ausgedrückt wird uns ein Raum, in dem wir Unheimliches erlebt haben, auch wenn dies nur vorübergehend war, auch zu einem späteren Zeitpunkt als unheimlich erscheinen und identische oder ähnliche physiologische Reaktionen auslösen. Gerade die meist aversiven oder langweiligen Versuchsanordnungen psychophysiologischer Experimente sind prädestiniert zur Generierung des Transswitchingeffektes. Nur eine Beachtung und Registrierung dieser phasischen Konditionierungsvorgänge auf die wesentlichen abhängigen Variablen des Experiments kann ihren Einfluß kontrollierbar machen. Kimmel et al. (1983) verknüpften in einem Konditionierungsprozeß tonische Hintergrundvariablen (Raumbeleuchtung) mit der mehr oder weniger bewußten Wahrnehmung von Sicherheit oder Unsicherheit gegenüber aversiven Bedingungen. Während der Konditionierungsphase erfuhren die Probanden in Abhängigkeit von einer Raumbeleuchtung (z. B. blau) unvorhersagbare und unkontrollierbare elektrische Reize. Blaue Raumbeleuchtung signalisierte also Unsicherheit. In Phasen, in denen keine aversiven Reize verabreicht wurden, war die Raumbeleuchtung z. B. gelb. In einer anschließenden Phase wurden EKP im Standardparadigma (s. oben) gemessen; es wurden keine aversiven Reize mehr verabreicht, aber die Raumbeleuchtung wechselte zwischen blau und gelb, also zwischen Sicherheit und Unsicherheit. Obwohl den meisten Probanden die Zuordnung von Raumbeleuchtung und Sicherheit bzw. Unsicherheit nicht bewußt war, zeigten sich eindeutige Änderungen in den langsamen Potentialen, den evozierten Potentialen und in peripher physiologischen Reaktionen (Herzfrequenz, Hautwiderstand) in Abhängigkeit von der Raumbeleuchtung, also in Abhängigkeit von der Wahrnehmung einer Situation als sicher oder unsicher: Unter „Unsicherheit" ging die Negativierung im Antizipationsintervall weniger deutlich zurück als unter „sicheren" tonischen Bedingungen; ebenso war die N100 im AEP kleiner und die Herzratenakzeleration ausgeprägter während der Beleuchtungsbedingung, die mit Unsicherheit gekoppelt war.

Man könnte versucht sein, Aktivierung als (konfundierende) Variable einfach durch Erhebung einiger tonischer Aktivierungsparameter (z. B. mittlere Herzfrequenz, EEG-Synchronisation) zu erfassen. Vor allem die umfangreichen Untersuchungen der Freiburger Gruppe um Fahrenberg (z. B. Fahrenberg et al. 1979, 1983; Fahrenberg u. Förster 1982) haben aber gezeigt, daß weder eine einzige Variable noch ein zusammengesetztes Maß als Indikator individueller Unterschiede des Zustands („state") oder der Reaktionsfähigkeit von Aktivierung geeignet ist, z. T. aufgrund der Inkonsistenz und mangelnden Vorhersagbarkeit einzelner funktionaler Elemente. Die Berücksichtigung vieler Komponenten erscheint erforderlich.

*Lebensgewohnheiten („habits").* Biochemische Veränderungen, die auf Lebensgewohnheiten der Probanden basieren, werden in den meisten Studien vernachlässigt. Die Auswertung langsamer Potentiale, getrennt nach gewohnheitsmäßigen Rauchern (mindestens 10 Zigaretten pro Tag) und Nichtrauchern, ergab jedoch deutliche Unterschiede in der Reaktion auf die experimentellen Bedingungen (im Reaktionszeitparadigma wurden während der Hälfte der Durchgänge ablenkende Geräusche in das Antizipationsintervall eingeblendet). Da mindestens 2 h vor sowie während der Untersuchung nicht geraucht werden durfte, geben die Ergebnisse Auskunft über die psychophysiologischen Reaktionen zumindest kurzzeitig nikotindeprivierter Pbn. Raucher zeigten nicht nur erhöhten systolischen Blutdruck und erhöhte Herzfrequenz gegenüber Nichtrauchern, sondern auch weniger Alpha-Aktivität. Ablenkung verlängerte bei allen Pbn die Reaktionslatenz, jedoch ausgeprägter bei den Rauchern. Ebenso zeigte sich unter Ablenkungsbedingungen eine reduzierte frontale frühe LP-Komponente; wiederum war der Rückgang bei Rauchern ausgeprägter als bei Nichtrauchern. Im EP auf den S1 und den S2 wiesen Raucher kleinere positive Komponenten (P300 und „slow wave") auf als Nichtraucher; allerdings wird dieser Unterschied nur unter Ablenkungsbedingungen statistisch bedeutsam. Diese Ergebnisse legen den Schluß nahe, daß kurzzeitig nikotindeprivierte Raucher sensitiver auf „Streß"-Bedingungen, wie sie hier durch ablenkende Stimulation realisiert wurden, reagieren, sowohl auf der Verhaltensebene, als auch in autonomen und zentralnervösen Systemen.

In ähnlicher Weise zeigen Studien zum Einfluß eines körpereigenen Neuropeptids (ACTH 4–9–Analog, Org 2766) auf LP, evozierte Potentiale, autonome Reaktionen und Reaktionsgeschwindigkeit, daß der biochemische Zustand zum Zeitpunkt experimenteller Einwirkungen die psychophysiologischen Reaktionen beeinflußt (Rockstroh et al. 1981, 1983). Auf die Notwendigkeit, bei bestimmten Fragestellungen die Phase im zirkadianen Rhythmus oder im Zyklus zu berücksichtigen, wird immer wieder hingewiesen (siehe z. B. Schandry 1981). Daß jedoch auch der Zeitpunkt der Untersuchung eine Rolle spielen kann, weil die experimentellen Bedingungen mit der momentanen endogenen ACTH-Sekretion (im zirkadianen Sekretionsrhythmus) interagieren, bleibt vielfach unbeachtet. Die genaue Bedeutung von ACTH bei der menschlichen Informationsverarbeitung bzw. Verhaltenssteuerung wird noch durch weitere gezielte psychophysiologische Studien erhärtet werden müssen. Ähnliches kann für Koffein und verschiedene Pharmaka angenommen werden. Der unkontrollierbare intervenierende Einfluß verschiedener Pharmaka kann dadurch auszuschließen versucht werden, daß nur Probanden zur Untersuchung zugelassen werden, die keine Medikamente einnehmen. Der Einfluß „versteckter" Substanzen wie Koffein, Teein, Nikotin etc. ist jedoch sehr schwer zu kontrollieren.

*Habituation und Ausgangswert„gesetz".* Als weitere intervenierende Einflüsse bei der Messung physiologischer Reaktionen über den Zeitraum der experimentellen Bedingungen hinweg, sind Habituation, Ausgangswertproblem, und individualspezifische Reaktionslabilität oder Reaktionsstereotypien zu berücksichtigen. Es ist bekannt, daß jede neue Stimulation und jede neue Erfahrung (also auch die Experimentalsituation) eine psychophysiologische Reaktion auslösen, die im Verlauf wiederholter Erfahrung, also mit steigendem Bekanntheitsgrad, zurückgeht. So sind z. B. Blutdruck, initiale Herzfrequenz und Hautleitfähigkeit zu Beginn der Experimentalphase erhöht, was nicht unbedingt auf die experimentelle Stimulation allein, sondern auch auf die Neuheit dieser Bedingungen zurückzuführen ist. Veränderungen physiologischer Größen über die Zeit, also z. B. *Habituation,* geben zwar ebenfalls Aufschluß über die Informationsverarbeitung im Gehirn (s. dazu Rockstroh et al. 1982); zeitbedingte Veränderung physiologischer Größen werden aber bei Mittelwertbildungen eher verschleiert.

Die durch die initiale Erfahrung einer Situation oder Stimulation ausgelöste psychophysiologische Reaktion geht als *Ausgangswert* in die Datenerhebung ein. Dem „Gesetz der Anfangswerte" ("law of initial values", Wilder 1931) zufolge beeinflußt der individualspezifisch oder situationsspezifisch determinierte Erregungszustand zu Beginn der Meßperiode die Reaktion auf die nachfolgende Stimulation: je höher ein System oder ein Organ schon erregt sind, desto geringer ist ihre Ansprechbarkeit für erregungsfördernde Reize und desto größer für hemmende Impulse (Schandry 1981). Leider sind die Beziehungen zwischen Ausgangswert und gemessenem Wert für viele Variablen nicht linear. Daher sind entsprechend entwickelte mathematische Formeln zur Einbeziehung des Ausgangswertes inzwischen umstritten, obwohl die Bedeutung des Ausgangswertgesetzes und die Notwendigkeit seiner Berücksichtigung unbestritten sind (s. dazu Fahrenberg 1967; Myrtek et al. 1977).

Im gleichen Zusammenhang wäre das Problem von *Decken- und Bodeneffekten* zu sehen. Bei der Planung experimenteller Bedingungen ist zu berücksichtigen, daß die gewählte Stimulation physiologische Systeme in einem „optimalen" Bereich anspricht, also nicht über eine physiologisch bedingte Obergrenze erregt (Deckeneffekt). Experimentell angestrebte Reduktion einer physiologischen Reaktion sollte entsprechend physiologisch bedingte Untergrenzen berücksichtigen (Bodeneffekt).

Neben diesen eher physiologisch bedingten Einflüssen auf die Meßgröße werden als psychologische Einflüsse *individualspezifische Reaktionsstereotypien* nach Lacey et al. (1956, 1958) genannt. Das Prinzip der individualspezifischen Reaktionsstereotypie besagt, daß ein Individuum auf unterschiedliche Stimuli und Situationen typisch reagiert, daß es mit demselben Muster und demselben physiologischen System in über Bedingungen hinweg vergleichbarer Weise reagiert, oder daß sogar eine stabile Relation zwischen stärker oder schwächer reagierenden Systemen existiert. Dies führt, wenn Daten über die Pbn gemittelt werden, zu wenig überzeugenden Korrelationen zwischen den Variablen, da Situationsstereotypie und Reaktionsstereotypie einander teilweise aufheben. Fahren-

berg et al. (1979) haben in mehreren multivariaten Untersuchungen zeigen können, daß die Kovariation zwischen psychophysiologischen Variablen ebenso gering ist wie die Kovariation psychologischer Größen mit physiologischen Größen.

Habituations- und Ausgangswerteffekte, vor allem durch die Neuheit der Situation bzw. Stimulation bedingt, werden im allgemeinen durch die Vorschal-
tung einer Phase kontrolliert, in der die Grundkurve („baseline") erhoben wird.
Dabei kann es sich sowohl um eine längere Eingewöhnungszeit vor Beginn jegli-
cher Experimentalbedingungen handeln (also z. B. eine Phase, in der die physiologischen Ableitungen kontrolliert werden, in der der Proband sich entspannen
und an die experimentelle Umgebung gewöhnen soll etc.) als auch um Intervalle
vor jedem Durchgang, die den Vergleich von stimulusinduzierter Reaktion und
Reaktion unter Ruhebedingungen erlauben.

Weniger berücksichtigt werden individuumbezogene Probleme wie Reaktionsstereotypien, obwohl die Effekte der Reaktionsstereotypie auf physiologische Reaktionen häufig untersucht wurden (siehe z. B. Schandry 1981). Zwar
sind die situativ bedingten Reaktionen den individuellen Reaktionsstereotypien
überlagert, der Varianzbeitrag der situativ bedingten Reaktion muß aber als hinreichend groß angenommen werden, wenn die Bedingung für den Pb bedeutsam
genug ist. Da meist Mittelungsverfahren den situativen Beitrag ereignisbezogen
hervorheben können, vernachlässigt man gerne den tonischen „noise" der Reaktionsstereotypien. Zweifellos ist diese Vernachlässigung eine unzulässige Vereinfachung, besonders bei Patientengruppen, die oft ausgeprägte Reaktionsstereotypien aufweisen (z. B. Hypertoniker, Herz-Kreislaufpatienten etc.).

*Vorbewußte Informationsverarbeitung.* Eine intervenierende Variable, die in den
meisten Studien eher vernachlässigt wird, ist die vorbewußte Wahrnehmung, von
Dixon (1981) als „preconscious processing" beschrieben. Vorbewußte Prozesse
sind jedoch insofern von großer Bedeutung, als, wie Dixon nachweist, sie jede
Form kognitiver und emotionaler Informationsverarbeitung, Wahrnehmungs-
schwellen, Prioritätensetzung bei der Informationsaufnahme und assoziativ re-
aktivierte Gedächtnisinhalte beeinflussen. Dixon beschreibt, daß subliminale
Reize (also Reize unterhalb der bewußten Wahrnehmungsschwelle) physiologische Reaktionen auszulösen vermögen (z. B. Hautleitfähigkeitsreaktionen,
EKP), die die Wahrnehmungsschwelle für nachfolgend dargebotene supralimina-
le Stimuli (den subliminalen Reizen ähnliche Stimuli werden schneller oder besser
erkannt) oder die Diskrimination von Stimulusbedeutungen oder -inhalten und
Assoziationen beeinflussen. Emotional gefärbte subliminale, also vorbewußte,
Stimuli vermögen ferner affektive Reaktionen zu modifizieren.

Auf der Grundlage verschiedener physiologischer und psychologischer Ergebnisse postuliert Dixon zwei getrennte Systeme für Informationsvermittlung und
bewußtes Erleben. Diese beiden Systeme lassen sich auch auf neurophysiologischer Ebene differenzieren: neben dem „langsamen" ARAS als Substrat der Ver-
mittlung bewußter Wahrnehmung existieren „schnelle" neuronale Verbindungen
für sensorische Informationsvermittlung, die Dixon als Substrat für vorbewußte
Wahrnehmung sieht. Nach den Ergebnissen und Beispielen, die Dixon (1981) berichtet, muß ein Einfluß vorbewußter Wahrnehmung auf Aspekte der Informationsverarbeitung (auch der experimentellen Bedingungen) angenommen und be-

rücksichtigt werden, z. B. auf Aufmerksamkeit (unter selektivem Aspekt der Informationsfilterung sowie unter dem motivationalen Aspekt der bewußten Hinwendung zur experimentellen Aufgabe) und Konzentration. Nach Dixon kommt
es zur bewußten Wahrnehmung von Reizen erst spät im Prozeß der Informationsverarbeitung, während die Reize im Verlauf ihrer Transmission bis zu dieser
Stufe bereits Modifikationen durch vorbewußte Prozesse erfahren haben. Ebenso wirken vorbewußte Prozesse auf das Gedächtnis: wahrscheinlich umfaßt das
Langzeitgedächtnis weit mehr Information, als bewußt wahrzunehmen ist. Vorbewußte Aspekte modifizieren sowohl die Schwelle beim Abruf von Gedächtnisinhalten als auch die Art der assoziativ reaktivierten Gedächtnisinhalte. Darüber
hinaus können vorbewußt gespeicherte Erfahrungen zu Abwehrhaltungen oder
selektiver Zuwendung führen, also emotional-motivationale Aspekte in der Untersuchungssituation modifizieren.

## 2.2.2 Das Drei-Ebenen-Meßkonzept in der Psychophysiologie

Trotz des Terminus „Psychophysiologie" krankt die psychophysiologische Forschung, wie oben bereits angedeutet, an der unzureichenden oder oft naiven
Quantifizierung jener psychologischen Konstrukte, die sie eigentlich untersuchen
möchte. Im Vordergrund steht meist die präzise Erfassung und Quantifizierung
der physiologischen Größen; wenig Gedanken und Aufwand werden zur Beschreibung der psychologischen Einflüsse verwendet. Die Psychophysiologie befindet sich hierbei zwar insofern in „guter" Gesellschaft, als die klassische Experimentalpsychologie und besonders die sog. kognitive Psychologie die Tatsache
erfolgreich ignorieren, daß der Mensch außer Sprache auch noch andere Körperfunktionen aufweist. Gleiches soll aber in der Wissenschaft, genausowenig wie
im täglichen Leben, nicht mit Gleichem vergolten werden: Kognitive Psychologie
und Persönlichkeitspsychologie haben eine Vielzahl von reliablen und validen
Meßverfahren zur Operationalisierung ihrer Konstrukte entwickelt, die für den
Psychophysiologen eine wertvolle Ergänzung der physiologischen Parameter und
eine Klärung der Interpretationsrichtlinien erlauben. Peter Lang hat bereits früh
darauf hingewiesen, daß nur die konsequente Anwendung eines Drei-Ebenen-
Meßkonzepts die Psychophysiologie vor den Irrtümern der Psychologie und Physiologie bewahren kann (s. Birbaumer 1977): Die psychophysiologischen Meßgrößen müssen durch sprachliche und vor allem durch verhaltensbezogene Maße
ergänzt werden. Besonders letztere fehlen in vielen psychophysiologischen Untersuchungen; auch der Messung der subjektiven Parameter durch allzu simple psychologische Konzepte wird zu wenig Aufmerksamkeit gewidmet.

Psychologische Meßinstrumente müssen die physiologischen Maße ergänzen,
da sich viele der genannten Einflußgrößen in Fragebögen, Ratingskalen, Interviews, psychophysischen Skalierungen und subliminalen Wahrnehmungsproben
niederschlagen werden. Welches der vielen möglichen Meßinstrumente aus der
Psychologie für ein gegebenes Experiment zur Identifikation intervenierender
Größen geeignet ist, kann nur aus dem theoretischen Kontext der Experimente
heraus mehr oder weniger systematisch erschlossen werden. Die Erfassung möglichst vieler intervenierender Größen, z. B. durch routinemäßige Vergabe von

Fragebögen, zeugt von der theoretisch bedingten Unklarheit der experimentellen Vorhersagen.

Bei vielen Studien, die in unserem Labor durchgeführt wurden und auf die sich die berichteten Analyse- und Auswertungsverfahren beziehen, wurden die störenden intervenierenden Variablen dadurch gering zu halten versucht, daß nur männliche Studenten im Alter zwischen 20 und 30 Jahren in die Stichproben aufgenommen wurden. Obwohl damit Problemen wie geschlechtsspezifischen und altersspezifischen Einflüssen auf physiologische Reaktionsmuster aus dem Weg gegangen wurde, schränkt natürlich diese Art der Stichprobenselektion die Verallgemeinerung der Ergebnisse ein. Ähnliches gilt für die Bedeutung situativer oder Randbedingungen. Ein Vergleich der in unserem Labor erhobenen Daten ist problemlos möglich, da die situativen Bedingungen über alle Untersuchungen hinweg gleich gehalten werden (z. B. Umgebung, Raumtemperatur, Beleuchtungsintensität, Lärmisolierung), und auch Versuchsleiter und Art der Instruktionsdarbietung in den meisten Studien gleich gehalten werden. Verallgemeinerungen der Ergebnisse wären aber durch in anderen Laboratorien oder in anderen Situationen gewonnene Daten zu stützen (s. dazu Lang et al. 1983; Abraham et al. 1980, 1981).

## 2.3 Zur Replizierbarkeit psychophysiologischer Ergebnisse

Die Geschichte der Experimentalpsychologie mutet in vieler Hinsicht wie eine Anhäufung ziemlich unzusammenhängender Informationen über Verhalten an. Es besteht ein Mangel an allgemeingültigen Theorien, die Daten erklären und Verhaltensvorhersagen erlauben. Die Entwicklung derartiger Theorien mit prognostischer Valenz hängt jedoch von der Entwicklung eines Fundaments experimentell gewonnener Ergebnisse ab, Ergebnisse, die allgemeingültig aufgrund ihrer Replizierbarkeit sind.

Wissenschaftliche Replizierbarkeit bedeutet nicht einfach die genaue Wiederholung einer bestimmten Vorgehensweise oder eines bestimmten Verfahrens. Unter wissenschaftlicher Replikation ist die grundsätzliche Maßnahme übereinstimmender Validierung eines Phänomens durch eine Gruppe von Wissenschaftlern zu verstehen (Kuhn 1962). Einem erstmals berichteten Phänomen wird der erfahrene Wissenschaftler oft so lange skeptisch gegenüberstehen, bis er es in seinem eigenen Labor nachgewiesen hat. Neue, originelle Forschungsergebnisse können von der wissenschaftlichen Allgemeinheit erst anerkannt werden, wenn sie vom impliziten Versprechen der Replizierbarkeit begleitet sind. Laboreigene, „idiosynchratische" Untersuchungsparadigmen können die generell verfügbare Datenbasis ebenso schmälern wie nicht berichtete (weil negative oder nichtsignifikante) Ergebnisse (Rosenthal 1979). Auch statistische Signifikanz kann Replizierbarkeit nicht ersetzen; es ist von größerer praktischer Relevanz, ein bestimmtes Ergebnis 20mal nachzuweisen als aus einer statistischen Analyse die Folgerung zu ziehen, daß das betreffende Ergebnis mit einer Wahrscheinlichkeit von 1/20 zu erwarten gewesen war. Lykken (1968) geht so weit, die statistische Signifikanz eines Ergebnisses für das unwichtigste Attribut in einem guten Experiment zu bezeichnen. Statistische Signifikanz reiche auf jeden Fall nicht aus, um eine Theorie mit ausreichender Sicherheit aus den Ergebnissen abzuleiten. Nach Lykken ist „multiple corroboration" mit unabhängiger Replikation die einzige Möglichkeit, ungerechtfertigte Folgerungen aus einem einzelnen, wenn auch statistisch signifikanten Ergebnis zu vermeiden.

Lykken unterscheidet drei Arten der Replikation: *wörtliche* (exakte Wiederholung eines Experimentes), *operationale* (Wiederholung der grundsätzlichen Vorgehensweisen oder methodischen Prinzipien) und *konstruktive* Replikation (Bestätigung oder Zurückweisung der aus dem Originaldatensatz gezogenen Folgerung oder Vorhersage durch neue Methoden). Konstruktive Replikation erscheint der naheliegendste und ökonomischste Weg; lassen sich Ergebnisse auf diese Weise jedoch nicht replizieren, so ist wörtliche Replikation angezeigt. Auch um die grundsätzliche Replizierbarkeit von Ergebnissen zwischen unterschiedlichen Laboratorien nachweisen zu können, sollte das Verfahren der wörtlichen Replikation gewählt werden.

Innerhalb der Psychophysiologie scheint Replikation auf den ersten Blick relativ einfach: die Kontrolle der Reizdarbietung, die Quantifizierung der Reaktionen und die Datenanalyse werden normalerweise elektronisch gesteuert. Computerisierte Versuchssteuerung und Datenanalyse scheinen den Vergleich von Ergebnissen zwischen unterschiedlichen Laboratorien zu erleichtern. Dennoch findet sich keine Publikation einer identischen Replikation zwischen verschiedenen Laboratorien. („Identisch" bedeutet in diesem Sinne völlige Reproduktion aller methodischen Details: Auswahl der Pbn, psychologische, soziale und physische Merkmale der Pbn, Instruktionen, Standardisierung des Versuchsleiterverhaltens, Vorgehensweise, Merkmale der eingesetzten Geräte, Raumausstattung, Tageszeit und Jahreszeit, statistische Auswertung.)

Der Mangel an Berichten über derartige Replikationen kann auf folgende Faktoren zurückzuführen sein: Die oft sehr ausgefeilten methodischen Verfahren implizieren eine sehr große Zahl möglicher abhängiger Variablen, mit entsprechend großer Zahl willkürlich getroffener Entscheidungen über Datenaufzeichnung und Datenanalyse sowie einer Vielfalt möglicher Abweichungen im Detail.

Im Bereich der EKP-Forschung scheinen auf den ersten Blick viele Ergebnisse (z. B. zur CNV) aufgrund des allgemein übernommenen Zwei-Stimulus-Reaktionszeit-Paradigmas vergleichbar zu sein. Wie in Kap. 1 beschrieben, bedingt jedoch bereits die Veränderung des Antizipationsintervalles deutliche Unterschiede in der Form der CNV. Unter dem Aspekt konstruktiver Replikation konnten Hypothesen zur Deutung der CNV und ihrer Genese sowie topographische Charakteristika durch viele Studien bestätigt werden. Weniger Übereinstimmung herrscht jedoch bezüglich der spezifischen experimentellen Variablen, die Form (Amplitude und Latenzen) und topographische Verteilung der einzelnen EKP-Komponenten beeinflussen. Die Unterschiede in Ableitungstechnik, Datenreduktion und Datenanalyse zwischen den einzelnen Laboratorien erschweren den Vergleich der berichteten Ergebnisse und lassen Schlußfolgerungen über die Verhaltensbedeutung der EKP oft nicht zu. Wenig Aufmerksamkeit fand bisher auch der Zusammenhang zwischen zentralnervösen und autonomen Reaktionen. Die meisten Publikationen berichten nur über zentralnervöse Reaktionen, auch wenn autonome Reaktionen gleichzeitig aufgezeichnet worden waren.

Mit dem Ziel, die Möglichkeiten und Probleme wissenschaftlicher Replizierbarkeit von psychophysiologischen Daten in der Experimentalpsychologie zu untersuchen, wurden Studien in identischer Form in zwei unterschiedlichen Laboratorien (dem in Abschn. 2.1 beschriebenen Labor in Tübingen und einem psychophysiologischen Labor in Madison, Wisconsin-Prof. Dr. P. Lang) durchgeführt. Die grundlegende Experimentalanordnung war dieselbe, wie sie oben ausführlich beschrieben ist. Programme zur Versuchssteuerung und Datenanalyse, die Behandlung der Pbn, die Instruktionen etc. waren in beiden Laboratorien identisch. In beiden Laboratorien wurde die Studie wiederholt, so daß die Ergebnisse einen Intra- und Interlaboratorienvergleich erlauben. Ziel dieser Studien war es, Möglichkeiten und Grenzen praktischer Replikation elektrokortikaler und autonomer Reaktionen sowohl unter Verfahrens- wie unter Ergebnisaspekt zu demonstrieren. Übereinstimmung zwischen den beiden Laboratorien unter verschiedenen Aspekten stimulierten diesen Versuch: beide Laboratorien verfügten über Erfahrung in der EKP-Forschung; die Laborausstattung (Computer, Verstärker etc.) war vergleichbar; ständige Kontakte zwischen den beiden Arbeitsgruppen ermöglichten es, Übereinstimmung hinsichtlich Vorgehensweise, Instruktion, Behandlung der Pbn etc. zu erzielen; beide Laboratorien verfügten über Programme zur Datenaufzeichnung und Datenanalyse von EKP während Antizipationsintervallen von 6 s.

Die identische Replikation wurde durch vorausgehende Ergebnisse in beiden Labors angeregt: in Madison hatten verschiedene Studien die Bedeutung des antizipierten Reizes für die Ausprägung der langsamen negativen Potentialverschiebung gezeigt; die späte Komponente war ausgeprägter, wenn ein Warnreiz interessante oder relevante Reize ankündigte, verglichen mit der Erwartung belangloser oder neutraler Reize (z. B. Aktphotos gegenüber Diapositiven von Haushaltsgegenständen) (s. Simons et al. 1979, 1981). Modifizierend wirkten ferner Darbietungszeit, Reizintensität, Kontrolle über die Reizdarbietungsdauer und der Einbezug einer motorischen Reaktion. Auch Herzfrequenz und Hautleitfähigkeitsreaktionen zeigten ein charakteristisches Muster während des Antizipationsintervalles (triphasischer Verlauf der Herzfrequenz, antizipatorische Hautleitfähigkeitsreaktion).

In Tübingen war eine Studie zum Zusammenhang zwischen EKP-Muster und Verhaltensstabilität in einem Vermeidungsparadigma vorausgegangen (Rockstroh et al. 1979, 1981).

Die unterschiedlichen Studien hatten eine Reihe von Fragen aufgeworfen. Z. B. konnte in der Vermeidungsstudie kein deutlich biphasischer Verlauf der LP in Reaktion auf den Warnreiz nachgewiesen werden, während dies in allen Studien der Madison-Gruppe deutlich zutage trat. Dieser Unterschied zwischen den Ergebnissen stellte die Interpretation der frühen Komponente als Orientierungsreaktion in Frage. Ungeklärt war ferner die mögliche Differenzierung der späten Negativierung in Bereitschaftspotential und rein reizbezogene antizipatorische Reaktion. Schließlich war in beiden Laboratorien während des 6 s dauernden Antizipationsintervalles ein triphasischer Verlauf der Herzfrequenz beobachtet worden, ohne daß ein eindeutig interpretierbarer Zusammenhang zu den EKP oder den Verhaltensvariablen offensichtlich war.

Für das erste Experiment wurden folgende Hypothesen formuliert:

1. Während eines 6 s dauernden Antizipationsintervalles im Zwei-Stimulus-Paradigma entwickelt sich eine negative Potentialverschiebung mit zwei differenzierbaren Komponenten.
2. Die frühe Komponente zeigt frontal die größere Amplitude, während die späte Komponente vor allem über dem Vertex ausgeprägt ist.
3. Die zweite Komponente variiert mit der Qualität des antizipierten Reizes (z. B. Aversivität, Lautstärke).
4. Die Amplitude der zweiten Komponente nimmt zu, wenn auf den imperativen Reiz eine motorische Reaktion ausgeführt wird; aber auch Aspekte sekundärer Reizverarbeitung können überzufällig und unabhängig zur Amplitude der späten Komponente beitragen (Simons et al. 1979).
5. Der triphasische Verlauf der Herzfrequenz ist replizierbar, und die Sequenz von Akzeleration – 2. Dezeleration erweist sich als sensitiv für die Qualität des S2.
6. Unterschiede in den Hautleitfähigkeitsreaktionen variieren in ähnlicher Weise mit der Reizqualität wie die elektrokortikalen Reaktionen.

Paradigma und experimentelles Vorgehen für die erste Studie wurden bereits ausführlich in Abschn. 2.1 beschrieben. Die Pbn der Experimentalgruppe wurden instruiert, daß rechtzeitige (innerhalb von 250 ms) Knopfdruckreaktion den jeweiligen S2 unmittelbar beenden würde. Zwei Kontrollgruppen (Jochkontrollen) wurden untersucht, um den Einfluß der motorischen Reaktion und die Bedeutung der S2-Qualität auf die Parameter der LP zu untersuchen: Versuchspersonen der Reaktionskontrollgruppe wurden aufgefordert, bei Einsatz des jeweiligen S2 so schnell wie möglich auf den Knopf zu drücken. Im Gegensatz zur Instruktion der Experimentalpersonen enthielt die Instruktion dieser Kontrollgruppe jedoch keinen Hinweis auf mögliche Kontingenz zwischen Reaktionslatenz und Dauer des jeweiligen S2. Die zweite Kontrollgruppe war eine nichtreagierende Gruppe („no-response group"). Diese Pbn wurden in identischer Weise über Stimulusqualität und Relation zwischen S1 und S2 informiert, sie führten jedoch keine motorische Reaktion aus. Die Pbn wurden lediglich aufgefordert, sich alle akustischen Reize anzuhören.

Aufgezeichnet wurden das EEG vom Vertex (Cz) und Frontalkortex (Fz), vertikale Augenbewegungen (VEOG), Herzfrequenz und Hautleitfähigkeitsreaktionen. (Ableitungsmethodik und die verwendeten Elektroden und Elektrolyte entsprechen der Beschreibung in Abschn. 2.1.)

Abbildung 2.3 zeigt weitgehende Ähnlichkeit in den LP-Verläufen aus beiden Laboratorien: Den Erwartungen entsprechend induziert die motorische Reaktion einen biphasischen LP-Verlauf. Dieses Ergebnis stimmt mit vielen in der Literatur berichteten Ergebnissen überein. Wird keine Reaktion verlangt (Kontrollgruppe 2), so sind die Amplituden der Komponenten, vor allem der späten Komponente, deutlich kleiner. Die frühe Komponente ist über dem Frontalkortex deutlich ausgeprägt, während die späte Komponente über dem Vertex dominiert. Die Qualität des S2 (aversiv oder neutral) zeigt einen schwachen Effekt auf die Amplitude der späten Komponente: in Erwartung des aversiven Geräusches ist die Negativierung ausgeprägter als in Erwartung des neutralen Tones.

Alle diese Ergebnisse wurden in beiden Laboratorien in vergleichbarer Weise gefunden.

Vergleichbare Verläufe wurden zwar ebenfalls für die Herzfrequenz nachgewiesen (Abb. 2.4). Hinsichtlich der statistischen Effekte herrschte aber geringere Übereinstimmung zwischen den Laboratorien.

In beiden Studien fiel die Veränderung der Hautleitfähigkeit in Erwartung des aversiven Geräusches signifikant größer aus als in Erwartung des neutralen Tones. Ebenso zeigte sich eine Abnahme der Hautleitfähigkeitsreaktion über die Serien hinweg. Ein in Madison beobachteter signifikanter Gruppenunterschied mit ausgeprägterer Hautleitfähigkeitsreaktion in der Experimentalgruppe war in der Tübinger Studie nicht signifikant (p = 0,16). Die Hautleitfähigkeitsreaktionen auf den aversiven S2 waren in beiden Laboratorien deutlich ausgeprägter als in Reaktion auf den neutralen S2.

Als wichtigstes Ergebnis dieser ersten Studie kann die weitgehende Übereinstimmung der Ergebnisse bezüglich LP-Veränderungen und Hautleitfähigkeitsreaktionen gesehen werden. Demgegenüber erwiesen sich die Ergebnisse zur Herz-

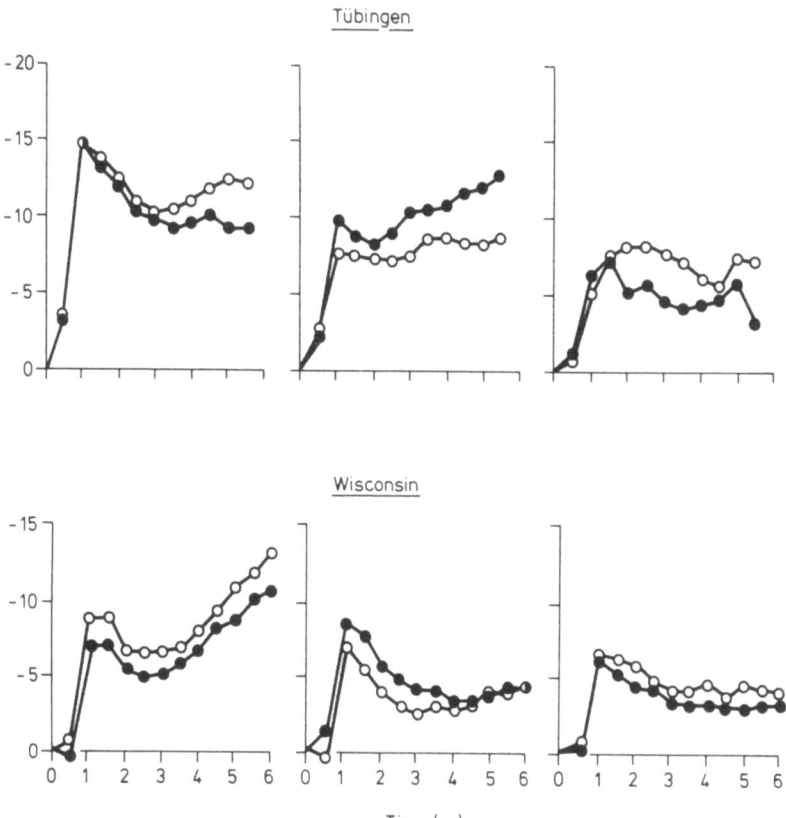

**Abb. 2.3.** Verlauf der LP (Cz-Ableitung, gemittelt über Halbsekundenintervalle) in Erwartung des neutralen Tones (●——●) und des aversiven Geräusches (○——○) für die Gruppe mit Fluchtmöglichkeit (*links*) und die beiden Jochkontrollgruppen mit (*Mitte*) und ohne (*rechts*) Reaktionsaufgabe. Die Ordinate gibt Verschiebungen vom Prestimuluswert in μV wieder. Die oberen Verläufe wurden im Tübinger Labor gewonnen, die unteren im Labor von Peter Lang in Madison (Wisconsin)

frequenz als weniger reliabel. Eine Zufälligkeit der gefundenen Übereinstimmungen kann als niedrig angesehen werden. Der Anspruch, prinzipielle Replizierbarkeit von Ergebnissen zu demonstrieren, kann demnach als erfüllt erachtet werden.

Eine genaue Betrachtung der LP in Abb. 2.3 weist jedoch Unterschiede zwischen den Ergebnissen vor allem bei der zweiten Kontrollgruppe auf. Inkonsistenzen sind auch für die Herzfrequenz beobachtbar, deren Reaktionen (im Gegensatz zu den LP) in Madison größer waren als in der Tübinger Studie. Erst durch eine Wiederholung der Studie ließ sich klären, ob derartige Unterschiede konsistent und zu berücksichtigen sind.

Bei dieser Wiederholung der Studie, also einer Inter- wie Intra-Laboratorien-Replikation, wurde versucht, alle möglichen Unterschiede in den Vorgehensweisen zu minimieren, die zu den genannten inkonsistenten Ergebnissen hätten beitragen können.

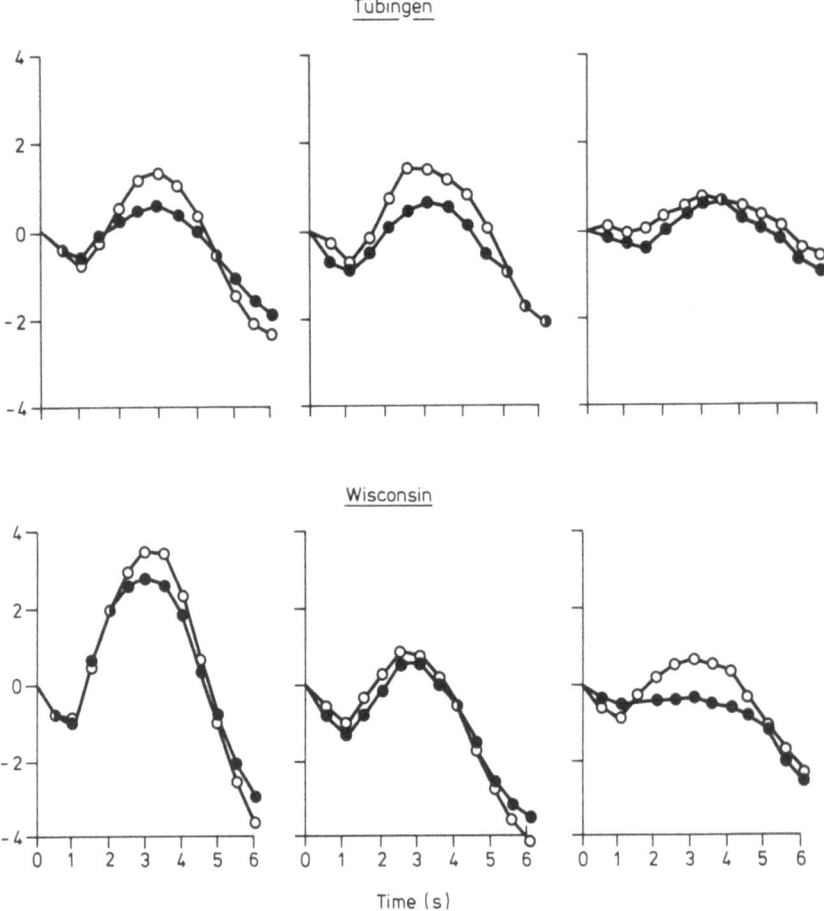

**Abb. 2.4.** Herzfrequenzreaktionen, Zuordnung wie Abb. 2.3. Die Ordinate zeigt die Änderungen vom Prestimuluswert in Schlägen pro Minute an

Ein möglicher Unterschied wurde in der Motiviertheit der Pbn gesehen: während die Pbn in Madison nur Vpn-Stunden angerechnet bekamen, erhielten sie in Tübingen ein Entgelt für ihre Teilnahme. Bei der Wiederholung wurden die Pbn in beiden Laboratorien in vergleichbarer Weise bezahlt. Als weitere Möglichkeit wurde in Betracht gezogen, daß der Übergang vom S1 zum S2 im Falle des aversiven S2 leichter erkennbar war als im Falle des neutralen S2 (zwischen einem Ton von 700 Hz zu einem Ton von 300 Hz). Um die Diskriminierbarkeit für beide Reizqualitäten ähnlicher zu gestalten, wurde bei der Wiederholung der Studien ein „Fenster", d. h. eine kurze Unterbrechung (300 ms) zwischen S1-Ende und S2-Beginn eingeschaltet.

Da der Unterschied zwischen Experimentalgruppe und der Kontrollgruppe, die ebenfalls eine motorische, wenn auch nicht kontingente Reaktion ausführte, gering war, wurden bei der Wiederholung nur zwei Gruppen untersucht, eine Experimentalgruppe und eine Kontrollgruppe, die nicht motorisch reagierte.

Schließlich sollte die Wiederholung klären, ob die unterschiedlichen Ergebnisse in der Herzfrequenz konsistent auftreten würden.

An dieser zweiten Studie nahmen in Tübingen 30, in Madison 24 männliche Studenten teil. Reizbedingungen, Vorgehensweise, Aufzeichnungs- und Datenreduktionsmethodik wurden identisch übernommen.

Die Ergebnisse für die LP replizieren die erste Studie und zwar in beiden Laboratorien. (Auch der schwache Einfluß der Reizqualität auf die antizipatorische Negativierung wird repliziert.) Replizierbarkeit läßt sich auch für die Hautleitfähigkeit demonstrieren. Demgegenüber gleicht die Herzfrequenz der 2. Tübinger Studie eher derjenigen der 1. Madison-Studie und umgekehrt. So ist nun die Akzeleration auf den aversiven S2 in der Tübinger Studie deutlicher ausgeprägt als in der Madison-Studie (im Gegensatz zu den ersten Studien).

Inwieweit die Einstellung, d. h. die theoretischen Vorüberlegungen der einzelnen Forschergruppen von Bedeutung sind, bleibt offen: Die Tübinger Gruppe hatte zunächst keinen Effekt der Reizqualität auf die Herzfrequenzreaktionen erwartet. Auf der Grundlage der Ergebnisse der ersten Studie wurde diese Einstellung geändert; in der nachfolgenden zweiten Studie zeigte sich der Effekt der Reizqualität auf die Herzfrequenz in der Tübinger Untersuchung dann deutlicher, während die Effekte in Madison schwächer wurden. Diese Beispiele weisen auf den Einfluß theoretischer Vorüberlegungen und Überzeugungen auf Ergebnisse hin, also auf einen „experimental bias" (Rosenthal 1976), der für die einzelnen Variablen u. U. unterschiedlich stark hervortreten könnte.

Insgesamt können die hier berichteten Ergebnisse als klarer Beweis für prinzipielle Replizierbarkeit von psychophysiologischen Ergebnissen zwischen unterschiedlichen Laboratorien gesehen werden, und sie regen zu weiteren Replikationsversuchen dieser Art an.

# 3 Die Registrierung bioelektrischer Signale

Für die Beurteilung der EKP sind neben den Quellen des interessierenden bioelektrischen Signales drei weitere verschiedene Prozesse von Bedeutung, die bei der Registrierung zum Tragen kommen:
- die Leitung des Signals durch Gewebe und Haut an die Körperoberfläche;
- der Übergang an der Haut zu einer leitenden, ionenhaltigen Paste und von dort zur Elektrode;
- die Verstärkung des Signals und die Verarbeitung des verstärkten Signals.

Zunächst sollen die letzten beiden Punkte näher betrachtet werden. Die elektrischen Charakteristika dieser Einheiten sind in Abb. 3.1 skizziert und lassen sich folgendermaßen darstellen (vgl. Caspers 1974):

Quellen elektrischer Spannungen, insbesondere langsam veränderlicher Spannungen, dürfen nicht nur im Organismus gesucht werden, sondern sind immer auch im Registriersystem vorhanden. Dabei kann das Signal nicht nur durch Veränderungen der Übergangswiderstände (z. B. an der Haut) „passiv" verfälscht werden; auch „aktive" Spannungsquellen, z. B. Ionenverschiebungen zwischen Haut und Paste oder Änderungen im Polarisationsgrad einer Elektrode, schlagen sich immer im Signal nieder.

## 3.1 Elektroden

Wie bereits beschrieben, werden meist scheibenförmige Silber/Silberchlorid-Elektroden von etwa 1 cm Durchmesser verwendet. Diese in der EEG-Messung

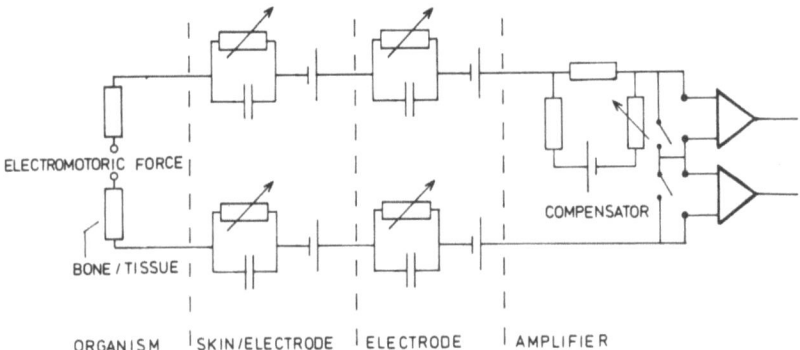

**Abb. 3.1.** Wesentliche elektronische Charakteristika des Eingangs einer EEG-Ableitung. (Nach Caspers 1974)

gebräuchlichste Methode eignet sich auch gut zur Messung langsamer Spannungsveränderungen. Zu beachten sind folgende Probleme: Die Elektrode, die aus unterschiedlichen Metallen gefertigt sein kann, steht in direktem Kontakt mit den Elektrolyten, d. h. der Elektrodenpaste oder der die Elektrode umgebenden physiologischen Flüssigkeit. Durch die Grenzflächen wandern Ionen so lange, bis ein Gleichgewicht hergestellt ist. Bei diesem Gleichgewicht spielen einerseits unterschiedliche Ionenkonzentrationen, andererseits elektromotorische Kräfte eine Rolle. Eine Ladungsschicht bildet sich an der Metalloberfläche und eine andere an der die Elektrode umgebenden Flüssigkeit. Helmholtz (1879) nahm ursprünglich an, daß sich diese elektrische Doppelschicht uniform und zeitlich konstant einstellen würde. Überlegungen wie z. B. von Bockris et al. (1970) weisen jedoch auf eine nichtuniforme aktive Grenzfläche hin. Eine Übersicht über diese Phänomene und eine ausführliche Betrachtung des Elektrodensystems geben Broughton et al. (1976). Bereits die makroskopische Betrachtung (Geddes u. Baker 1968) zeigt, daß der Kontakt zwischen Metall und Elektrolyt sowohl zur Wanderung metallischer Ionen in die Lösung als auch zur Anlagerung nichtmetallischer Ionen an das Metall führt. An der auf diese Weise entstandenen Doppelschicht tritt ein Ladungsgradient auf, also ein elektrisches Feld, das die weitere Wanderung verlangsamt. Dieser Ladungsgradient ist eine Quelle möglicher Potentialverschiebungen und kann bei Störungen Spannungsschwankungen im Millivoltbereich hervorrufen – Schwankungen, die um ein Vielfaches das bioelektrische Signal überschreiten. Änderungen der Ladungsgradienten können durch Temperaturveränderungen oder geringe mechanische Elektrodenverschiebungen erfolgen. Ionenwanderungen bedingen Änderungen des Ladungsgradienten, so daß das gesamte Elektrodensystem über die Charakteristika einer winzigen Batterie verfügt (Cooper et al. 1969; Goff 1974). Derartige Störeinflüsse würden nicht auftreten, wenn die Ionen sich völlig frei durch die Doppelschicht bewegen könnten. Ein solches System wird „nichtpolarisierbare" Elektrode genannt und am ehesten durch die Verbindung aus einem Metall mit seinem Salz (meist Chlorid) erreicht (z. B. Ag/AgCl oder Sn/SnCl).

Silberelektroden sollten vor jeder Ableitung neu chloridiert werden. Die Silberelektrode wird in eine Kochsalzlösung gelegt, deren Konzentration über der der physiologischen Salzlösung liegen muß (0,9%), aber nicht über 5% liegen darf, da Silberchlorid (AgCl) in hochkonzentrierter Lösung selbst löslich ist. An die Elektrode wird ein Pluspol angelegt, während an einen ebenfalls in der Salzlösung befindlichen Silberdraht ein negativer Pol angelegt wird. Die Spannung muß zwischen 1,5 und 4,5 V liegen. Bei einer Spannung über 1,6 V bewegen sich die Chlorionen in der Lösung an die Silberelektrode und bilden neutrale Silberchloridmoleküle, die die Silberoberfläche bedecken. Bei höheren Spannungen läuft der Chloridierungsprozeß zunächst schneller ab, über 4,5 V kommen aber andere störende chemische Prozesse zur Wirkung (etwa die Bildung von Natriumhydroxid). Nach Gebrauch werden die Elektroden in einer zweiten Kochsalzlösung gereinigt, indem die Elektrode als negativer Pol und ein Silberdraht als Anode geschaltet werden. Die Spannung wird bis maximal 15 V so hoch reguliert, bis an der Elektrode intensive Gasentwicklung beobachtet werden kann, was bedeutet, daß sich die Chloridionen von der Elektrode lösen (s. auch Venables u. Martin 1966; Brown 1967). Nach Coles u. Binnie (1962), die die Vor- und

Nachteile schneller und langsamer Chloridierung diskutieren, sollte bei regelmä-
ßigem Gebrauch der Elektroden langsamer Chloridierung über eine Zeitspanne
von 3 – 5 min hinweg der Vorzug gegeben werden. (Verschmutzte Elektroden,
insbesondere solche, die aufgrund der Einlagerung des Ag/AgCl in einem Sinterblock nicht jeweils neu chloridiert werden müssen, können auch mit handelsüblichen Ultraschallreinigern gesäubert werden.)

Eine weitere Begrenzung der Registriermöglichkeit bioelektrischer Signale
über Elektroden besteht darin, daß der beschriebene Übergang Metall-Elektrolyt
ein kapazitives Element darstellt (s. Abb. 3.1). Dadurch wird die Größe der Zeitkonstante (s. unten) begrenzt, es können nicht beliebig langsame Veränderungen
gemessen werden.

Der Elektrolyt-Haut-Übergang bildet ein weiteres komplexes System, das
noch wenig erforscht ist. Hinzu kommt, daß Störungen dieses Systems, wie etwa
die Änderung der Hautleitfähigkeit oder Ionenwanderungen, durch psychologische Einflüsse bedingt sein können. Wie groß die dabei wirkenden elektromotorischen Kräfte sind, soll ein Beispiel verdeutlichen (vgl. Geddes u. Baker 1968):
Ändert sich die Konzentration einer molaren Kaliumchloridlösung an einer
Ag/AgCl-Elektrode von 0,01 mol auf 0,1 mol, während die KCl-Konzentration
an der anderen Elektrode konstant bleibt (0,01 mol), so ändert sich die Spannung
zwischen den Elektroden um ca. 53 mV (bei Zimmertemperatur gilt nach der
Nernst-Gleichung, daß sich die elektromotorische Kraft proportional dem Logarithmus der Konzentration ändert, d. h. geringe Verunreinigungen zu relativ großen Störungen führen können. Zu derartigen Störungen kann es etwa kommen,
wenn der Pb schwitzt und sich dadurch Konzentrationen zwischen Elektrolyt und
Haut ändern). Um Störeinflüsse aus dem Elektrolyt-Haut-System zu reduzieren,
werden die obersten Zellschichten entfernt (s. oben). Wird danach der Elektrolyt
in die Haut eingerieben, so kann der Übergangswiderstand unter 7 – 10 kOhm gehalten werden. Die verwendeten Elektrodenpasten bestehen im allgemeinen aus
Bentonit, einem Chlorid und Glyzerin. Ein niederfrequenter Wechselstrom, der
nicht abrupt ausgeschaltet wird, ruft keine andauernde Elektrodenpolarisation
hervor und kann daher zur Messung des Übergangswiderstands herangezogen
werden. Ist die Eingangsimpedanz des Verstärkers genügend hoch, so ist die Störung zu vernachlässigen. Ist z. B. die Eingangsimpedanz ungefähr gleich dem
Übergangswiderstand, ist das Signal um 50% reduziert, da dann die Hälfte der
Spannung am Übergangswiderstand abfällt und nur die verbleibende Hälfte am
Eingang anliegt. Ist die Eingangsimpedanz 100mal größer, beträgt die Störung
nur noch 1%. Die Verstärker sollten daher eine Eingangsimpedanz von >1
MOhm besitzen (s. unten). Der Übergangswiderstand sollte aus einem weiteren
Grund möglichst gering gehalten werden: Pb und Elektrodenkabel wirken wie
Antennen und fangen lokale elektromagnetische Felder (z. B. 50 Hz des Wechsel-
stromnetzes) und elektrostatische Ladungen auf. Bei Verwendung von Differenz-
verstärkern und abgeschirmten Kabeln sowie bei einer Erdung der Versuchsperson treten Störungen jedoch nur bei ungleichen (hohen) Übergangswiderständen
auf (s. unten).

## 3.2 Verstärkung bioelektrischer Signale

Die wichtigste Anforderung an ein Meßinstrument besteht darin, daß die zu beobachtende Größe bzw. das zu beobachtende Phänomen nicht verändert wird.
Der gemessene Wert sollte also nicht von dem spezifischen verwendeten Meßin-
strumentarium abhängen. Wie schwierig diese Forderung zu erfüllen ist, hat bereits die vorausgegangene Diskussion über Elektroden gezeigt. In ähnlicher Weise sind auch bei der Verstärkung des elektrischen Signals Gefahren der Verfäl-
schung und Veränderung zu berücksichtigen. Letztlich muß daher die Reliabilität
der Phänomene experimentell nachgewiesen werden. Was dabei auf Verstärker-
ebene, vor allem bei der Verstärkung langsam veränderlicher Potentiale beachtet
werden muß, soll im folgenden Abschnitt übersichtsartig dargestellt werden. (Eine ausführliche Darstellung und Diskussion von bioelektrischen Verstärkern und
deren Schaltung geben z. B. Cooper et al. 1969, 1980; Malmstadt et al. 1963;
Geddes u. Baker 1968. Dem interessierten Leser werden zur Einführung ferner
die Zusammenfassungen von Goff 1974 und Roy u. Achorn 1976 empfohlen.)

Von der Vielzahl verschieden arbeitender Verstärkungssysteme ist keines für
die Verstärkung aller biologischen Ursprungssignale geeignet. Der ideale Verstärker soll am Ausgang ein vergrößertes Eingangssignal ohne Störung oder zusätzli-
ches Rauschen liefern. Zwei Größen sind bei der Kennzeichnung des Ausgangssignals von Bedeutung: Frequenz und Amplitude. Im gesamten Spektrum bioelektrischer Signale variieren Amplituden zwischen 0,1 μV und 100 mV (1 μV =
$10^{-6}$ Volt = 1 Millionstel V, 1 mV = $10^{-3}$ Volt = 1 Tausendstel Volt).

EEG-Ableitungen an der Kopfoberfläche liefern im allgemeinen Größen zwischen 5 und 100 μV. Bei der Betrachtung langsamer Potentiale und evozierter
Potentiale sind allerdings auch Werte bis 0,1 μV von Interesse.

Für jede physiologische Variable kann ihr charakteristischer Frequenzbereich
(Frequenzband) bestimmt werden. Frequenzbereiche können sich zwischen DC
(Gleichspannung) und bis zu 10 kHz (1 Hz = 1 Schwingung pro Sekunde) bewegen. Das Frequenzspektrum des EEGs umfaßt Anteile im Bereich zwischen 0 und
100 Hz. Während bei der Analyse des Spontan-EEGs (z. B. unter klinisch-dia-
gnostischem Aspekt) vor allem Frequenzen zwischen 0,5 und 45 Hz von Bedeutung sind, interessiert bei der Analyse langsamer Potentiale vor allem der Bereich
von DC bis 5 Hz. [DC = Direct Coupled im Gegensatz zu RC (kapazitive Kopplung), bei der ein RC-Glied (Widerstand parallel zum Kondensator) zwischen
Verstärkereingang und Elektrode geschaltet ist.]

Die Anforderungen einiger anderer bioelektrischer Signale an die Bandbreite
zeigt die folgende Übersicht:

| | |
|---|---|
| EMG (Elektromyogramm): | 10 Hz − 5 kHz |
| EKG (Elektrokardiogramm): | 0,01 Hz − 2 kHz |
| Elektrogastrogramm: | DC − 20 Hz |
| Elektroretinogramm: | DC − 40 Hz |

Erst in neuerer Zeit konnten Halbleiterbausteine (Transistoren, ICs) entwickelt werden, die auch langsam veränderliche Signale verstärken können, ohne
daß der Verstärker selbst eine zu hohe Drift aufweist und so das Signal verändert.
Die Stabilisierung des Verstärkers im Mikrovoltbereich ist jedoch immer noch

schwierig. Am stabilsten sind die „Chopper"-stabilisierten Verstärker. Sie zerhacken das Signal mechanisch oder elektronisch mit einer konstanten Frequenz, die deutlich über der zu messenden liegen muß. Aus einem langsam veränderlichen Signal wird so ein höherfrequentes Signal (z. B. 400 Hz), dessen Amplitude mit der langsamen Veränderung einhergeht (Amplitudenmodulation).

Immer sollte jedoch berücksichtigt werden, daß ein Verstärker nur die Differenz zwischen zwei Eingängen verstärken kann. Bei der Registrierung bioelektrischer Signale interessiert meist die Differenz zwischen elektrischen Potentialen (Spannung). Bei Basisschaltung eines Transistors ist die Spannungsverstärkung größer als 1, während sich die Eingangsimpedanz des Systems großhalten läßt.

Abbildung 3.2 legt nahe, daß nur das Eingangssignal verstärkt wird. Tatsächlich wird aber die Differenz zwischen dem Eingang und der als „common" bezeichneten gemeinsamen Erde gemessen. Somit erhält man am Ausgang nicht nur das verstärkte Eingangssignal, sondern auch Störungen, die vom „common ground" (Erde) herrühren (Huhta u. Webster 1973). Bei einem sinnvollen Verstärker müssen daher beide Eingänge isoliert von der Erde sein. Diese wichtige Forderung muß vor allem auch aus Sicherheitsgründen erhoben werden. Verstärker, die diese Forderung erfüllen, d. h. die „differentiale" Signale und „common mode" (Gleichtakt) Signale trennen, werden Differentialverstärker genannt. Ein Index für die Wirksamkeit dieser Trennung ist die Gleichtaktunterdrückung („common mode rejection ratio", CMRR). Dieses Verhältnis kann von 1000:1 bis zu 1 000 000 : 1 variieren und wird daher meist in Dezibel (dB) angegeben. Für die Umrechnung gilt:

$$CMRR = 20 \log_{10} \text{ common mode/differential mode.}$$

Der grundlegende Gedanke eines Differentialverstärkers ist in Abb. 3.3 dargestellt (für detaillierte Ausführungen s. Beckett 1972, 1973).

Die Verstärkung bei einer solchen Anordnung bestimmt sich aus dem Verhältnis der Impedanzen. In der vereinfacht dargestellten Anordnung von Abb. 3.3 ergibt sich dieses Verhältnis aus dem Verhältnis des Arbeitswiderstandes Rl zum internen Transistorwiderstand Rt im Falle des Signalsystems bzw. zu Rt + Rl für das unerwünschte „Common mode"-Signal.

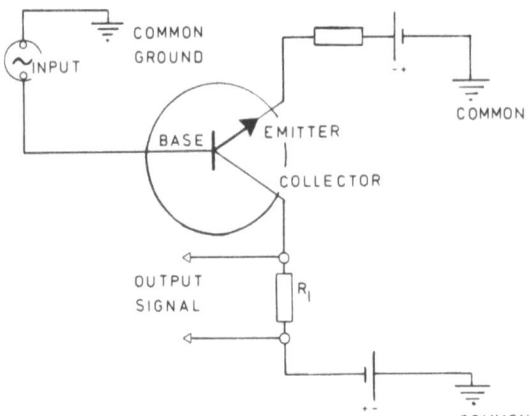

**Abb. 3.2.** npn-Transistor in Basisschaltung, Rl bezeichnet den Arbeitswiderstand

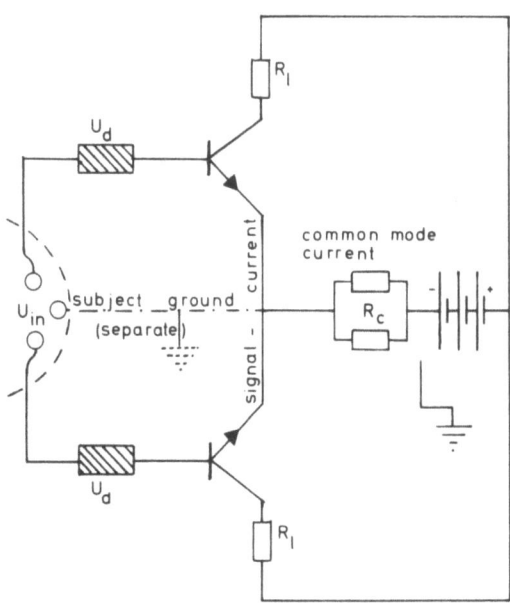

**Abb. 3.3.** Schematisierter Schaltkreis eines Differentialverstärkers (stark vereinfacht). $U_{in}$ bezeichnet das (biologische) Eingangssignal, $U_d$ Störungen. Der Common-mode-Strom fließt durch den hohen Widerstand $R_c$, während der Signalstrom nur den Transistorwiderstand überwinden muß. (Aus Rockstroh et al. 1982)

Verstärkung („gain") des differentiellen Signals =
    Arbeitswiderstand Rl/Transistorwiderstand Rt
Verstärkung des Gleichtakts =
    Arbeitswiderstand Rl/(Rt + „Common-mode"-Widerstand Rc).

Setzt man Techniken ein, bei denen Rl sehr groß wird, so wird das Verhältnis aus Verstärkung des bioelektrischen Eingangssignals und des „Common-mode"-Signals (also das „Common-mode-rejection"-Verhältnis) sehr groß.

Wie bereits erwähnt, ist die Eingangsimpedanz eine bedeutsame Verstärkereigenschaft. Es ist zu beachten, daß die Eingangsimpedanz (Ze) des Verstärkers wesentlich über der Impedanz der Quelle (Zq) liegt, die das Signal liefert. Andernfalls geht ein Teil des Ausgangssignals verloren. Eine Schwankung der Quellimpedanz (Zq) kann z. B. auch durch den Hautwiderstand verursacht werden. Da in unterschiedlichen psychologischen Situationen ein unterschiedlicher Hautwiderstand registriert wird, wäre dann der Verstärkungsfaktor von der psychologischen Bedingung abhängig. Dieser systematische Fehler kann nur vernachlässigt werden, wenn gilt Ze > Zq. Eine weitere Fehlerquelle stellen die an beiden Elektroden häufig ungleichen Übergangswiderstände dar, die unterschiedliche „Common-mode"-Ströme bedingen, so daß letztlich eine Potentialverschiebung der Quelle simuliert werden kann. Auch dieser Fehler verringert sich mit großem Zq, da dadurch die „Common-mode"-Ströme verringert werden.

Schließlich sei bemerkt, daß der Begriff Impedanz die Widerstandsabhängigkeit für Gleich- und Wechselströme verschiedener Frequenzen mit einschließt (s. Stichwortverzeichnis), so daß auch kapazitive Komponenten zu berücksichtigen sind. In der Regel sind diese jedoch gering; sie erklären aber, warum Größen wie das „Common-mode-rejection"-Verhältnis oder die Eingangsimpedanz auf eine bestimmte Frequenz (gewöhnlich 50 oder 60 Hz) bezogen werden müssen.

Weißes Rauschen ist definiert als zufällig variierendes (normalverteiltes) Signal, dessen momentaner Wert nicht vorhergesagt werden kann. Alle stromführenden Teile verursachen Rauschen, das nicht immer vernachlässigt werden kann. Ein gewöhnlicher Widerstand von 1 MOhm hat z. B. bei 27° C eine Streuung von 1,2 µV, wenn mit einer Bandbreite von 100 Hz gearbeitet wird (Roy u. Achorn 1976). Das Rauschen ist in der Regel temperaturabhängig.

## 3.3 Störungen durch die Stromversorgung (technisches Rauschen)

Das EEG ist ein relativ schwaches elektrophysiologisches Signal (mit Amplituden im Bereich von 0 – 50 µV), so daß die Qualität des Verstärkers (insbesondere das Verstärkerrauschen) eine große Rolle spielt. Neben dem Verstärkerrauschen können Einstreuungen aus dem Wechselstromnetz (50 Hz in Europa, 60 Hz in den USA) das Signal überlagern.

Folgende Einflüsse bedingen im wesentlichen diese Einstreuungen:

1. Erdungsschleifen, d. h. die verwendeten Geräte haben Verbindungen zu verschiedenen Erdungsleitern. Erdungsschleifen können verhindert werden, wenn alle zusammengeschalteten Geräte einschließlich möglicher Darbietungsgeräte im Versuchsraum über Vielfachstecker aus einer gemeinsamen Steckdose versorgt werden. Eventuell sollten alle Masseleiter durch einen dicken Draht verbunden werden. Bei Darbietung akustischer Reize über Kopfhörer muß auch die Masse des Verstärkers an diese gemeinsame Masseleitung angeschlossen werden.

2. Zu hoher Übergangswiderstand an einer der Elektroden (s. oben).

3. Induktive Einflüsse kommen meist nur dann vor, wenn die elektrischen Stromversorgungsleitungen (Wechselspannung) ungünstig nahe an Elektrodenkabeln und deren Weiterführungen zu den Verstärkern liegen, insbesondere, wenn sie über größere Strecken parallel zu diesen laufen.

4. Elektrostatische Einflüsse können sehr groß sein, wenn der Pb nicht in einem Faradayschen Käfig sitzt (der in den meisten Fällen nicht zur Verfügung steht). Die meisten Störfelder solcher Art kommen durch Stromversorgungsleitungen in den Wänden zustande, so daß es günstig ist, den Stuhl bzw. die Liege des Pb möglichst weit von den Wänden zu entfernen. Die metallischen Teile des Stuhls bzw. der Liege sollten auf alle Fälle mit der Masseleitung verbunden werden; manchmal empfiehlt es sich, ein Drahtnetz unter die Stuhlfläche zu legen und auch dieses mit der Masseleitung zu verbinden. Für das Aufspüren von Störfeldern hat sich eine „Sonde" bewährt, die aus einem ca. 10 cm langen isolierten, nichtabgeschirmten Draht besteht, der über ein genügend langes abgeschirmtes Kabel an ein Oszilloskop (Empfindlichkeit 1 – 10 mV/cm) angeschlossen ist. Durch Abfahren der Wände, der Decke und des Fußbodens im Abstand von ca. 10 – 50 cm können so Feldstärken gemessen und die Störeinflüsse gut erkannt werden.

Relativ starke Streufelder können auch durch die Beleuchtungseinrichtungen zustande kommen, wenn z. B. Leuchtstoffröhren oder Glühlampen mit handelsüblichen Dimmern (Triac-Steuerung) verwendet werden. Diese Dimmer ergeben

besonders dann große Spannungsspitzen, wenn sie auf minimale Helligkeit eingestellt sind.

Es ist günstig, wenn die Sonde in Stuhlnähe nicht mehr als 1 – 2 mV anzeigt.
Manchmal kann das durch eine geeignete Wahl des Platzes für den Pb erreicht
werden.

Wenn eine Stillegung der Leitungen in den Wänden nicht möglich ist, empfiehlt sich eine selektive Abschirmung der Wände, z. B. mit Aluminiumfolie, wobei die Bahnen untereinander leitend verbunden werden und eine Verbindung zur
gemeinsamen Masseleitung hergestellt werden muß. Oft genügt es, auf diese Weise eine Fläche von 2 m Länge und 2 m Höhe zu präparieren und den Stuhl bzw.
die Liege des Pb in die Nähe der abgeschirmten Stelle zu bringen.

## 3.4 Filter-Wirkung einer Zeitkonstanten

Jeder Verstärkertyp eignet sich nur zur Verstärkung eines begrenzten Frequenzbereichs elektromagnetischer Erscheinungen. In jedem Bereich treten unterschiedliche Probleme auf, werden unterschiedliche Hilfsmittel benötigt. Die Verstärkung erfolgt daher nur in einem festen Frequenzbereich, der Bandbreite des
Verstärkers genannt wird. Meist werden aber auch gezielt Frequenzbereiche
durch Filter unterdrückt, um z. B. Einstreuungen des 50-Hz-Stromnetzes zu ver-
hindern, oder die Bandbreite wird für hohe Frequenzen zusätzlich begrenzt (Tiefpaß). Damit lassen sich z. B. elektromyographische Artefakte im EEG reduzieren. Schließlich werden auch langsamer veränderliche Signale gefiltert (Hochpaß), um den Einfluß von Driften, z. B. durch Elektrodenpolarisation, zu verringern. Auch das Eigenrauschen des Verstärkersystems ist um so kleiner, je schma-
ler die Bandbreite ist.

Die einfachsten elektronischen Schaltkreise zur Realisierung von Hoch- und
Tiefpässen und ihre Wirkung auf ein rechteckförmiges Eingangssignal sind in
Abb. 3.4 dargestellt. Als Hoch- und Tiefgrenzfrequenz („cut-off" oder
„roll-off") werden diejenigen Frequenzen bezeichnet, deren Amplituden gegenüber denen der mittleren Frequenz nur noch 70,7% betragen bzw. um 3 dB verringert sind.

Die Differenz der so definierten Grenzfrequenzen legt die Bandbreite fest.
Die Unterdrückung der Frequenzen außerhalb des Paßbandes wird in dB/Oktave
festgelegt (Abb. 3.5). So bedeuten 6 dB/Oktave, daß die Signalstärke halbiert
wird, wenn die Frequenz verdoppelt wird.

Mit jeder Filtercharakteristik ist auch eine Phasenverschiebung gekoppelt:
„Eine Phasendifferenz tritt gewöhnlich zwischen Ein- und Ausgang eines Ableitungssystems auf. Zwei Sinuswellenzüge gleicher Frequenz, die ihre Maxima und
Minima gleichzeitig durchlaufen, sind in Phase. Eine Phasendifferenz zwischen
zwei Sinuswellenzügen liegt dann vor, wenn eine Welle mit ihrem Maximum und
Minimum der anderen vor- oder nacheilt; die Phasendifferenz kann als Zeitverschiebung angegeben werden" (Simon 1977, S. 26). Größere Phasenverschiebun-
gen treten bei höheren Frequenzen auf, größere Zeitverschiebungen treten jedoch
im Bereich der unteren Grenzfrequenz auf. Dies erklärt sich durch die inverse Be-

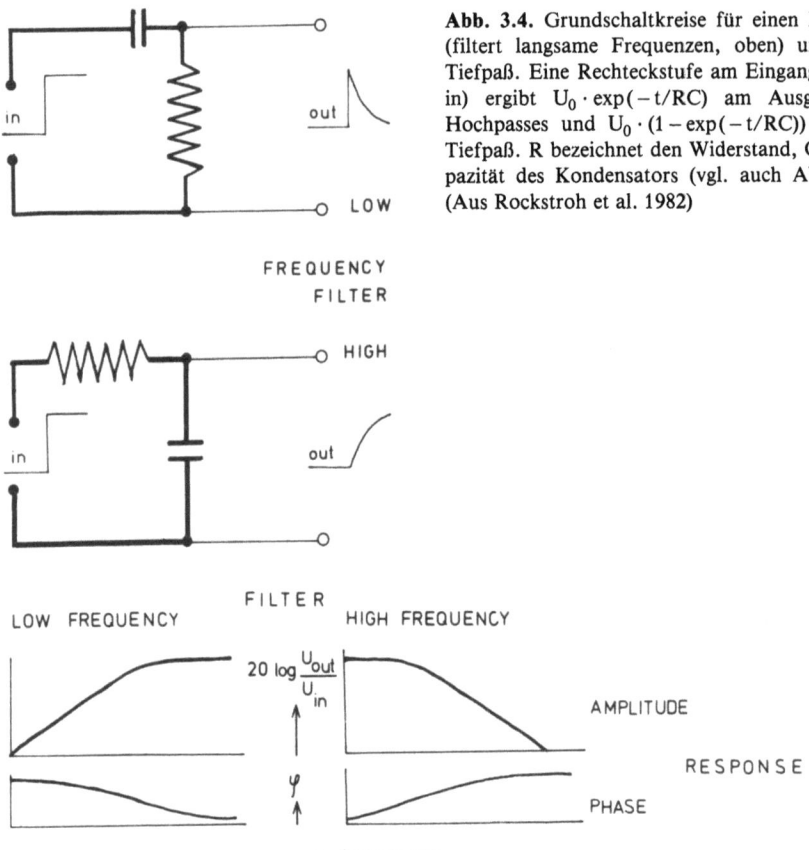

**Abb. 3.4.** Grundschaltkreise für einen Hochpaß (filtert langsame Frequenzen, oben) und einen Tiefpaß. Eine Rechteckstufe am Eingang ($U_0$ bei in) ergibt $U_0 \cdot \exp(-t/RC)$ am Ausgang des Hochpasses und $U_0 \cdot (1 - \exp(-t/RC))$ für den Tiefpaß. R bezeichnet den Widerstand, C die Kapazität des Kondensators (vgl. auch Abb. 3.7). (Aus Rockstroh et al. 1982)

**Abb. 3.5.** Amplituden- und Phasenfrequenzgang für die Filter von Abb. 3.4. (Aus Rockstroh et al. 1982)

ziehung von Zeit (T) und Frequenz (f). Die Beziehung zwischen Phasenverschiebung (in Grad) und Zeitverschiebung $\Delta T$ (in Sekunden) ist:

$\Delta T$ = Phasenverschiebung/$(360° \times$ Frequenz).

Bei einem Frequenzabfall von 6 dB/Oktave beträgt z. B. bei der Grenzfrequenz die Phasenverschiebung 45°. Nimmt man ein sinusförmiges Signal mit 100 Hz und eine Grenzfrequenz von ebenfalls 100 Hz an, so tritt ein Maximum $\Delta T = 1,25$ ms später auf. Bei einer unteren Grenzfrequenz von 5 Hz wird das Maximum einer 5-Hz-Sinusfunktion um 25 ms vorverlegt. Die Phasenverschiebung tritt dabei um so stärker in Erscheinung, je stärker die Dämpfung pro Frequenzeinheit des Filters ist (Desmedt 1977). Diese Überlegungen sind vor allem bei der Betrachtung von Extrema und Latenzen im EKP oder beim Vergleich von mehreren EEG-Kanälen (Phasenverschiebung) von Bedeutung (s. dazu Saunders u. Jell 1959).

Für die Ableitung langsamerer Potentiale ist die Betrachtung des Hochpasses von besonderer Bedeutung. Dieser wird meist mit dem Begriff der *Zeitkonstanten* charakterisiert. Wird auf den Eingang eines Verstärkers ein Rechtecksignal gegeben, das vor und nach der senkrecht ansteigenden Stufe konstant ist, so stellt sich der Verstärker nach einiger Zeit wieder auf das Ausgangssignal ein.

Diejenige Zeit, nach der am Ausgang nur noch 37% des ursprünglichen Potentialsprungs vorhanden ist ($1/e = 0{,}37$; e = Eulersche Zahl), wird als Zeitkonstante (ZK) bezeichnet.

Hat also ein Verstärker die ZK $c = 0{,}3$ s, so ist die Grenzfrequenz („cut-off point") des Hochpasses ca. 0,5 Hz.

Für die Beziehung zwischen Zeitkonstante ‚c' und „Cut-off"-Frequenz ‚f' eines Niederfrequenzfilters (Hochpaß) gilt

$f = 1/(2\pi c) \approx 0{,}16/\text{Zeitkonstante c}.$

Die folgende Aufstellung gibt Beispiele für diese Beziehung:

| c (s) | f (Hz) |
|-------|--------|
| 0,07  | 2,00   |
| 0,10  | 1,59   |
| 0,16  | 1,00   |
| 0,30  | 0,53   |
| 0,50  | 0,32   |
| 1,00  | 0,16   |
| 3,00  | 0,05   |
| 5,00  | 0,03   |

Die Wirkung eines Bandpasses bzw. einer ZK wird in der Literatur vielfach beschrieben (z. B. Desmedt 1977; Duncan-Johnson u. Donchin 1979). Sie ist in Abb. 3.6a exemplarisch dargestellt und in Abb. 3.6b anhand gemessener Ableitungen mit verschiedenen ZK experimentell ermittelt.

Bei der in dieser Abbildung dargestellten Wirkungsweise der ZK ‚c' beträgt der Einfluß auf die konstante Spannungsstufe $U_0$ zum Zeitpunkt $t_0$

$$U_c(t) = U_0 e^{-(t-t_0)/c}.$$

Der Einfluß auf eine für $t > t_0$ beliebig variierende Funktion $U(t)$ kann beschrieben werden, wenn $U(t)$ durch eine Stufenfunktion approximiert wird. Läßt man die Stufenbreite gegen Null und die Anzahl der Stufen gegen unendlich gehen, so erhält man als Grenzwert:

$$U_c(t) = \int_0^t \frac{dU(t')}{dt'} e^{-(t-t')} dt'. \qquad (3.1)$$

$U_c(t)$ ist die Funktion, die man erhält, wenn $U(t)$ mit der ZK ‚c' gefiltert wird. Aus dieser Formel erhält man durch partielle Integration den Unterschied zwischen dem gefilterten und dem ungefilterten Verlauf:

$$U(t) - U_c(t) = \frac{1}{c} \int_0^t U(t') e^{-(t-t')} dt'. \qquad (3.2)$$

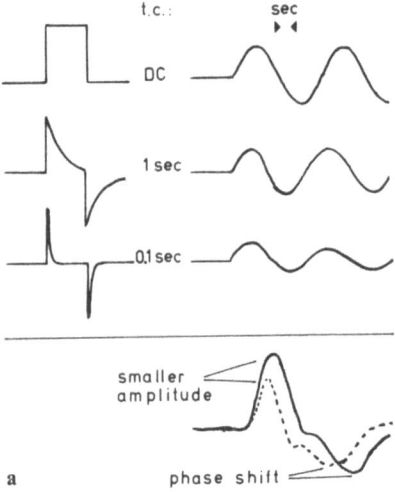

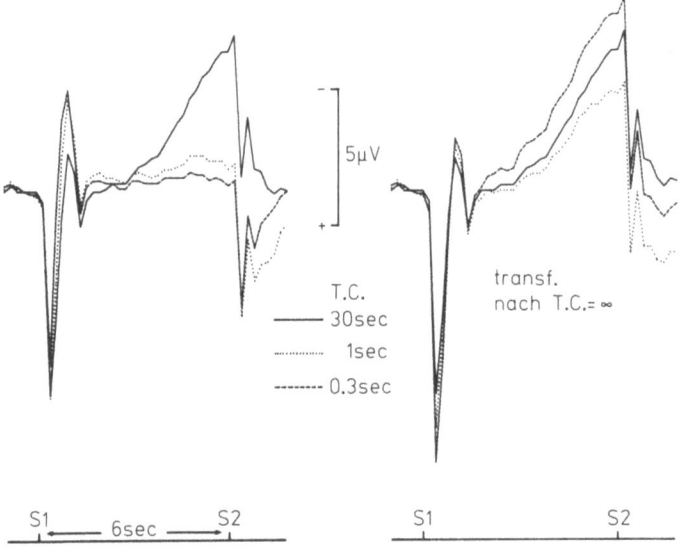

**Abb. 3.6a, b.** Verzerrung durch unterschiedliche Zeitkonstanten (*t.c.*); **a** Veränderung synthetischer Rechteck- und Sinusschwingungen (*oben*) und schematische Darstellung der zwei Effekte einer Zeitkonstante: Amplitudenverringerung und Phasen- (bzw. Latenz-)Verschiebung. (Aus Rockstroh et al. 1982). **b** Empirische Ermittlung von Zeitkonstanteneffekten: auf der linken Seite sind Ableitungen an einem Elektrodenpaar (Vertex vs. verbundene Ohrläppchen) mit stark unterschiedlichen Zeitkonstanten überlagert. Die nach Gl. (3.3) auf DC (t.c. = ∞) korrigierten Werte sind auf der rechten Seite überlagert. Die Abweichungen haben folgende Ursachen: 1) die Herstellerangaben über Zeitkonstanten sind nur auf 10% genau, 2) die Verstärkung der einzelnen Kanäle ist leicht unterschiedlich (Fehler und Ungenauigkeiten summieren sich nach Gl. (3.3) über die Zeit auf), 3) Artefakte treten in den einzelnen Kanälen aufgrund der unterschiedlichen Zeitkonstanten mit unterschiedlicher Wirkung hervor. Trotzdem gibt die Umrechnung selbst der extrem kurzen Zeitkonstante von 0,3 s offensichtlich noch recht brauchbare Rekonstruktionen des tatsächlichen Verlaufs!

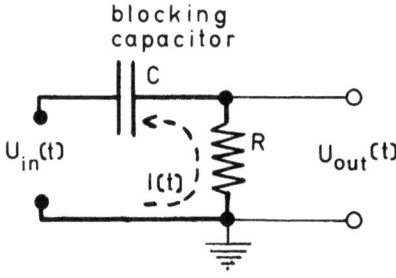

blocking
capacitor

**Abb. 3.7.** Schaltkreis für eine einfache AC-Kopplung. Die Spannung $U_{in}$ fällt über die Kapazität $C$ und den Widerstand $R$ ab. Es gilt $U_C = Q(t)/C = 1/C$ $\times \int_0^t I(t')\,dt'$, wenn die Ladung des Kondensators $Q(t)$ ist mit $Q(0) = 0$ und $I(t)$ den Strom bezeichnet. Da nach dem Ohmschen Gesetz $U_{out} = R \cdot I(t)$ ist, folgt $U_{in}(t) = U_{out}(t) + 1/RC \int_0^t U_{out}(t')\,dt'$; RC ist gleich der Zeitkonstante. (Nach Elbert u. Rockstroh 1980)

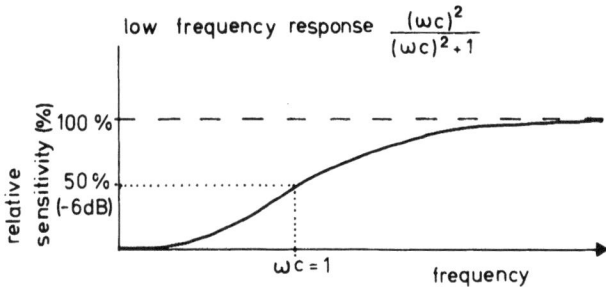

low frequency response $\dfrac{(\omega c)^2}{(\omega c)^2 + 1}$

**Abb. 3.8.** Amplitudenverlauf eines Hochpasses mit der Zeitkonstanten c. (Aus Rockstroh et al. 1982)

Die Umrechnungsformel (s. auch Elbert u. Rockstroh 1980) zwischen zwei Verläufen mit den unterschiedlichen ZK c1 und c2 lautet:

$$U_{c1}(t) = U_{c2}(t) + \int_0^t \frac{c1 - c2}{c1 \cdot c2}\, U_{c2}(t')\, e^{-(t-t')/c1}\,dt'. \tag{3.3}$$

Diese Formel läßt sich durch die Betrachtung des Stromkreises veranschaulichen (Abb. 3.7).

Die Aussage dieser nach Abb. 3.7 abgeleiteten Formel sei an einigen Beispielen verdeutlicht:

1. Nimmt man eine lineare Drift der Baseline $U(t)$ von $a \cdot t$ an, so ergibt sich für $U_c(t) = a \cdot c - a \cdot c \cdot e^{-t/c}$. Der zweite Term geht mit der Zeit ,t' gegen Null, so daß nach einer gewissen „Einschaltzeit" die lineare Drift auf dem Niveau $a \cdot c$ konstant kompensiert wird. Bei starken Driften ,a' ist daher eine kleine ZK ,c' notwendig, um den Verlauf des EEGs innerhalb der registrierten Kanalbreite zu halten.

2. Um die unterschiedliche Dämpfung für die verschiedenen Frequenzanteile zu ermitteln, geht man von der Fourierzerlegung mit dem Fourierkoeffizienten $P(w)$ und dem Powerspektrum $|P(w)|^2$ aus.

$$w = \frac{2\pi}{T} = 2\pi f.$$

Als Powerspektrum für die gefilterte Funktion erhält man

$$|P(w)|^2 \cdot \frac{(wc)^2}{(wc)^2 + 1}.$$

Diese Funktion ist in Abb. 3.8 dargestellt.

Will man den Verlauf über ein Zeitintervall ,T' untersuchen, so dürfen Wellen mit der Länge 4T noch nicht stark gedämpft werden. Soll die Dämpfung kleiner als 20% sein, dann muß $(wc)^2/[(wc)^2 + 1] > 0,9$ sein. Die Umformung ergibt $c > 3/w$, und mit $w = 2/4T$ ergibt sich $c > 1,9 \cdot T$. An eine sinnvolle Versuchs-anordnung sollte demnach die Bedingung gestellt werden, daß die ZK ‚c' mindestens doppelt so groß gewählt wird wie das zu untersuchende Zeitintervall ‚T'.

3. Die Verringerung einer Potentialverschiebung ‚y' zum Zeitpunkt ‚t' durch Filterung mit der ZK ‚c' resultiere in dem gemessenen Wert ‚x'. Ist die mittlere Verschiebung ‚$\bar{x}$' bis zu diesem Zeitpunkt ‚t' bekannt, so ergibt sich

$$y = x + t/c \cdot \bar{x}.$$

Da diese Transformation linear ist, können auch bereits gemittelte Daten auf ihre Originalwerte umgerechnet werden. In dem oben beschriebenen Beispiel einer Standardexperimentalanordnung ist $c = 30\,s$, die mittlere Verschiebung nach $T = 6\,s$, z. B. $\bar{x} = 12\,\mu V$, die Verringerung am Ende des 6 s andauernden Intervalles

$$y - x = 6/30 \cdot 12\,\mu V = 2,4\,\mu V.$$

4. Eine Gegenüberstellung experimentell ermittelter Ableitungen mit stark unterschiedlichen ZK sowie deren korrigierte Verläufe ist in Abb. 3.6b vorgenommen worden.

5. Schließlich sei noch darauf hingewiesen, daß sich die durch die ZK ‚c' bedingte Phasenverschiebung $\Delta T$ an einem Maximum $U(t_{peak})$ wie folgt ermitteln läßt:

$$\Delta T = \frac{-U_c(t_{peak})}{d^2U_c(t_{peak})/dt^2} \cdot \frac{1}{c},$$

wobei t(peak) der Zeitpunkt ist, an dem das Maximum in $U_c(t)$ auftritt, und $(d^2U_c(t_{peak}))/dt^2$ die zweite Ableitung von $U_c$ zum Zeitpunkt $t = t_{peak}$ ist.

Demnach bedingen folgende Eigenschaften eines Maximums, etwa im evozierten Potential, eine große Zeitverschiebung $\Delta T$ der gemessenen Latenz gegenüber der wirklich auftretenden Latenz:

a) eine große Amplitude $U_c(t_{,peak'})$,
b) eine kurze ZK und
c) ein flaches Extremum (was gleichbedeutend ist mit einem kleinen $d^2U_c(t_{peak})/dt^2$).

## 3.5 Einsatz eines Digitalrechners

Wirkungsweisen und Einsatzmöglichkeiten eines Rechnersystems sollen beispielhaft am Aufbau des psychophysiologischen Labors I in unserer Abteilung (Klinische und Physiologische Psychologie am Psychologischen Institut der Universität Tübingen) veranschaulicht werden. Dieser Aufbau ist in Abb. 3.9 schematisch dargestellt.

Die bioelektrischen Signale werden von einem Verstärkersystem in den Voltbereich verstärkt. Man nennt diese kontinuierliche Form des Signals „analog" im Gegensatz zur „digitalen" Form, bei der in bestimmten Abständen (z. B. jede ms)

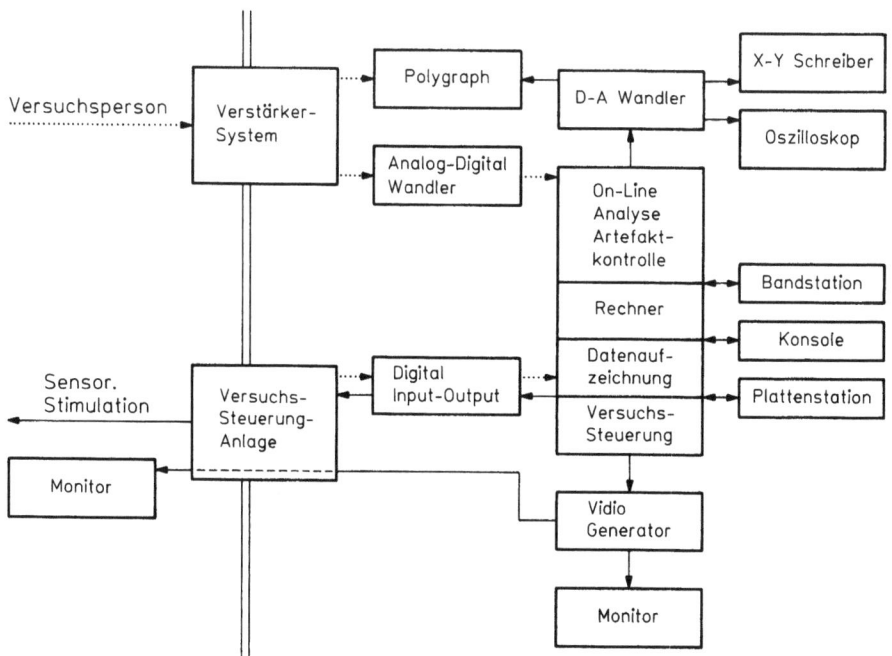

**Abb. 3.9.** Aufbau eines rechnergestützten psychophysiologischen Labors

der zahlenmäßige Wert des Signals ermittelt wird. Die Bereiche, für die eine Äquivalenz beider Signalformen gilt, werden durch das sog. „sampling theorem" (s. unten) ermittelt.

Die analogen Signale werden von einem Schreiber (Polygraph) aufgezeichnet und gleichzeitig von einem Analog-Digital-(AD)Wandler in digitaler Form vom Rechner gespeichert. Die Funktionen des A-D-Wandlers, Anzahl und Nummer der zu konvertierenden Kanäle, sowie die jeweilige Abtastfrequenz für die einzelnen Kanäle werden vom Rechner bestimmt und können dynamisch verändert werden. Im vorliegenden Beispiel können bis zu 15 Kanäle quasi simultan konvertiert werden, wobei pro Millisekunde maximal 50 Werte gewandelt werden können. Die so gewonnenen Werte werden vom Rechner auf Magnetband gespeichert oder verarbeitet. Verarbeitete Werte (z. B. Mittelwerte, Extremwerte in bestimmten Zeitintervallen) werden entweder ebenfalls zu späterem Abruf gespeichert (Magnetband oder Platte) oder auf der Konsole ausgegeben. Schließlich können die Werte wiederum D-A gewandelt werden und dem Bildschirm („scope"), dem Polygraphen oder dem X-Y-Schreiber sichtbar gemacht werden.

„On-line", also während der laufenden Untersuchung, bleibt auf diese Weise weitgehende Kontrolle über die Aufzeichnung; „off-line", also nach Ende der Datenerhebung, können die erhobenen Signale in Originalform oder verarbeiteter Form reproduziert werden.

Vom Rechner können ferner Daten erhoben werden, die bereits in digitaler Form vorliegen, z. B. das Schließen eines Mikroschalters beim Knopfdruck oder der Triggerimpuls einer R-Zacke. Diese Aufzeichnung erfolgt über den sog. „digitalen Input". Da der Rechner intern über eine Uhr verfügt, kann die Zeit des

Ereignisses genau aufgezeichnet werden, was etwa bei der Reaktionszeitmessung unerläßlich ist.

Andererseits kann der Rechner Signale in akustischer oder visueller Form setzen. Mittels des „digitalen Output" werden über die Relais einer Versuchssteuerungsanlage Schalter geöffnet oder geschlossen. So können Töne oder Lichter auf die Millisekunde genau dargeboten und Startbefehle für Tonband oder Diaprojektor gegeben werden.

Der Rechner ist schließlich in der Lage, über einen Videogenerator dynamisch Bilder auf Monitoren zu erzeugen. Alle diese Ausgangssignale können in Abhängigkeit der Eingangssignale gesetzt werden. Diese Möglichkeiten gestatten z. B. eine Biofeedback-Anordnung mit Aufzeichnung und unmittelbarer Rückmeldung bioelektrischer Signale in visueller Form. Der Rechner kann so aber auch dem Versuchsleiter Signale über Besonderheiten oder Artefakte geben.

Der im beschriebenen Beispiel einer Laboreinheit genannte Rechner ist ein Minicomputer, bestehend aus einem Gedächtnis (Hauptspeicher), der Zentraleinheit (CPU) und Peripherie („Kernspeicher"). Das Gedächtnis, das früher aus Ferritkernspeichern bestand, wird heute meist mit (wesentlich kostengünstigeren) Halbleiterspeichern realisiert. Die Speicherkapazität, die früher zwischen 4 000 und etwa 32 000 Worten lag, ist dadurch auf das 4- bis 8fache gestiegen. Ein Wort enthält dabei meist einen Datenwert oder einen Maschinenbefehl. Die CPU enthält ein oder mehrere arithmetische Register, in die Zahlen vom Gedächtnis und ins Gedächtnis transferiert werden können. In den Registern können Prozesse wie Addition, Vorzeichenwechsel, Multiplikation, Division etc. vorgenommen werden. Weiter enthält die CPU ein Befehlsregister, das für den korrekten Transfer des als nächstes auszuführenden Befehls sorgt. Typische Geschwindigkeiten bei der Ausführung der einzelnen Befehle liegen zwischen 100 und 800 Befehlen pro Millisekunde. Die Liste der auszuführenden Befehle ist als Programm im Gedächtnis gespeichert. Zu einem bedeutsamen Instrument wird der Rechner vor allem dadurch, daß die Adressen der Daten im Gedächtnis ihrerseits wie Daten behandelt werden können, d. h. mit der Adressierung arithmetische Operationen durchgeführt werden können. Wichtig ist außerdem die Möglichkeit bedingter Befehle, d. h. eine Operation wird nur unter bestimmten Bedingungen ausgeführt, so z. B. nur dann, wenn der Wert eines Registers 0 oder ungleich 0 ist.

Die beschriebene Konfiguration ist ein Grundgerüst, zu dem zahlreiche Zusätze, Variationen und Spezifikationen gemacht werden können.

Es stellt sich nun die Frage, welche Veränderung das Ausgangssignal bei der Einspeicherung in den Rechner erfährt und welcher Informationsverlust bei der A-D-Wandlung auftritt. Welchen Filtercharakteristika entspricht die Digitalisierung? Welche Fehlerquellen treten auf?

Wie aus Abb. 3.10 zu entnehmen ist, muß die Abtastfrequenz über derjenigen des interessierenden Signals liegen. Die Sätze von „sampling and quantization" (Ross 1957) beantworten die Frage, wie eng das digitale Signal $f(t)$ mit dem analogen Signal $\hat{f}(t)$ verknüpft ist: das Theorem besagt, daß das analoge Signal $\hat{f}(t)$ dann vollständig aus dem digitalen Signal $f(t)$ rekonstruiert werden kann, wenn $\hat{f}(t)$ keine Frequenzen enthält, die oberhalb der halben Sampling-Frequenz liegen. Wird also in Zeitintervallen von $\Delta T$ digitalisiert, so darf $f(t)$ keine Frequenzen oberhalb von $vN = 1/2\,\Delta T$ enthalten. Dabei stellt die Grenzfrequenz vN

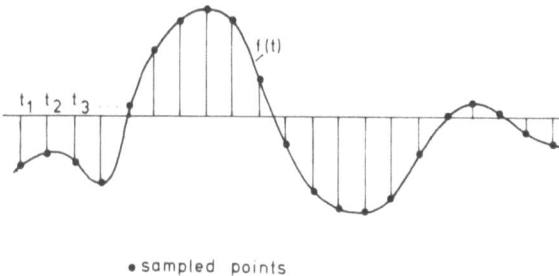

**Abb. 3.10.** Analog-Digitalwandlung. Das Signal *f(t)* wird in regelmäßigen Abständen zur Zeit *t1, t2, t3,...* abgetastet und vom Rechner in digitaler Form (d. h. als Zahl) gespeichert. Frequenzen, die höher als die halbe Abtastfrequenz sind, täuschen langsame Änderungen vor. Dies ist in der unteren Kurve durch die gestrichelte Verbindung symbolisiert. (Aus Rockstroh et al. 1982)

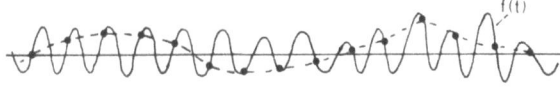

gleichzeitig eine notwendige und wichtige Anforderung an das zu digitalisierende Signal dar, da Frequenzen oberhalb der sog. Nyquist-Frequenz ‚vN' Oszillationen im unteren Frequenzbereich vortäuschen würden. Dieser als „aliasing" bezeichnete Effekt kann als „Spiegelung" der Frequenzskala an der Nyquist-Frequenz aufgefaßt werden. Ausgehend von einer bestimmten Rauschfrequenz kann man die „Aliasing"-Frequenz nach der Formel

Digitalisierungsrate − Rauschfrequenz = „Aliasing"-Frequenz

berechnen. Bei einer Digitalisierungsrate von 60 Punkten/s und einer Rauschfrequenz von 50 Hz wäre die „Aliasing"-Frequenz 10 Hz; bei einer Digitalisierungsrate von 30 Hz und einer Rauschfrequenz von 50 Hz gilt „Aliasing"-Frequenz = 20 Hz. Im letzteren Fall würde also im digitalisierten Signal eine Frequenz von 20 Hz auftauchen, die im Ausgangssignal *nicht* vorhanden ist, obwohl die Digitalisierungsfrequenz *unter* der Rauschfrequenz liegt. Bei der A-D-Wandlung wird die Signalhöhe (Amplitude) in äquidistanten Zeitintervallen ermittelt. (Die Folge der digitalen Werte kann als unterschiedliche Darstellung des Signals, nämlich als Impulsmodulation betrachtet werden). Das Ergebnis der A-D-Wandlung ist demnach das Podukt des Eingangssignals $\hat{f}(t)$ mit einer Trägerfunktion i(t), die aus äquidistanten Einheitsimpulsen besteht. Bezeichnet man das Ergebnis als f(t), so gilt

$$f(t) = \hat{f}(t) \cdot i(t).$$

Man darf nicht der Täuschung erliegen, daß durch eine niedrige Digitalisierungsrate höhere Frequenzen des Ausgangssignals gefiltert werden können; vielmehr treten diese als massive Störung in den niederen Frequenzbändern auf. Eine wichtige praktische Konsequenz ist daher die Elimination aller Frequenzen oberhalb der Nyquist-Frequenz durch entsprechende Tiefpaßfilter vor der A-D-Wandlung. Nach Digitalisierung lassen sich „Aliasing"-Effekte nicht mehr rückgängig machen, da nicht mehr entschieden werden kann, welcher Anteil einer bestimmten Frequenz tatsächlich im Ausgangssignal vorhanden war und welcher durch Spiegelung an der Nyquist-Frequenz fehlerhaft erzeugt worden ist (s. dazu Stanley 1975; Otnes u. Enochson 1978; Dummermuth 1976).

# 4 Artefakte biologischen Ursprungs

Unter Artefakt versteht man jede im EEG beobachtete Potentialveränderung, die auf extrazerebrale Quellen zurückgeführt werden muß. Drei wesentliche Faktoren sind für die biologischen Artefakte verantwortlich, die insbesondere bei der Registrierung von EKP beachtet werden müssen:

1. Durch die Polarisation der Retina bildet der Augapfel selbst einen Dipol. Das Dipolfeld wandert mit Drehung des Augapfels; dadurch können sich sehr starke Potentialveränderungen in den EEG-Ableitungen zeigen.

2. Elektrodermale Aktivität kann den Übergangswiderstand an den Elektroden verändern, wodurch Potentialverschiebungen vorgetäuscht werden. Hautpotentiale können direkt Artefakte bedingen.

3. Muskelaktivität führt zum einen direkt zu vorgetäuschten, meist hohen Frequenzen im EEG, zum anderen können Potentiale durch Verschiebung der Elektroden bei Bewegungen hervorgerufen werden.

Schließlich verursacht die Bewegung geladener oder polarisierter Körperteile Potentialverschiebungen, die EKP-Komponenten vortäuschen können. Zum Beispiel treten bei Mundbewegungen Artefakte auf, wenn Zahnplomben mit unterschiedlichen Metallegierungen vorhanden sind; sie können u. U. Spannungen im Millivoltbereich erzeugen.

## 4.1 Der okulare Einfluß

Hillyard u. Galambos (1970) und Wasman et al. (1970) wiesen nach, daß während des Intervalles zwischen zwei Reizen gewöhnlich reizkontingente Augenbewegungen ausgeführt werden, die die abgeleiteten EKP überzufällig beeinflussen und z. B. bis zu 1/4 der CNV-Amplituden simulieren. Die Ursache der elektrischen Begleiterscheinungen von Augenbewegungen ist in der ständigen Polarisierung der Retina zu suchen. Der Minuspol des corneoretinalen Dipols, dessen elektrisches Feld sich über die ganze Kopfhaut ausbreitet, liegt auf der Innenseite des Auges. Die Außenseite des Bulbus ist demgegenüber positiv. Drehungen des Auges und damit dieses Dipols verursachen deutliche Veränderungen des Potentialfeldes im gesamten Kopfbereich. Außerdem wirken das obere und das untere Augenlid wie „gleitende Elektroden", wenn sie sich etwa beim Lidschlag über den Augapfel bewegen. Das so abgegriffene elektrische Feld breitet sich gleichfalls über den Kopf hinweg aus (Barry u. Jones 1965) und macht sich in EEG-Ableitungen, vor allem im frontalen Bereich, deutlich bemerkbar. (Abbildung 4.3 illustriert einen gemittelten Lidschlag und seine Ausbreitung längs der Mittellinie.) Ursache für die Potentialdifferenz ist wie bei allen biologischen Membranen der hohe elektrische Widerstand, der zwei wäßrige Phasen elektrisch voneinander trennt. Elektrische Spannungen, also Potentialdifferenzen (als Membranpotentiale bezeichnet), können sich über die Membran ausbilden und 100 mV und mehr betragen. Auch über der Plasmamembran des Stäbchenphotorezeptors besteht eine Potentialdifferenz. Im Dunkeln beträgt sie etwa 30 mV (Bauer 1982). Lichteinfall verringert die Permeabilität der Membran für Natriumionen; hierdurch wird der depolarisierende Einstrom von $Na^+$ reduziert, während der zunächst gleichbleibende Ausstrom von $K^+$ das Zellinnere stärker negativ auflädt als bei Dunkelheit. Daraus ergibt sich eine Zunahme des Dipolmoments mit zunehmender Lichtintensität. Um den störenden Einfluß okularer Potentiale im EEG möglichst gering zu halten, ist es demnach in der Regel zweckmäßig, die Beleuchtung des Raumes möglichst schwach zu halten. Die Wirkungsweise des okularen Feldes soll im folgenden näher betrachtet werden.

Jede vom Betrachter gegenüber ihren Abmessungen weit entfernte polarisierte Schicht kann mit guter Näherung durch ein Dipolfeld beschrieben werden. (Die elektrischen Eigenschaften eines Dipols sind in Anhang A allgemein erläutert.) Wir nehmen zunächst für ein Auge das Dipolmoment $\vec{P}$ an. Der Dipol ist natürlich an einen bestimmten Ort gebunden, kann aber (durch Drehen des Auges) seine Richtung verändern. In einem unendlich ausgedehnten homogenen Medium läßt sich das Potential $\Phi(r)$ eines Dipols mit dem Dipolmoment $\vec{P}$ als

$$\Phi(\vec{r}) = \vec{P} \cdot \hat{r}/r^3 = \vec{P} \cos \beta / r^2 \qquad (4.1)$$

darstellen, wenn $\hat{r}$ den Ort vom Zentrum des Dipols aus gesehen beschreibt; $\beta$ ist der Winkel zwischen $\hat{r}$ und der Richtung des Dipols, also von $\vec{P}$. Daraus ist zu ersehen, daß die Stärke des Dipolfeldes mit der Entfernung abnimmt; mit dem Quadrat, wenn die Richtung zum Dipolvektor nicht verändert wird; die Feldstärke ändert sich mit $\cos(\beta)$, wenn der Winkel, aber nicht die Entfernung verändert wird. Aus den Gleichungen des in Anhang A vorgestellten physikalischen Modells eines Dipolfeldes innerhalb des Schädels entnehmen wir, daß die Abhängigkeit des okularen Potentials vom Ort auf der Schädeloberfläche komplizierter ist, als durch Gl. (4.1) angegeben. Aus dem Anhang A ergibt sich (A.3):

$$\Phi_{okul.}(\vec{r}) = c_x Px + c_y Py + c_z Pz . \qquad (4.2)$$

$c_x, c_y, c_z$ sind Ortskonstanten, d. h. vom Ort, aber nicht vom Dipolmoment abhängig. Liegt nach Anhang A der Dipol längs der z-Achse, und legen wir die Orte $\hat{r}$ unserer Elektrodenableitungen in die x-z-Ebene, so wird, da $c_y \sim \sin \varphi$ und $\varphi = 0$, $c_y = 0$. Augenbewegungen resultieren dann also in der Potentialverschiebung

$$\Phi(\vec{r}) = c_x Px + c_z Pz . \qquad (4.3)$$

Da $c_x$ und $c_z$ in komplizierter, nichtlinearer Weise vom Ort abhängen, ist der okulare Einfluß an verschiedenen Orten, auch wenn diese in einer Ebene liegen, nichtlinear. Allerdings gilt für Augendrehungen mit kleinem Winkel näherungsweise $\Delta Pz \sim 0$, vorausgesetzt, der Dipol liegt etwa in z-Richtung. Dann wird der Einfluß des okularen Feldes in allen Ableitungen, die in ein und derselben Ebene liegen, linear. Beispielsweise ist unter dieser Voraussetzung der Einfluß in EEG-Ableitungen längs der Mittellinie (bezogen auf eine Referenz, die ebenfalls symmetrisch bezüglich der Mittellinie ist, wie verbundene Ohrläppchen, Nasion oder Inion) weitgehend proportional zum VEOG.

Wie Abb. 4.1 verdeutlichen soll, ist allerdings der Blick meist *nicht* in z-Richtung gerichtet, was einer von der Schädelmitte radial nach außen weisenden Richtung entsprechen würde. Wird im Mittel von horizontaler Blickrichtung ausgegangen, so nähert sich die Dipolrichtung der z-Achse nur bei Abwärtsbewegung; Aufwärtsbewegung des Augapfels vergrößert dagegen den Zwischenwinkel. Dadurch bedingen Aufwärtsbewegungen stärkere Änderungen von Pz und resultieren somit in einer unterschiedlichen Verschiebung im EEG und EOG (s. Abb. 4.1). Abwärtsbewegungen mit gleichem Winkel wie Aufwärtsbewegungen bedingen stärkere Px-Änderungen und daher stärkere Ausschläge im VEOG (das ausschließlich $\Delta$Px mißt). Empirisch wurden von Overton u. Shagass (1969) um 10 – 30% geringere Ausschläge für Aufwärts- als für Abwärtsbewegungen angegeben.

Wie bereits dargelegt, muß auch der Betrag P des okularen Dipolmoments keineswegs konstant bleiben; vielmehr kann P sich durch Änderung der Lichtintensität deutlich verschieben. Kurzfristiges Schließen der Augen, etwa durch Lidschläge, verändert allerdings die Dipolstärke kaum (entsprechend der Dunkel-

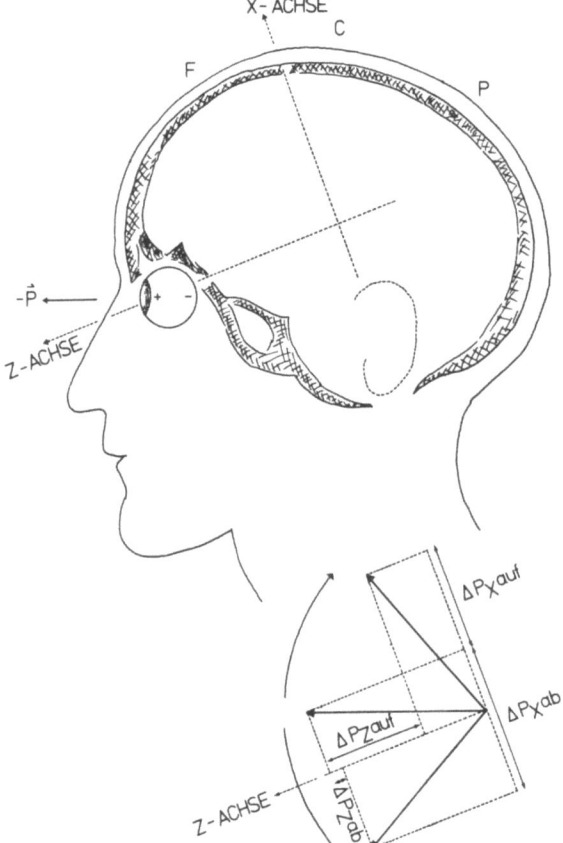

**Abb. 4.1.** Koordinatensystem für die Berechnung des Einflusses von okularen Potentialen in EEG-Ableitungen. Das Achsenkreuz liegt im Mittelpunkt eines als kugelförmig idealisierten Schädels. Die z-Achse geht in Richtung der Augen, die x-Achse steht senkrecht dazu in Richtung Vertex (Cz – Fz). Die y-Achse ist senkrecht zur Bildoberfläche zu denken. Die Blickrichtung ist normalerweise nicht die z-Richtung, sondern liegt etwas darüber. Auf- und Abwärtsbewegungen ergeben so unterschiedliche Werte für $\Delta$Px und vor allem für $\Delta$Pz (diese Zerlegung ist rechts unten dargestellt)

adaptation wird das Dipolmoment in etwa $10-15$ min halbiert). Dagegen bewirken Lidschläge eine quasi räumliche Versetzung des Dipolfeldes, weniger durch eine tatsächliche räumliche Verschiebung des Augapfels als durch Veränderung der elektrischen Eigenschaften in der Nähe des Auges. Während der Einfluß von Augendrehungen im EEG vor allem durch das Verhältnis

$$c_x(EEG)/c_x(EOG) = : \hat{g}$$

bestimmt ist, spielt daher bei Lidschlägen auch die Pz-Änderung

$$\hat{r} := c_z(EEG)/c_z(EOG)$$

eine zusätzliche Rolle. Den Gleichungen in Anhang A kann entnommen werden, daß beide Verhältnisse unterschiedlich sein können.

Grundsätzlich gelten diese Überlegungen auch für laterale Augenbewegungen und laterale EEG-Ableitungen. Demnach kann bei kleinen *Drehungen,* bei denen der Dipol in der Nähe der z-Achse gerichtet bleibt, als mögliche Näherung der Ausdruck (4.4) für die Bestimmung des okularen Einflusses angegeben werden:

$$\hat{g}\,VEOG + \hat{q}\,LEOG \qquad (4.4)$$

mit $\hat{g}$ und $\hat{q}$ als Konstante.

Gleichung (4.4) vernachlässigt einen Term, der sich mit der Differenz aus den Cosinus der beiden Zwischenwinkel zwischen $\bar{P}$ und der z-Achse ändert. Der Einfluß zur Zeit t bestimmt sich tatsächlich als

$$c_1\,VEOG + c_2\,LEOG + \sqrt{c_3\,VEOG^2 + c_4\,LEOG^2 + c_5\,VEOG \cdot LEOG + c_6} \qquad (4.4a)$$

Dabei muß in Gl. (4.4a) beachtet werden, daß das EOG gewöhnlich als Differenz zu einer wenige Sekunden zuvor bestimmten Baseline gemessen wird. Man erhält also die Differenz zwischen dem EOG der Baseline und dem EOG zur Zeit t. Dies ändert nichts in Gl. (4.4), da diese linear ist. Dagegen zeigt Gl. (4.4a), daß der Einfluß nicht nur von der Verschiebung zur Baseline abhängt, sondern auch vom Ausgangswert. Allgemein ergeben sich also vier Parameter, nämlich zwei Ausgangswinkel, die die Stellung des Augapfels zur Zeit der Baseline beschreiben, und zwei Winkel, die die Drehung angeben. Ein Ansatz, der vier Parameter (gewonnen über vier EOG-Ableitungen) berücksichtigt, wurde von Fortgens u. DeBruin (1983) beschrieben. Tatsächlich läßt sich aber jede okulare elektrische Feldänderung durch drei Freiheitsgrade beschreiben, wenn man annimmt, daß beide Augen parallel gerichtet bleiben und so für beide Augen gleiche Veränderungen im Dipolmoment auftreten (Gl. A.3). Die Ableitung von vier EOG-Kanälen stellt einen höheren Aufwand dar und birgt die zusätzliche Gefahr, auch EEG-Aktivität durch EOG-Korrekturen zu eliminieren. Bei Ableitungen entlang der Mittellinie genügen sogar zwei geeignet gewählte Ableitungen als recht gute Näherung (s. unten).

Wenn $P_z$ nicht mehr als konstant angenommen werden kann (wie bei Lidschlägen oder von der z-Achse entfernten Drehungen), ist nicht nur die Linearität in Gl. (4.4) verletzt, sondern der Einfluß hängt auch noch davon ab, von welcher Augenstellung aus die Augenbewegung durchgeführt wurde.

Für die Ableitung Cz gegen verbundene Ohren sind die $\vartheta$ in Gl. (A.2) für beide Orte ungefähr gleich groß, so daß genau hierfür der lineare Ansatz im Rahmen der Gültigkeit des Schalenmodells zutrifft. Das bedeutet, daß für Cz-Ableitungen (oder etwas anterior, s. Abb. 4.1) mit hinsichtlich der Augen symmetrischer Referenz (etwa verbundene Mastoide) der Ansatz

$$EEG(gemessen) = EEG(wahr) + \hat{g}\,VEOG \qquad (4.5)$$

gut erfüllt ist, nicht jedoch für andere EEG-Ableitungsorte.

Auf dem linearen Ansatz beruht die meist verwandte Kontrolle okularer Artefakte: man mißt die Potentialschwankungen in der Nähe des Auges (VEOG) und
versucht daraus den möglichen Einfluß des VEOG auf das EEG abzuschätzen.
Spannungsänderungen zwischen Vertex und Mastoid betragen im allgemeinen
zwischen 10 und 20% ($\hat{g} = 0,1 - 0,2$) der entsprechenden Amplituden im EOG
(infra- versus supraorbital), variieren jedoch interindividuell erheblich (Hillyard
u. Galambos 1970; Weerts u. Lang 1973; Hillyard 1974; Lutzenberger et al. 1980;
Verleger et al. 1982). Diese Variation wird natürlich entscheidend von dem genauen Ableitungsort des EOGs beeinflußt, da in der Nähe des Auges die okular
bedingten Feldänderungen sehr stark zunehmen. Werden also die EOG-
Elektroden etwas weiter vom Auge entfernt angebracht, so ergeben sich größere
Koeffizienten $\hat{g}$.

Im einzelnen werden für $\hat{g}$ im Cz-EEG folgende Werte angegeben:

|                              | Sakkaden      | Lidschläge |
|------------------------------|---------------|------------|
| Corby u. Kopell (1972)       | 0,14          | 0,09       |
| Girton u. Kamiya (1973)      | 0,15          |            |
| Hillyard (1974)              | 0,19          | 0,07       |
| Syndulko u. Lindsley (1977)  | 0,19          |            |
| Lutzenberger et al. (1980)   | 0,10 – 0,17   |            |
| Verleger et al. (1982)       | 0,05 – 0,12   |            |
| Gratton et al. (1983)        | 0,09          | 0,07       |
| Gasser et al. (1984)         | 0,11 – 0,13   | 0,09       |
| Lutzenberger et al. (1985)   | 0,11 – 0,13   |            |

Es ergibt sich ferner, daß $\hat{g}$ systematisch, etwa in Abhängigkeit von Sitzungs-
anzahl (Lutzenberger et al. 1980) oder von Gruppenzugehörigkeiten (Verleger et
al. 1982), variieren kann. Im allgemeinen liegt der Fz-Koeffizient annähernd
doppelt so hoch wie der für Cz.

Gratton et al. (1983) geben für $\hat{g}$ folgende Werte an:

|      | Sakkaden        | Lidschläge      |
|------|-----------------|-----------------|
| Fz:  | $0,21 \pm 0,05$ | $0,17 \pm 0,03$ |
| Cz:  | $0,09 \pm 0,02$ | $0,07 \pm 0,01$ |
| Pz:  | $0,04 \pm 0,02$ | $0,04 \pm 0,02$ |

Wie sich aus der oben beschriebenen Beziehung zwischen der Stärke des Dipolmoments und der Lichtintensität ableiten läßt, variiert der okulare Störeinfluß auch mit der Lichtintensität. Obwohl bei reinen Augendrehungen ein annähernd linearer Zusammenhang zwischen VEOG und dem am Vertex (gegen Mastoid) gemessenen Artefaktpotential innerhalb von Versuchspersonen gefunden
wurde (Hillyard 1974), kann in den meisten Versuchsanordnungen die intraindividuelle Varianz der Stärke, mit der Augendrehungen im EEG sichtbar werden,
erheblich sein. Die – u. U. systematische – Varianz des Regressionskoeffizienten, der den Zusammenhang von VEOG und EEG zu beschreiben vermag, kann
z. T. auf die Stellung des Augenlides zurückgeführt werden, die die Konfiguration des corneoretinalen Feldes beeinflußt, so daß Lidschläge im EEG sichtbar
werden (Abb. 4.3). Ebenso spielt die mittlere Ausgangsstellung des Augapfels
während der Baseline vor allem bei Ableitungen entfernt vom Vertex eine Rolle.

Der Einfluß des Auges im EEG wird so zu einem komplizierten Wechselspiel zwischen Augendrehung und Lidstellung.

Gleichung (4.5) stellt nur für Ableitungen vom Vertex gegenüber verbundenen Ohrläppchen eine befriedigende Lösung dar; dies soll im folgenden auch empirisch gezeigt werden. Gl. (4.4a) liefert aber keine günstige Vergleichslösung, da das Baseline-Niveau nicht bekannt ist. Statt dessen wollen wir noch einmal von Gl. (4.2) bzw. der für symmetrische (Mittellinie) Ableitung gültigen Gl. (4.3) ausgehen. Eine Potentialverschiebung läßt sich also durch

$$\Delta\Phi = c_x \Delta Px + c_z \Delta Pz \qquad (4.6)$$

erfassen. Wählt man nun zwei EOG-Ableitungen (und zwar solche, die möglichst ausschließlich $\Delta Px$ und $\Delta Pz$ erfassen), dann läßt sich der Einfluß tatsächlich korrekt messen. $\Delta Px$, die tangentiale Feldänderung, wird bis auf einen konstanten Faktor durch die übliche EOG-Ableitung erfaßt. Der radiale Anteil $\Delta Pz$ kann gemessen werden, wenn eine EOG-Ableitung weitgehend parallel zur z-Achse erfolgt. Dazu kann die Spannung zwischen über einen Widerstand verbundenen Elektroden ober- und unterhalb der Augen und verbundenen Ohrläppchen dienen, im folgenden REOG (radialer Anteil) genannt. Diese Ableitungen sind in Abb. 4.2 dargestellt.

Um Einflüsse von $\Delta Py$ zu vermeiden, die in Gl. (4.6) nicht kompensiert werden können, ist Voraussetzung, daß die REOG-Elektroden symmetrisch zu den Augen angebracht werden. Wird aber zusätzlich $\Delta Py$ über das laterale EOG gemessen (bei EEG-Ableitungen außerhalb der Mittellinie wichtig), ist dies nicht ganz so kritisch. Das nach Abb. 4.2 gemessene REOG enthält nur geringe $\Delta Px$-Anteile. Diese könnten zwar in Gl. (4.6) durch das VEOG berücksichtigt werden,

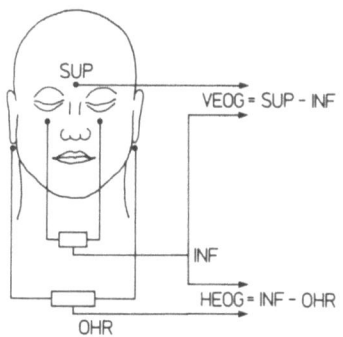

REOG = (SUP+INF)/2 - OHR = VEOG/2 + HEOG

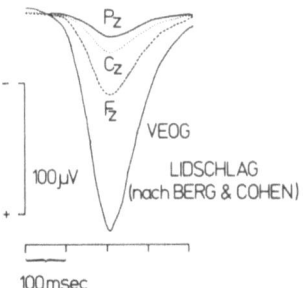

**Abb. 4.3.** Gemitteltes Lidschlagpotential, wie es sich in verschiedenen Ableitungen darstellt. (Nach Berg u. Cohen, unveröffentl.)

**Abb. 4.2.** Ableitungstechnik zur Erfasssung der wesentlichen Freiheitsgrade im EOG. Die drei Ableitungen *VEOG* (vertikal), *REOG* (radial) und *LEOG* (lateral) werden günstigerweise so gewählt, daß sie möglichst orthogonal zueinander stehen, wobei mit einem Minimum an Elektroden abgeleitet werden soll. Die LEOG-Ableitungspunkte entsprechen der üblichen Ableitung als Differenz der von den äußeren Canthi abgeleiteten Potentiale; diese Punkte sind hier der Übersichtlichkeit halber nicht aufgeführt. Während das VEOG direkt gemessen wird, wird das REOG aus dem VEOG und einer Hilfsableitung (HEOG) durch entsprechende Umrechnung gewonnen. Bei bezüglich der Augen symmetrischen EEG-Ableitungen (längs der Mittellinie) kann auf die LEOG-Ableitung verzichtet werden, nicht aber auf das REOG!

die Folge wären aber relativ schwer einzugrenzende Regressionskoeffizienten, wenn der okulare Einfluß dann nach Gl. (4.7) bestimmt wird:

$$\text{EEG (gemessen)} = \text{EEG (wahr)} + \hat{g}\,\text{VEOG} + \hat{r}\,\text{REOG} + \hat{q}\,\text{LEOG}. \qquad (4.7)$$

(Der letzte Term, $\hat{q}$ LEOG, wird nur bei Ableitungen benötigt, bei denen eine Elektrode *nicht* längs der Mittellinie bzw. nicht in der sagittalen Ebene liegt.)

Wir wollen im folgenden den tangentialen Koeffizienten $\hat{g}$ und den radialen Koeffizienten $\hat{r}$ theoretisch berechnen und die Ergebnisse dann mit den empirisch gefundenen Daten vergleichen. Dazu gehen wir von dem in Anhang A vorgestellten Vierschalenmodell von Cuffin u. Cohen (1979) aus. Es ergeben sich dann für $\hat{g}$ und $\hat{r}$ die in Abb. 4.4 dargestellten Ortsabhängigkeiten. Dabei darf nicht außer acht gelassen werden, daß nur eine Näherungsrechnung durchgeführt wurde, die allerdings alle qualitativen Aspekte erklären kann. Näherungen sind vor allem die Kugelförmigkeit des Kopfes mit vier homogenen, gleichfalls kugelförmigen Schalen. Vor allem die durch die Augenhöhlen bedingte Einbuchtung führt zu einer Ungenauigkeit des Modells in der Nähe des Augapfels. Dennoch befinden sich die Verläufe in Abb. 4.3 in guter Übereinstimmung mit den empirisch gefundenen Werten. Ein Vergleich der Ergebnisse nach den Gln. (4.5) und (4.7), also mit und ohne Berücksichtigung des mittels REOG gemessenen radialen Anteils, sei im folgenden an einer Studie erläutert. Untersucht wurden die LP vor (BP) und nach einer Willkürbewegung; die Pbn (n = 12) betrachteten einen Neckerschen Würfel (Kippfigur) und hatten die Aufgabe, in einer Bedingung beim Umspringen des Würfels auf einen Knopf zu drücken, in einer anderen Bedingung mit Knopfdruck zu reagieren, wenn der Würfel nicht umsprang (genaue Versuchsbeschreibung s. Elbert et al. 1985). Die LP wurden mittels Hauptkompo-

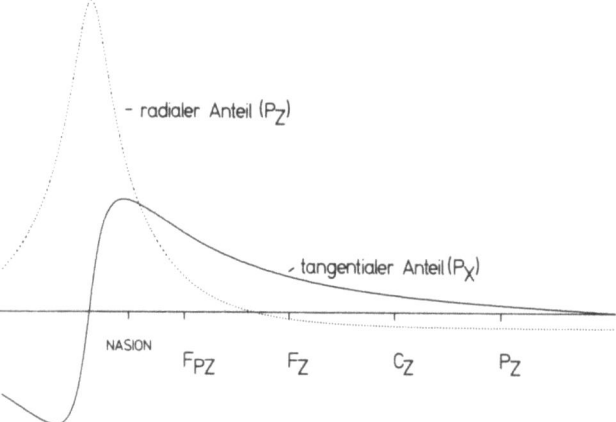

**Abb. 4.4.** Verlauf des radialen und tangentialen Anteils längs der Mittellinie, berechnet im Vierschalenmodell. (Der tangentiale Anteil wird durch das VEOG, der radiale durch die REOG-Ableitung nach Abb. 4.2 erfaßt.) Der steile Gradient beider Anteile im Bereich der Augen erklärt, daß Faktoren, die den Einfluß okularer Potentiale in EEG-Ableitungen beschreiben, sehr stark von dem genauen Ort der EOG-Elektroden abhängig sind. Zu bemerken ist auch die Polaritätsumkehr des tangentialen Anteils ab *Fz*. Dadurch sind okulare Artefaktkontrollen mit nur einer EOG-Elektrode (die dann auf die EEG-Referenz bezogen wird) – wie vielfach in der Literatur berichtet – völlig untauglich. Vielmehr sind Ableitungen, wie in Abb. 4.2 dargestellt, für die exakte Kontrolle notwendig (s. Text)

nentenanalyse in ihre Bestandteile, also Hauptkomponenten Ki(t) zerlegt. Das
EEG längs der Mittellinie pro Pb, Ableitung und Bedingung wurde mittels „least
square fit" wie folgt modelliert:

$$EEG = Ki(t) + \hat{g}\,VEOG + \hat{r}\,REOG + error \tag{4.8}$$

Im Ansatz ohne REOG (Gl. 4.5) ergaben sich keine sinnvollen Werte für $\hat{g}$,
vor allem, wenn die EOG-Werte (wie in einer der experimentellen Bedingungen)
klein waren. Entsprechend ergab sich sogar ein signifikanter Effekt für $\hat{g}$
($F(1,10) = 5,4^{**}$). Den Werten aus Tabelle 4.1 ist zu entnehmen, daß bei Berücksichtigung auch des radialen Anteils sinnvollere Ergebnisse erhalten werden.

Im Gegensatz zur Analyse ohne REOG wird jetzt nur entsprechend der physikalischen Forderung der Topographieeffekt für $\hat{g}$ signifikant ($F(3,30) = 52,1$).
Diese Werte befinden sich in guter Übereinstimmung mit Abb. 4.4, da $\hat{g}$ ja den
tangentialen und $\hat{r}$ in etwa den radialen Anteil wiedergibt. (Die Werte für $\hat{r}$ werden etwas positiver bei nonzephalischer Referenz.) Nur die Berücksichtigung
auch des REOGs liefert diejenigen experimentellen Effekte für die LP, die bei
Ausschluß von Durchgängen auch mit kleinen Augenbewegungen gewonnen werden. Dies spricht für die Anwendung des Modells im LP-Bereich, insbesondere
dann, wenn langsame Augenbewegungen einen wichtigen Störfaktor darstellen.

Als Voraussetzung muß nämlich die Stationarität des Modells angesehen wer-
den, d. h. die Annahme, daß die Regressionskoeffizienten $\hat{g}$, $\hat{r}$, $\hat{q}$ nicht frequenzabhängig sein sollten. Tatsächlich wird von Gasser et al. (1984) anhand empiri-
scher Ermittlung das Gegenteil gezeigt, wie dies in Abb. 4.4 dargestellt ist. Leider
wurde dabei nur das unzureichende Modell nach Gl. (4.5) verwendet; hierdurch
wird eine Frequenzabhängigkeit begünstigt, da Lidschläge (und damit eher $\hat{r}$)
eine andere Frequenzzusammensetzung besitzen als Sakkaden, was gleichfalls
von Gasser et al. (1984) nachgewiesen wurde. Da aber Gl. (4.5) eine gute Näherung für die Cz-Ableitung darstellt und $\hat{g}$ (Cz) sich als frequenzabhängig erwiesen
hat, muß allgemein entsprechend Gasser et al. (1984) eine Frequenzabhängigkeit
der Koeffizienten angenommen werden.

Um die Frequenzabhängigkeit der Übertragung zu validieren, haben wir die
Übertragungsfunktion künstlich erzeugter Ströme gemessen. Dazu wurde auf
Elektroden unter- und oberhalb des Auges eine sinusförmige Spannung variabler
Frequenz gelegt. Dicht daneben wurde über EEG-Elektroden, die entsprechend
den VEOG-Elektroden gesetzt waren, die elektrische Aktivität gemessen, die nun
natürlich vor allem das künstliche Signal enthielt. Dieses Signal erweist sich über

**Tabelle 4.1**

|                       | Fz    | Cz      | Pz      | Oz      |
|-----------------------|-------|---------|---------|---------|
| $\hat{g}$, wenn $\hat{r} = 0$ |       |         |         |         |
| Exp. Bedingung 1      | 0,14  | 0,03    | 0,07    | 0,02    |
| Exp. Bedingung 2      | 0,01  | 0,02    | 0,01    | 0,02    |
| $\hat{g}$             | 0,29  | 0,14    | 0,08    | 0,05    |
| $\hat{r}$             | 0,06  | $-0,03$ | $-0,08$ | $-0,07$ |

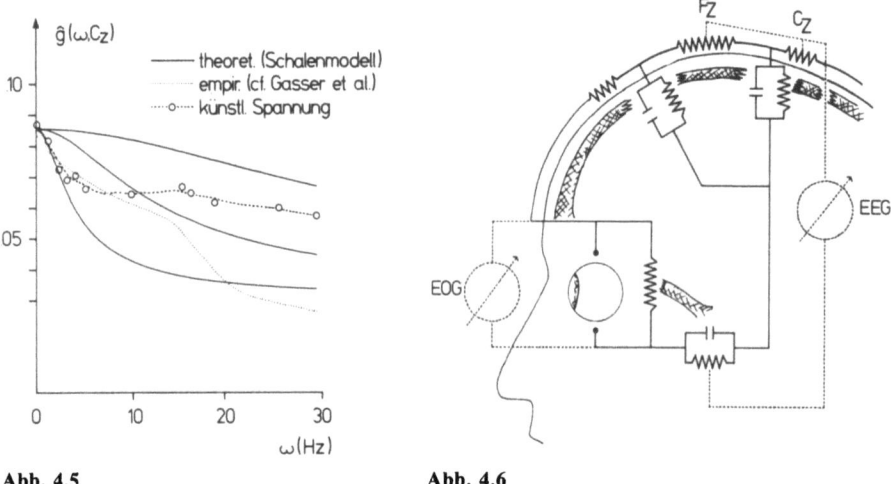

**Abb. 4.5**                                           **Abb. 4.6**

**Abb. 4.5.** Frequenzabhängigkeit des Faktors ĝ, der das Verhältnis okularer Potentiale im EEG zu VEOG-Ableitungen beschreibt. Die durchgezogenen Linien entsprechen theoretischen Berechnungen im stationären Vierschalenmodell, wenn unterschiedliche Kapazitäten (und damit Widerstände) über die äußeren Schalen angenommen werden. Die gepunktete Kurve wurde von Gasser et al. (1984) anhand empirischer Daten ermittelt, die Kreise markieren Messungen bei Anlegen einer künstlichen Spannung in der Nähe der Augen

**Abb. 4.6.** Schematisches Ersatzschaltbild zum Verständnis der Frequenzabhängigkeit der Übertragung von Potentialveränderungen längs der Schädeloberfläche: Die relativ gut leitenden Schichten außer- und innerhalb des Schädelknochens bilden mit diesem zusammen ein kapazitives Element, höherfrequente Signale werden so stärker abgeschirmt und breiten sich nicht so stark über den Kopf hinweg aus

den gesamten Frequenzbereich von 0,5 – 30 Hz in seiner Amplitude als dem künstlichen Ausgangssignal proportional. Demnach enthält also die Gewebeübertragung und das Elektroden-Haut-System kaum kapazitive Elemente bzw. keine frequenzabhängigen Widerstände. In Abb. 4.5 ist die Übertragungsfunktion auf eine Vertex-Ohr-Ableitung dargestellt. Tatsächlich zeigt sich ähnlich den Ergebnissen von Gasser et al. (1984) eine Frequenzabhängigkeit. Daß die Übertragung mit hohen Frequenzen beim künstlich angelegten Signal nicht so stark abnimmt wie bei den Berechnungen von Gasser et al., kann man mit der Lage der Stromquelle erklären. Bei der äußerlichen Applikation fließt mehr Strom über die Kopfhaut, die keine kapazitiven Elemente enthält. Der Knochen (Schädel und Augenhöhlen) mit seinen darunter- und darüberliegenden gut leitenden Schichten wirkt wahrscheinlich als Kondensator, so daß eine Abschirmung des Auges bei höheren Frequenzen besser funktioniert. Ein schematischer Ersatzschaltkreis ist in Abb. 4.6 dargestellt. Im Vierschalenmodell kann die Frequenzabhängigkeit dadurch verdeutlicht werden, daß die Leitfähigkeit des Knochens reduziert wird. Frequenzabhängigkeiten von ĝ für unterschiedlich starke Kapazitätsannahmen sind in Abb. 4.5 den empirischen Kurven gegenübergestellt. Dadurch läßt sich die Frequenzabhängigkeit der Koeffizienten auch theoretisch begründen. Die Ortsabhängigkeiten der tangentialen und radialen Anteile sind für höhere Frequenzen steiler, d. h. sie nehmen mit größerer Entfernung stärker ab als im Gleichstrombereich. Liegen also EOG-Daten mit höheren Frequenzen vor, so sollte die Korrektur nach Gl. (4.7) nicht im Zeitbereich, sondern im Frequenzbereich vorgenommen werden (s. dazu auch Kap. 5).

Diese Betrachtungen machen auch verständlich, daß sich die unterschiedlichen elektrischen Aktivitäten des Auges mit unterschiedlicher Intensität über den Kopf hinweg ausbreiten. Weerts u. Lang (1973) errechneten für Lidschläge eine im Mittel doppelt so große Verringerung mit der Entfernung vom Auge als für Augendrehungen. Nach Hillyard (1974) besteht bei der Vertex/Mastoid-Ableitung zwischen Lidschlag und Artefakt ein Verhältnis von 1 : 0,07, während das Verhältnis von Augendrehung und Artefakt 1 : 0,19 beträgt.

Die genannten Ergebnisse lassen sich dahingehend zusammenfassen, daß nur ein näherungsweise linearer Zusammenhang zwischen VEOG und okularen Potentialen im EEG der Mittellinie besteht, dem auch eine individuell gewählte Regressionsfunktion nicht gerecht wird. Statt dessen liefert die Beschreibung der Artefakte mittels zwei geeigneter EOG-Ableitungen (s. Abb. 4.2) bei EEGs längs der Mittellinie und sonst drei EOG-Ableitungen die besten Ergebnisse. Der Einfluß von Augenbewegungen im EEG ist aber immer nur näherungsweise auszuschließen.

Zusammenfassend kann dieser Einfluß durch verschiedene Verfahren reduziert werden:

- Als einfachste Methode bietet sich eine Fixierung des Blickes an. Mittlere VEOG-Abweichungen können mit dieser Methode in den meisten Durchgängen unter 10 µV gehalten werden. Allerdings wird diese Aufgabe von den Versuchspersonen als anstrengend empfunden und nicht durchgängig beachtet. Darüber hinaus ergab sich in einigen Untersuchungen – einfachen Reaktionszeitexperimenten –, daß die Aufgabe des Fixierens den größten Teil der Aufmerksamkeit beanspruchte, so daß den experimentellen Bedingungen entsprechend weniger Aufmerksamkeit gewidmet wurde. Es ist anzunehmen, daß sich dieser Eingriff in unerwünschter Weise auf die experimentellen Bedingungen auswirkt. So wird diese zweite Aufgabe von den Pbn als unterschiedlich schwierig eingestuft.

- Der Einfluß der Augenbewegungen kann ferner durch eine entsprechende Kompensationsschaltung zwischen den Elektroden reduziert werden (vgl. Walter 1967; McCallum u. Walter 1968; Hillyard et al. 1973; Blowers et al. 1976 für Interstimulusintervalle von 5 s). Bei diesem Verfahren wird im allgemeinen als Referenz (zum Vertex) die Mitte eines Potentiometers (ca. 25 kOhm) genommen, das zwischen Mastoid und einer Stirnelektrode liegt (vgl. Abb. 4.7). Das Potentiometer wird so eingestellt, daß Potentiale der Augenbewegungen im EEG-Kanal auf ein Minimum reduziert werden. Die Validität dieses Verfahrens ist jedoch an einen linearen Zusammenhang von EOG und Artefaktverhältnis gebunden.

Durch das genannte Verfahren wird der Zusammenhang zwischen VEOG und EEG in bezug auf seinen meßbaren Betrag zwar verringert, funktional jedoch komplizierter, was die retrospektive („off-line") Bestimmung der „wahren" zerebralen Anteile erschwert. Zu berücksichtigen ist schließlich auch, daß die Ableitung über die Stirnelektrode Artefakte elektrodermalen Ursprungs bergen kann

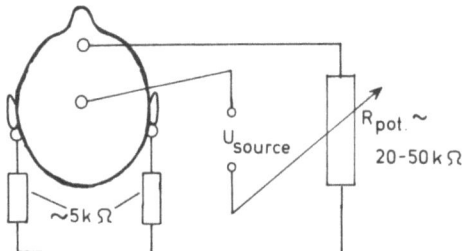

**Abb. 4.7.** Schaltung zur Kompensation linearer Einflüsse des okularen Potentials im EEG. (Aus Elbert 1978)

(s. unten). Bei mehreren Ableitungen müssen geeignete Potentiometer, in Reihe geschaltet, verwendet werden. Eine solche Mehrkanalsubtraktion, die laterale und vertikale Augenbewegungen berücksichtigen kann (einschließlich Lidschlägen), wird von Barlow u. Remond (1981) beschrieben. Die Autoren konnten mit ihrer verfeinerten Technik befriedigende Resultate erzielen. Die Methode bietet sich vor allem an, wenn computerisierte „Off-line"-Subtraktion nicht möglich oder schwierig ist.

– Eine weitere Möglichkeit zur Reduktion der Beeinflussung durch Augenbewegungen besteht in der analogen „Off-line"-Kompensation, wie sie z. T. bereits dargestellt wurde. Oftmals wird der Pb außerdem aufgefordert, Willkürbewegungen des Auges in vertikal symmetrischer Weise auszuführen (z. B. vom zentralen vertikalen Meridian aus um einen festgesetzten Winkel nach oben und nach unten). Die gemittelten Daten für Aufwärts- und Abwärtsbewegungen der Augen werden anschließend in die Gleichung

$$\text{EEG (gemessen)} = \text{EEG (wahr)} + \hat{g}\,\text{VEOG} + \hat{r}\,\text{REOG} + \hat{q}\,\text{LEOG}$$

eingesetzt, so daß sich die Regressionskoeffizienten $\hat{g}$, $\hat{r}$ und $\hat{q}$ und die während der Willkürbewegung auftretenden „wahren", von Artefakten aus den Augenbewegungen befreiten EEG-Anteilen (EEG (wahr)) bestimmen lassen. Aus der Regressionsgleichung läßt sich der Einfluß der Augenbewegung auf die EKP abschätzen. Um eine befriedigende Validität der Koeffizienten zu erreichen, sind jedoch hinreichend viele Durchgänge erforderlich. Insgesamt wird dieses Verfahren seltener eingesetzt, da es eine zusätzliche Datenerhebung impliziert. Natürlich ist es auch möglich, aus den während des Experimentes ohnehin erhobenen Daten Regressionskoeffizienten zu berechnen. Dabei ist es günstig, zunächst von Daten auszugehen, die keine direkt ereignisbezogene Aktivität beinhalten. Entweder können Daten während des Intertrial-Intervalls [Lutzenberger et al. (1980) verwendeten z. B. ein Intervall von 6 s Dauer vor jedem Reizeinsatz] herangezogen werden, oder es werden die zunächst gemittelten Werte (also diejenigen Werte, die noch okulare Artefakte enthalten) von den Einzeldurchgängen abgezogen. Ein solches Verfahren wurde von Gratton et al. (1983) vorgestellt. Obwohl hierfür erhebliche Computerressourcen in Anspruch genommen werden müssen, sind solche Verfahren eine Möglichkeit, okulare Artefakte weitgehend auszuschließen.

– Eine Reihe von anderen Möglichkeiten stehen zur Verfügung, um den Einfluß von Augenbewegungen retrospektiv, also „off-line" zu bestimmen. Pbn mit starken Augenbewegungen können von der Auswertung ausgeschlossen werden (vgl. Waszak u. Obrist 1969), oder Durchgänge mit starken Augenbewegungen werden nicht in die Auswertung miteinbezogen. Die gemittelten Verläufe von EOG und EEG können verglichen und Zeitintervalle mit offensichtlichem Einfluß der Augendrehung auf die Potentiale von der Interpretation ausgeschlossen werden. Dadurch können allerdings interessante Daten, die sich von den verbleibenden womöglich deutlicher unterscheiden, verlorengehen.

Die vorausgehenden Überlegungen lassen sich dahingehend zusammenfassen, daß eine genaue Messung von Größe und Verlauf zerebraler Anteile in den registrierten EKP aufgrund des Einflusses von Augenbewegungen nur mit großem Aufwand vollständig möglich ist, daß aber oft einfache Näherungen zu befriedigenden Ergebnissen führen können.

## 4.2 Hautpotentiale und „Arousalwellen" (langsame, spontane Potentiale)

Hautpotentiale und Wellen, deren Ursprung noch nicht geklärt werden konnte, sind oft mit Veränderungen des allgemeinen Erregungsniveaus („arousal") verknüpft (Hillyard 1974). Sie können Größenordnungen von mV erreichen (Sano et al. 1967). Sie sind vor allem bei jenen Versuchspersonen schwer zu erkennen, die kleine LP-Amplituden aufweisen.

Während die genannten Störquellen in vielen CNV-Untersuchungen aufgrund ihrer Latenz (die Latenz elektrodermaler Reaktionen beträgt z. B. 1 – 2 s) nicht beachtet werden mußten, erscheint es für Untersuchungen zu LP, also Ableitungen über mehrere Sekunden hinweg, unerläßlich, sie möglichst vollständig auszuschließen. Dies wird im allgemeinen dadurch zu erreichen versucht, daß Versuchspersonen, bei denen die genannten Potentialerscheinungen auftreten, nicht in die Auswertung einbezogen werden.

Von Bedeutung sind dabei vor allem folgende Erscheinungen: Im allgemeinen besitzen Hautpotentiale einen charakteristischen, der Hautleitfähigkeit ähnlichen Verlauf mit einem Maximum nach 2 – 3,5 s, monoton negativem Anstieg und einer Dauer von 5 – 7 s. In der Regel schließt sich – ähnlich der „recovery" – eine positive Potentialverschiebung an (Abb. 4.8). Die Bedingungen, unter denen diese Potentialverschiebungen auftreten, sind nur wenig geklärt, da sie nicht bei allen Versuchspersonen und auch nicht kontinuierlich in jeder Experimentalsitzung auftreten. Diese Potentialverschiebungen stehen u. U. mit dem Anstieg des Erregungsniveaus („arousal from drowsiness") in Verbindung. Hillyard (1974) bezeichnet sie dementsprechend als „Arousalwellen". Hillyard (1974) fand bei 6 Versuchspersonen eine große Übereinstimmung des palmaren galvanischen Hautpotentials mit den „Arousalwellen". Dies entspricht den Ergebnissen eigener Untersuchungen an 7 Versuchspersonen, bei denen Hautleitfähigkeitsänderungen und die genannten Potentialverschiebungen hinsichtlich Latenz, Verlauf und Bedingungen des Auftretens weitgehend übereinstimmten (vgl. Abb. 4.9, s. auch Low et al. 1966). Diese Wellen treten auch in bipolaren Ableitungen (C3 – C4 und P3 – P4) auf. Picton u. Hillyard (1972) konnten für unipolare Ableitungen

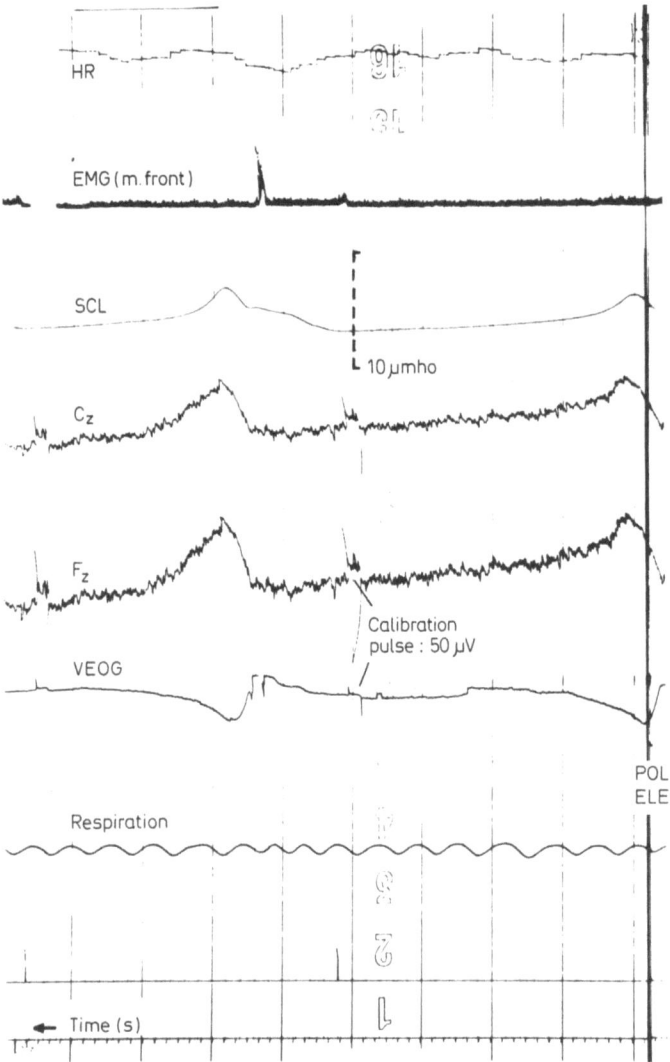

**Abb. 4.8.** Beispiel einer schlechten EEG-Ableitung, in der sich starke elektrodermale Einflüsse bemerkbar machen. Die Zeitachse verläuft von rechts nach links. Muskelaktivität, wie sie durch das Frontalis-EMG angezeigt wird, ist von einer Erniedrigung der Hautleitfähigkeit nach ca. 1 – 2 s gefolgt. Dadurch ergeben sich Verschiebungen von mehr als 100 μV in den EEG-Kanälen. Die Artefakte erreichen ein Mehrfaches (ca. 1/2 mV) in der EOG-Ableitung, weshalb sie bei oberflächlicher Betrachtung auch für okulare Potentiale gehalten werden könnten. Meist sind aber − wie im vorliegenden Fall − die Polaritäten in EEG und EOG umgekehrt

zeigen, daß die Verletzung der Haut insbesondere unter der Mastoid-Referenzelektrode zum Verschwinden der Wellen führte, während die Potentialverschiebungen maximal wurden, wenn die Referenzelektrode am Nacken oder im Ohrbereich angebracht wurde. Die Fixierung der Referenzelektrode am Ohrläppchen hatte eine Minimierung der Wellen zur Folge. Umgekehrt fanden Corby et al. (1974) bei fixer Referenzelektrode am Ohrläppchen dann die kleinsten Potentia-

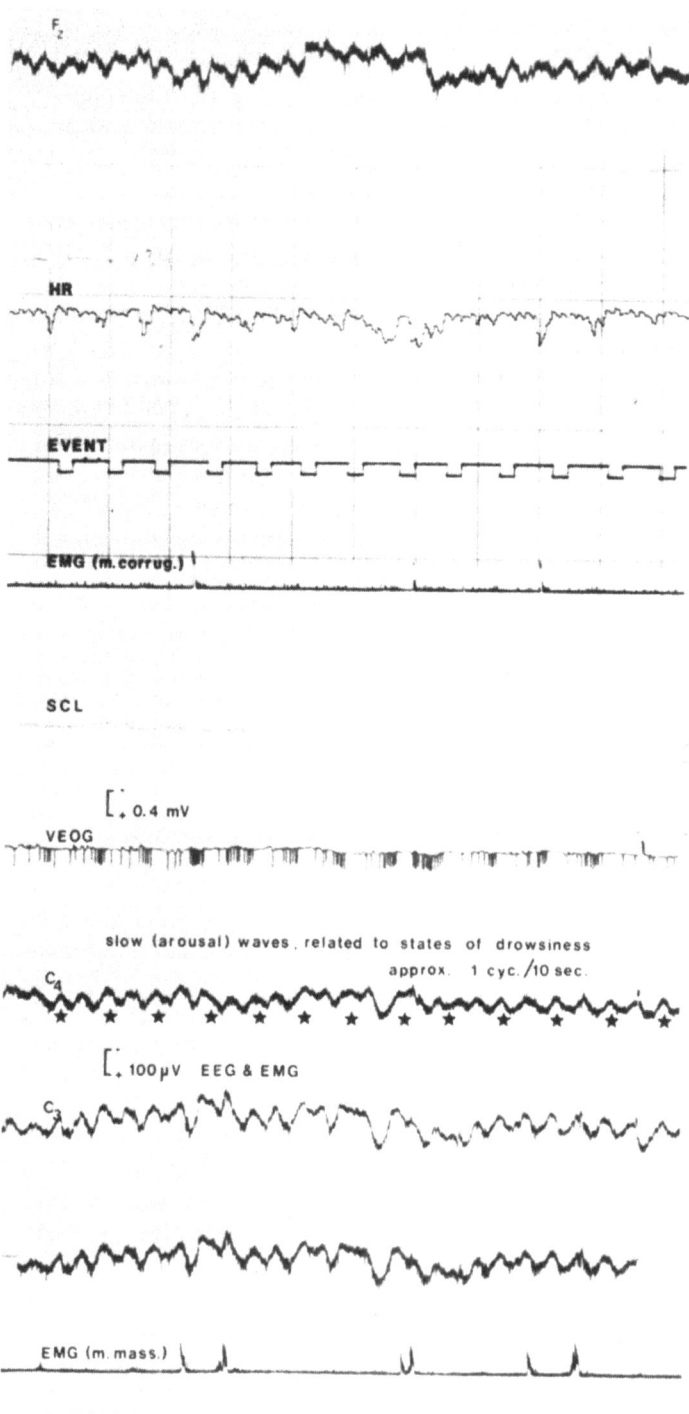

**Abb. 4.9.** Langsame „Arousal-Wellen" einer schläfrigen Versuchsperson können auch während externer Stimulation (hier markiert durch Sterne) sichtbar werden. Die Amplitude liegt zwischen 50 und 100 µV, die Frequenz bei 1 pro ca. 15 s. Die Zeitachse verläuft von rechts nach links. (Aus Rockstroh et al. 1982)

le, wenn vom Vertex abgeleitet wurde. Artefakte, vor allem in länger latenten Potentialen, können also auch elektrodermaler Natur sein. Die auftretenden Potentiale sind bei Ableitungen von Cz und Ohrläppchen minimal und können aufgrund ihrer Kovariation mit palmar abgeleiteten Hautreaktionen z. T. von LP unterschieden werden. Die in EEG und VEOG möglicherweise entgegengesetzte Polung von Hautpotentialen erschwert die Abschätzung des okularen Einflusses im EEG insbesondere bei Mittelungsprozessen.

Unterschiedliche Ionenkonzentrationen, die durch die Blut-Hirn-Schranke und durch die Verteilung der Durchblutungsintensitäten im ZNS hervorgerufen werden, sind ebenso mit ausgeprägteren DC-Verschiebungen verknüpft, wie Änderungen im pH oder $pCO_2$-Gehalt, welche oft mit neuronaler und Glia-Aktivität einhergehen können (O'Leary u. Goldring 1964; Caspers u. Speckmann 1974). Schließlich bedingen Durchblutungsänderungen und Änderungen in Ionenkonzentrationen Verschiebungen der Ausgangsimpedanz der zu messenden elektromotorischen Kraftquelle und rufen auch dadurch Potentialverschiebungen hervor. Es erscheint nicht unbedingt sinnvoll, Potentialverschiebungen dieser Art als Störquellen zu bezeichnen, zumal diese meßtechnisch – zumindest bei Ableitung von der Schädeloberfläche – kaum von neuronaler Aktivität differenziert werden können.

## 4.3 Zusammmenfassung der möglichen Prozesse, die artifizielle Potentialveränderungen hervorrufen können

Zusammenfassend sollen noch einmal im Überblick die wichtigsten elektrischen und chemischen Prozesse aufgeführt werden, die langsame Potentialverschiebungen bedingen können (s. Caspers 1974):

– Die Bewegung eines geladenen oder polarisierten Körpers (Augapfel, Lid, Zunge, Unterkiefer etc.) ruft Änderungen in der elektrischen Feldverteilung hervor, die je nach Geschwindigkeit und Bewegung als langsame oder schnell veränderliche Potentiale registriert werden können.

– Membranpotentiale entstehen an semipermeablen Membranen. Das sich dabei einstellende Gleichgewicht kann durch Änderung der Ionenkonzentration an der Membran oder durch die Verletzung der Membran gestört werden. Dies gilt nicht nur für biologische Membranen: Poren in der Chloridschicht der Elektroden können eine semipermeable Wirkung der Elektrode hervorrufen. Eine Störquelle von besonderer Bedeutung sind die Membranpotentiale der Photorezeptoren, die zur Polarisierung des Augapfels führen. Wie erläutert, nimmt die Stärke des okularen Dipols mit der Intensität des einfallenden Lichtes zu.

– Diffusionspotentiale entstehen zwischen Stellen unterschiedlicher Ionenkonzentration. Der Konzentrationsausgleich ruft Potentialverschiebungen hervor. So hat erhöhte neuronale Aktivität bestimmter Zentren eine erhöhte Kaliumausschüttung in die extrazelluläre Flüssigkeit zur Folge. Dadurch entsteht ein Konzentrationsgefälle und mit ihm ein Potentialunterschied gegenüber entfernten Meßpunkten.

– An Phasengrenzen treten Potentialdifferenzen auf, wenn die Phasen unterschiedliche elektrische Eigenschaften besitzen [wie z. B. Alkaloide in Wasser, die sich meist unvollständig lösen (Emulsionen)]. Derartige Einflüsse sind vor allem bei chemischen Behandlungen der Haut zu berücksichtigen.

– Potentialunterschiede können durch alle chemischen Reaktionen hervorgerufen werden, bei denen Elektronen ausgetauscht werden (Oxidation, Reduktion), wie sie zu jeder Zeit an jeder Stelle im Organismus auftreten. Dies wirkt sich vor allem dann störend aus, wenn an einer Elektrode eine Reduktion stattfindet, während die andere Elektrode Elektronen abgibt.

– Temperaturdifferenzen bewirken im allgemeinen Ladungstransporte (Ionentransporte). Änderungen der Hauttemperatur führen u. U. zu Temperaturänderungen der Elektrode und werden so zu Quellen elektromotorischer Kraft. Durch hinreichende Pastendicke kann dieser Einfluß verhindert werden (Girton u. Kamiya 1974).

– Der größte Störeinfluß ist Augenbewegungen und Hautpotentialen beizumessen. Die Generation von Potentialdifferenzen durch die übrigen Prozesse wirkt in der Regel nicht reizkontingent, und die Potentiale werden so langsam verändert, daß nur Driften über die Zeit hinweg entstehen. Die Kompensation von Driften wird „on-line" durch eine Zeitkonstante und „off-line" durch eine Reihe statistischer Verfahren erreicht.

# 5 Auswertungsverfahren

## 5.1 Visuelle Inspektion des EEGs

Vor und neben der computergesteuerten Analyse von Spontan-EEG (z. B. Frequenzanalyse mittels Fast-Fourier-Transformation, s. unten) und EKP (z. B. Mittelung und Hauptkomponentenanalyse, s. unten) ist die visuelle Inspektion von Einzelableitungen sowohl unter dem Aspekt der Überwachung („on-line") als auch unter dem der Kategorisierung unerläßlich. Besondere Bedeutung kommt der Beurteilung der unverarbeiteten EEG-Kurve, also des Elektroenzephalogramms, im klinischen Bereich zu, wie in Abschn. 1.6 dargelegt wurde. Die Beschreibung typischer Frequenzbänder oder Komplexe im EEG, wie sie in Kap. 1 gegeben wurde, basiert gleichfalls noch oft auf der visuellen Analyse des EEGs. Schließlich liefert die Beobachtung der von unterschiedlichen Elektroden abgeleiteten EEG-Muster (also die Analyse topographischer Merkmale) Informationen über elektrokortikale Prozesse: Die Verteilung der Signale an der Schädeloberfläche erlaubt Rückschlüsse auf die Quelle bzw. Genese dieser Signale (Cooper et al. 1980). Die visuelle Inspektion geht am günstigsten von der Aufzeichnung des EEGs auf Papier aus; die Darstellung kann aber auch über einen Bildschirm (z. B. Oszilloskop) erfolgen. Farbdarstellungen auf Videogeräten erlauben das zeitsynchrone Übereinanderlegen verschiedener Ableitungen und erweisen sich vor allem bei der topographischen Analyse als vorteilhaft.

Gegenstand der visuellen EEG-Analyse sind räumlich-zeitliche Muster. Im klinischen Bereich (Komadiagnose, Operationsüberwachung, Rehabilitationsüberwachung) ist die „On-line"-Analyse des EEGs von praktischer Relevanz, ebenso bei der Diagnose pathologischer Veränderungen, wie z. B. bei der Epilepsie (s. dazu Abschn. 1.6). Cooper et al. (1980) differenzieren die Beschreibung des EEGs („factual report") von der klinisch bedeutsamen Interpretation dieser Beschreibung als Anteile der visuellen Inspektion. Die visuelle Inspektion des EEGs umfaßt die Beschreibung

1. der Frequenz und Wellenform; z. B. typische Frequenzbänder, wie sie in Kap. 1 beschrieben wurden;
2. von Kombinationen dieser Muster (z. B. beim sog. Alpha-Block);
3. spezifischer Wellen oder Wellenkomplexe (z. B. K-Komplexe, Schlafspindeln, Spikes und steile Wellen, My-Rhythmen);
4. von Potentialverteilungen, räumlich (bei stationärem Potential) und zeitlich (bei „wandernden" Potentialfeldern);
5. der räumlichen Verteilung von EEG-Mustern und EKP bzw. den Vergleich der von unterschiedlichen Elektroden erfaßten Potentiale.

Dieser Vergleich erlaubt Rückschlüsse auf Potentialgenese, Dipole, elektrische Foki, Abhängigkeit von Potentialmustern von der Referenzelektrode u. ä.

Beim Vergleich vieler Ableitungen kann eine Art „Landkarte" der Potentialverteilungen an der Schädeloberfläche erstellt werden. Dieses „mapping" ist vor allem aussagekräftig, wenn ein elektrisches Feld einen größeren Bereich der Kortexoberfläche umfaßt.

Zusammenfassend liefert die visuelle Inspektion des EEGs Informationen über
— die vorherrschende Frequenz,
— andere Frequenzen im Ableitungsintervall,
— abgehobene Muster, komplexere Wellenformen,
— die zeitliche Erstreckung abweichender Muster,
— Hintergrundaktivität,
— Artefakte, also Aktivität nichtzerebralen Ursprungs.

Die Beschreibung selbst erfolgt nach den Parametern Amplitude, Frequenz, Wellenform, räumliche Lokalisation, zeitliche Variabilität oder Konstanz, Veränderung nach Stimulation.

## 5.2 Digitale Filter

Bereits während der Verstärkung und der Aufzeichnung auf Papier werden Filter eingesetzt. Filter haben die Funktion, ein Signal so zu verändern, daß bestimmte Frequenzanteile hervorgehoben und andere unterdrückt werden. Sie werden bei der Verarbeitung des EEGs eingesetzt, um einerseits schneller veränderliche Signale zu unterdrücken, die z. B. durch Einstreuungen des EMGs zustande kommen („Tiefpaß"), andererseits, um langsame Veränderungen, wie z. B. Elektroden-Driften, zu unterdrücken („Hochpaß"). Tiefpässe sind bei der digitalen Signalverarbeitung immer notwendig, um „Aliasing"-Effekte zu vermeiden: Das Signal darf keine Frequenzanteile enthalten, die höher liegen als die halbe Abtastfrequenz (s. Abschn. 3.3). Das „Aliasing"-Problem tritt nicht nur bei der Digitalisierung des Signals auf, sondern auch dann, wenn ein digitalisiertes Signal für die weitere Verarbeitung durch ein gröberes Zeitraster beschrieben werden soll; so z. B., wenn das EEG mit einer Rate von 100/s digitalisiert wurde, für die Beschreibung etwa langsamer Potentiale aber 100-ms-Werte verwendet werden. Hochpässe werden nicht nur für die Unterdrückung von langsamen Artefakten verwendet; es ist z. B. für eine Frequenzanalyse des EEGs auch notwendig, die Anteile zu unterdrücken, die eine Periode haben, die größer ist als das Analyse-Intervall. Filter können analog, d. h. im Verstärkersystem durch entsprechende elektronische Schaltkreise, realisiert werden, wie dies in Abschn. 3.3 ausgeführt ist. Filterung kann aber auch digital erreicht werden, d. h. durch Anwendung von Computerprogrammen. Die digitalen Filter können dabei im Gegensatz zu den analogen Filtern so konstruiert werden, daß keine Latenzverschiebung einzelner Gipfel durch die Filterung erfolgt. Bei der digitalen Verarbeitung des EEGs sollten daher digitale Filter eingesetzt und analoge Filter nur verwendet werden, um „Aliasing" zu vermeiden (Tiefpaß) und um das EEG innerhalb der Kanalgrenzen zu halten (Hochpaß, Zeitkonstante). Im folgenden Abschnitt soll die Arbeitsweise digitaler Filter erläutert werden. [Dem interessierten Leser wird dabei auch das Rüstzeug zur Implementierung eines Programmes geboten. Das Verständnis dieses und des übernächsten Abschnitts ist nicht Voraussetzung für das Verständnis der folgenden Abschnitte. Die Kenntnis der Fourieranalyse (s. Anhang B) ist für diesen und den übernächsten Abschnitt notwendig.]

Allgemein läßt sich die Wirkung eines Filters im Zeitbereich als eine Faltung des Signals EEG(t) mit einer Übergangsfunktion H(t) beschreiben:

$$\widehat{EEG}(t) = \int_{-\infty}^{+\infty} H(t)\,EEG(t - t')\,dt' \,. \tag{5.1}$$

Das gefilterte Signal $\widehat{EEG}(t)$ entsteht aus einer mit H(t) gewichteten „Summe" des Zeitverlaufs des Eingangssignals EEG(t), so daß $\widehat{EEG}(t)$ nicht nur vom momentanen Wert von EEG(t) bestimmt ist. Je schärfer der Frequenzbereich des Filters festgelegt ist, um so mehr Zeitpunkte des Eingangssignals bestimmen das Ausgangssignal zu einer gegebenen Zeit, d. h. es tritt eine Ungenauigkeit im zeitlichen Verlauf auf. Die untersten Grenzen für dieses Phänomen sind durch die Unschärferelation (s. Abschn. 5.4) festgelegt.

Im Frequenzbereich läßt sich Gl. (5.1) darstellen als (s. auch Abschn. 5.4):

$$\widehat{eeg}(w) = h(w)\,eeg(w) \,, \tag{5.2}$$

wobei die Größen $\widehat{eeg}(w)$, h(w), eeg(w) die Fouriertransformation der Größen $\widehat{EEG}(t)$, H(t), EEG(t) sind. Gleichung (5.2) bedeutet, daß das Ausgangssignal in der Frequenzdarstellung aus einer Multiplikation des Eingangssignals mit der komplexen Funktion ‚H' entsteht. Diese läßt sich darstellen als:

$$h(w) = hr(w)\,\exp(i\,\varphi(w)) \,, \tag{5.3}$$

wobei hr(w) und $\varphi(w)$ reelle Funktionen sind (hr $\geq$ 0). Die Funktion ‚hr' gibt den sog. Amplitudenfrequenzgang des Filters an, da sie bestimmt, wie der entsprechende Frequenzanteil des Eingangssignals gewichtet wird. Oft wird diese Größe nicht direkt dargestellt sondern in dB-Einheiten (Dezibel):

$$hr(w)_{dB} = 20\,\log_{10} hr(w) \,. \tag{5.4}$$

$\varphi(w)$ in Gl. (5.3) beschreibt den Phasengang des Filters und bestimmt zeitliche Verschiebungen des Signalanteils.

Wenn $\varphi$ eine lineare Funktion von w ist, also:

$$\varphi(w) = -\,a\,w \,, \tag{5.5}$$

dann gilt

$$\widehat{EEG}(t + a) = 1/2\,\pi \int hr(w)\,eeg(w)\,\exp(iwt)\,dw \,,$$

d. h. das gefilterte Signal ist nur zeitlich um einen konstanten Wert zum Eingangssignal versetzt. Man spricht dann von einem Filter mit linearer Phase.

Wenn diese Linearität nicht gegeben ist, kommt es zu zeitlichen Verschiebungen, die vom Frequenzbereich des Eingangssignals abhängen; d. h. die zeitliche Relation von Ereignissen wird verzerrt, so daß z. B. der zeitliche Abstand zwischen zwei Gipfeln im registrierten EKP mit unterschiedlicher Anstiegsflanke verändert wird. Deshalb ist es wünschenswert, die Filter so zu konstruieren, daß Gl. (5.5) möglichst gut erfüllt ist. Mit elektronischen, also analogen Filtern ist dies nur in eingeschränkten Bereichen annähernd erreichbar, während es möglich ist, digitale Filter mit exakt linearer Phase zu konstruieren.

Die allgemeine Form eines digitalen Filters ist

$$y(n) = \sum_{i=0}^{N} a(i)x(n-i) - \sum_{i=1}^{M} b(i)y(n-i), \qquad (5.6)$$

wobei die $x(i)$ die Eingangszeitreihe darstellen und die $y(i)$ die gefilterten Werte. Die Glieder mit $b(i)$ in Gl. (5.6) beschreiben den sog. rekursiven Teil des Filters (da sie auf bereits gefilterte Werte zurückgreifen), die Glieder mit $a(i)$ den sog. nichtrekursiven Teil. Filter mit sowohl rekursiven wie nichtrekursiven Anteilen heißen rekursive Filter und werden im Englischen meist als IIR-Filter (*I*nfinite *I*mpulse *R*esponse Filter) bezeichnet, da sie auf bestimmte Eingangssignale unendlich große Ausgangssignale liefern. Filter mit nur nichtrekursiven Anteilen werden als FIR-Filter (*F*inite *I*mpulse *R*esponse Filter) bezeichnet. Nach Gl. (5.6) lassen sich Filter mit nahezu beliebiger Charakteristik erzeugen; allerdings ist bei der praktischen Anwendung zu berücksichtigen, daß Rechner nur mit endlicher Genauigkeit arbeiten, d. h. Rundungsfehler in Kauf genommen werden müssen, so daß in bestimmten Frequenzbereichen sehr große Abweichungen vom theoretischen Wert auftreten können. IIR-Filter können aus diesem Grund sogar instabil werden, d. h. sie können beliebig große Werte liefern, wenn endlich große zu erwarten sind. Verschiedene Ansätze zur Konstruktion digitaler Filter wurden entwickelt (siehe z. B. Oppenheim u. Schafer 1975; Rabiner u. Gold 1975). Einige Vor- und Nachteile der beiden Filtergruppen sind in Tabelle 5.1 zusammengefaßt.

Die Frequenzcharakteristik des Filters (Gl. (5.6)) ist ähnlich zu Gl. (5.3) durch folgende Formel bestimmbar:

$$H(z) = \sum_{k=0}^{N} a(k)z^{-k} / \sum_{k=0}^{M} b(k)z^{-k}, \qquad b(0) = 1 \qquad (5.7)$$

**Tabelle 5.1.** Vor- und Nachteile von FIR- und IIR-Filter bei Dezimierung. (Nach Otnes u. Enochson, 1978, S. 205)

| FIR | IIR |
|---|---|
| Vorteile | |
| 1. Nur jeder p-te Punkt ist zu berechnen | 1. Wesentlich weniger Speicher für Koeffizienten und Daten notwendig |
| 2. Immer stabil | |
| 3. Lineare Phase leicht erreichbar | 2. Meist kann eine lineare Phase annähernd erreicht werden in bestimmten Bereichen |
| 4. Kann in Integer-Arithmetik auf Minicomputern durchgeführt werden | 3. Oft recheneffizient |
| Nachteile | |
| 1. Viele Koeffizienten notwendig | 1. Jeder Punkt muß berechnet werden |
| 2. Möglicherweise ungenau (Rauschen) | 2. Möglicherweise ungenau und sogar instabil |
| 3. Viel Speicherplatz für Koeffizienten und Daten notwendig | 3. Exakte lineare Phase nicht erreichbar (es sei denn, die Daten laufen zweimal durch den Filter mit unterschiedlichen Zeitrichtungen) |

mit $z = \exp(iw) = \exp(2\pi if)$, wobei f die auf die Abtastfrequenz normierte Frequenz darstellt. Wegen der Abtastgesetze liegt somit der interessante Bereich von f zwischen 0 und 0,5.

Wenn die Koeffizienten $a(i)$ eines nichtrekursiven Filters gewisse Symmetrieeigenschaften haben, nämlich

$$a(k) = a(N-1-k),$$

dann hat der Filter einen exakt linearen Phasengang, und es gilt für den Koeffizienten in Gl. (5.5)

$$a = (N-1)/2.$$

In diesem Fall läßt sich die Übertragungsfunktion (Gl. (5.7)) stark vereinfachen; es gilt für eine ungerade Anzahl ‚N' der Koeffizienten:

$$H(\exp(iw)) = \exp(-iw(N-1)/2) \sum_{n=0}^{(N-1)/2} c_n \cos(wn) \qquad (5.8)$$

mit $c_0 = a(N-1)/2$ und $c_n = 2a((N-1)/2 - n)$.

Für gerade N gilt

$$H(\exp(iw)) = \exp(-iw(N-1)/2) \sum_{n=1}^{N/2} c_n \cos(w(n-1)/2) \qquad (5.9)$$

mit $c_n = 2a(N/2 - n)$.

Abbildung 5.1 zeigt die Anwendung der Gl. (5.9) für die Darstellung des Amplitudenganges eines Filters, der durch gleitende Mittelung über 10 Punkte entsteht.

Es wird deutlich, daß diese oft verwendete Methode der Zusammenfassung von Zeitpunkten zur Erzielung eines größeren Zeitrasters („Dezimierung") keinen guten Filter darstellt und anfällig für „Aliasing"-Effekte ist. Idealerweise müßte ab f = 0,05 der Amplitudengang Null sein!

Für rekursive Filter ist ein linearer Phasengang nur in wenigen Ausnahmen erreichbar.

Für die Konstruktion der FIR-Filter gibt es verschiedene Verfahren (s. Rabiner u. Gold 1975). Im allgemeinen ist die Berechnung der Koeffizienten sehr umfangreich und erfolgt mit Hilfe von Computerprogrammen. So sind z. B. in dem Sammelband „Programs for Digital Signal Processing" (Digital Signal Processing Committee, 1979) vier unterschiedliche Algorithmen einschließlich der vollständigen FORTRAN-Programme für die Berechnung dargestellt.

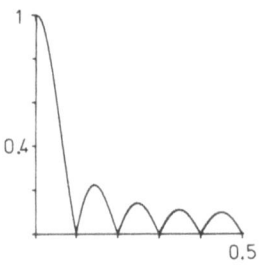 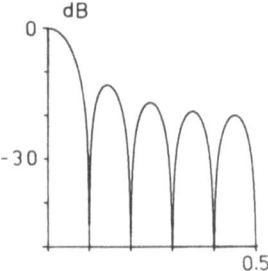

**Abb. 5.1.** Charakteristik eines Filters, der durch gleitende Mittelung über 10 sukzessive Punkte entsteht. Abszisse: Normierte Frequenz (0,5 entspricht der Nyquist-Frequenz); Ordinate: Verstärkungsfaktor in absoluten (*links*) und logarithmischen (*rechts*) Einheiten

*Beschreibung eines Programms zur Konstruktion nichtrekursiver Filter.* Im folgenden wird der Ansatz von McClellan et al. (1973) kurz vorgestellt, der sich als äußerst flexibel erwiesen hat. Das FORTRAN-Listing des entsprechenden Programms findet sich im Sammelband des Digital Signal Processing Committee (1979).

Der Ansatz geht aus von der Einteilung des Frequenzbereichs in sog. Bänder, in denen die Filterfunktion einen bestimmten Wert haben soll, und in Übergangsbereiche zwischen den Bändern, in denen keine Vorschriften über die Filterfunktion gemacht werden. Unter Verwendung des sog. REMEZ-Austausch-Algorithmus versucht nun das Programm, die Koeffizienten so zu bestimmen, daß die Abweichungen der Filterwerte von den vorgeschriebenen Werten möglichst gleichverteilt und minimal werden (Abb. 5.2). Dabei kann durch die Vorgabe von sog. Gewichten für die einzelnen Bänder bestimmt werden, wie stark die Abweichungen gewogen werden sollen. Für die Konstruktion eines Tiefpasses mit der Grenzfrequenz 0,2 könnte das etwa so aussehen:

| | |
|---|---|
| Band 1: Frequenz | 0 – 0,2, Wert = 1, Gewicht = 1 |
| Übergangsbereich: | 0,2 – 0,3, – keine Angaben |
| Band 2: | 0,3 – 0,5, Wert = 0, Gewicht = 1. |

Bei unterschiedlicher Gewichtung der Bänder versucht das Programm Bänder mit den höheren Gewichten entsprechend genauer zu approximieren. Die Abb. 5.3 und 5.4 geben die Computerausdrucke für das o. g. Beispiel mit unterschiedlichen Gewichten wieder.

Die erreichbare Genauigkeit hängt ab von der Anzahl der Filterkoeffizienten und der Breite der Bänder, einschließlich der Übergangsbänder: Je enger ein Band ist, um so mehr Koeffizienten werden für die Erreichung einer gegebenen Genauigkeit benötigt, und um so unschärfer ist damit die Beschreibung des zeitlichen Verlaufs des Signals. In Abb. 5.5 sind Ergebnisse der Anwendung des Algorithmus für einen Tiefpaßfilter dargestellt, für den die erreichte Genauigkeit in

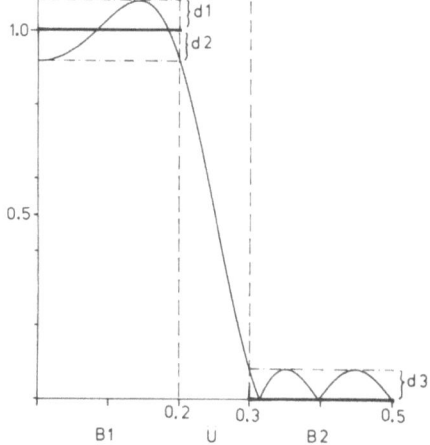

**Abb. 5.2.** Schema zur Filterkonstruktion. Die dicken Linien in den Bändern B1 und B2 geben den gewünschten Wert an; im Übergangsbereich *Ü* ist kein Wert festgelegt. Das Programm versucht, entsprechend der Gewichtung die Abweichungen *d1, d2, d3* des berechneten Filterverlaufs vom gewünschten möglichst gering und gleich groß zu gestalten

```
********************************************************
              FINITE IMPULSE RESPONSE (FIR)
              LINEAR PHASE DIGITAL FILTER DESIGN
              REMEZ EXCHANGE ALGORITHM

              BANDPASS FILTER

              FILTER LENGTH =  20

              ***** IMPULSE RESPONSE *****
              H( 1) =     0.00604 = H(20)
              H( 2) =     0.01208 = H(19)
              H( 3) =    -0.01546 = H(18)
              H( 4) =    -0.01911 = H(17)
              H( 5) =     0.02795 = H(16)
              H( 6) =     0.03848 = H(15)
              H( 7) =    -0.05570 = H(14)
              H( 8) =    -0.08295 = H(13)
              H( 9) =     0.14644 = H(12)
              H(10) =     0.44834 = H(11)

                      BAND  1    BAND  2     BAND
LOWER BAND EDGE       0.000      0.300
UPPER BAND EDGE       0.200      0.500
DESIRED VALUE         1.000      0.000
WEIGHTING             1.000      1.000
DEVIATION             0.012      0.012
DEVIATION IN DB      -38.3      -38.3

EXTREMAL FREQUENCIES
     0.000      0.050      0.100      0.147      0.184
     0.200      0.300      0.319      0.359      0.409
     0.469
```

**Abb. 5.3.** Computerausdruck für einen Filter mit 20 Koeffizienten analog zu Abb. 5.2. Die Größen H (i) kennzeichnen Filterwerte entsprechend den a (i) in Gl. (5.6). An den EXTREMAL FREQUENCIES sind die Abweichungen maximal und gleich den im Ausdruck angegebenen Werten

```
********************************************************
              FINITE IMPULSE RESPONSE (FIR)
              LINEAR PHASE DIGITAL FILTER DESIGN
              REMEZ EXCHANGE ALGORITHM

              BANDPASS FILTER

              FILTER LENGTH =  20

              ***** IMPULSE RESPONSE *****
              H( 1) =    -0.00625 = H(20)
              H( 2) =     0.01951 = H(19)
              H( 3) =    -0.00651 = H(18)
              H( 4) =    -0.02742 = H(17)
              H( 5) =     0.01716 = H(16)
              H( 6) =     0.04868 = H(15)
              H( 7) =    -0.04274 = H(14)
              H( 8) =    -0.09522 = H(13)
              H( 9) =     0.13269 = H(12)
              H(10) =     0.46186 = H(11)

                      BAND  1    BAND  2     BAND
LOWER BAND EDGE       0.000      0.300
UPPER BAND EDGE       0.200      0.500
DESIRED VALUE         1.000      0.000
WEIGHTING            10.000      1.000
DEVIATION             0.004      0.035
DEVIATION IN DB      -49.1      -29.1

EXTREMAL FREQUENCIES
     0.000      0.059      0.109      0.153      0.187
     0.200      0.300      0.322      0.369      0.419
     0.472
```

**Abb. 5.4.** Computerausdruck für die gleichen Filter, wie sie in Abb. 5.3 beschrieben wurden, jedoch mit unterschiedlicher Gewichtung der beiden Bänder

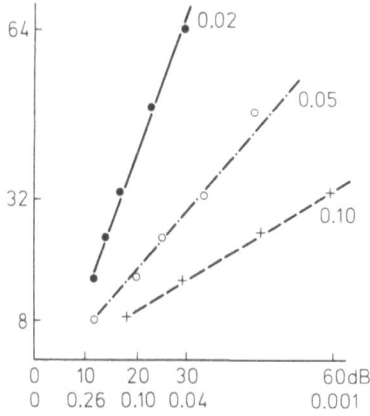

**Abb. 5.5.** Zusammenhang zwischen erreichbarer Genauigkeit eines Tiefpaßfilters gemäß dem beschriebenen Programm (*Abszisse*) und der benötigten Anzahl von Filterkoeffizienten (*Ordinate*) für drei unterschiedliche Breiten des Übergangsbereiches (0,1, 0,05, 0,02). Die eingezeichneten Geraden sind lineare Interpolationen

**Abb. 5.6.** Computerausdruck für einen ▶ Tiefpaß mit 32 Koeffizienten zur Dezimierung 1:10, wie er in unserem Labor verwendet wird (s. auch Abb. 5.3)

```
********************************************************

        FINITE IMPULSE RESPONSE (FIR)
        LINEAR PHASE DIGITAL FILTER DESIGN
        REMEZ EXCHANGE ALGORITHM

        BANDPASS FILTER

        FILTER LENGTH = 32

        ***** IMPULSE RESPONSE *****
        H( 1) =     0.00567 = H(32)
        H( 2) =     0.01419 = H(31)
        H( 3) =     0.00847 = H(30)
        H( 4) =     0.01572 = H(29)
        H( 5) =     0.01765 = H(28)
        H( 6) =     0.02241 = H(27)
        H( 7) =     0.02621 = H(26)
        H( 8) =     0.03062 = H(25)
        H( 9) =     0.03476 = H(24)
        H(10) =     0.03884 = H(23)
        H(11) =     0.04257 = H(22)
        H(12) =     0.04594 = H(21)
        H(13) =     0.04877 = H(20)
        H(14) =     0.05099 = H(19)
        H(15) =     0.05252 = H(18)
        H(16) =     0.05329 = H(17)
```

|                 | BAND 1 | BAND 2 | BAND |
|-----------------|--------|--------|------|
| LOWER BAND EDGE | 0.000  | 0.050  |      |
| UPPER BAND EDGE | 0.006  | 0.500  |      |
| DESIRED VALUE   | 1.000  | 0.000  |      |
| WEIGHTING       | 1.000  | 1.000  |      |
| DEVIATION       | 0.017  | 0.017  |      |
| DEVIATION IN DB | -35.3  | -35.3  |      |

```
EXTREMAL FREQUENCIES
    0.000     0.006     0.050     0.060     0.083
    0.111     0.142     0.173     0.204     0.237
    0.271     0.304     0.337     0.372     0.407
    0.443     0.482
```

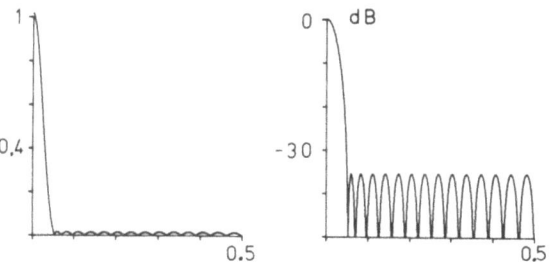

**Abb. 5.7.** Frequenzverlauf des Tiefpasses, wie er in Abb. 5.6 erläutert ist (s. auch Abb. 5.1). Die rechte Seite zeigt die Frequenzabhängigkeit in dB, also in logarithmischem Maßstab

Abhängigkeit von der Anzahl der Koeffizienten und der Breite des Übergangsbandes untersucht wurde. Abbildung 5.6 zeigt den Computerausdruck für einen Tiefpaß mit 32 Koeffizienten zur Dezimierung 1:10; und Abb. 5.7 gibt die entsprechende Charakteristik des Filters wieder, der in unserem Labor standardmäßig auch „on-line" verwendet wird. Im Vergleich zur einfachen Zusammenfassung von je 10 Werten (Abb. 5.1) ist die Filtercharakteristik deutlich besser.

## 5.3 Übersicht über verschiedene Auswertungsverfahren

Die Auswertungsverfahren des EEGs können grob in drei Bereiche eingeteilt werden:

1. Beschreibung und Quantifizierung spontaner Aktivität, deren Merkmale sich langsam oder wenig in der Zeit verändern (z. B. Alpha-, Beta-Aktivität, kontinuierliche langsame Aktivität, Delta-Aktivität im Schlaf);

2. Erkennung von intermittierend auftretenden Aktivitäten und von spontaner paroxysmaler Aktivität (Schlafspindeln, K-Komplexe, Spike-wave-Komplexe etc.);

3. Untersuchung ereignisbezogener Aktivität (z. B. EKP, Alpha-Block).

Von maschinellen Auswertungsverfahren wird erwartet, daß sie zum einen Auswertungen erleichtern und standardisieren, und zum anderen Untersuchungen ermöglichen und zu Fragestellungen führen, die ohne diese Technologie nicht möglich sind. Unter diesem Gesichtspunkt hat sich der Einsatz von Computern in den Bereichen 1 und 3 sehr gut bewährt, im Bereich 2 wurden aber bisher kaum zufriedenstellende Methoden entwickelt. Dies liegt vor allem an den bisher nicht ausreichend ermittelten mathematischen Charakteristika der auftretenden Muster und Komplexe. Bei der Klassifikation von Schlafstadien, die eine Überlappung von Bereich 1 und 2 darstellen, sind dementsprechend nur halbautomatische Methoden gängig, die dem menschlichen Auswerter zwar helfen, ihn aber nicht ersetzen können (vgl. Johnson 1980). Entsprechend der Fragestellungen wurden für die angegebenen Bereiche unterschiedliche Methoden entwickelt, die sich in Abhängigkeit der Fragestellungen unterschiedlich gut bewährt haben (ausführliche Darstellungen geben z. B. Dolce u. Künkel 1975; Remond 1977).

*Ad 1.* Seit der Entwicklung effizienter Algorithmen (Fast Fourier Transformation, FFT) und der Verfügbarkeit kleiner, leistungsfähiger Rechner dominiert in zunehmendem Maße die Spektralanalyse im Bereich der Quantifizierung spontaner Aktivität (Abschn. 5.4). Bei der Analyse mehrerer EEG-Signale kann zusätzliche Information über den Zusammenhang der Aktivitäten bzw. über zeitliche Verschiebungen über die sog. Kreuz-Spektralanalyse (s. unten) gewonnen werden. Daneben sind zumindest historisch folgende Ansätze von Bedeutung:

a) Die *Amplitudenanalyse* (vgl. Goldstein 1975): Nach einer geeigneten Filterung (z. B. 1 – 40 Hz) wird das EEG gleichgerichtet und integriert. Man erhält ein Maß für die Gesamtleistung des EEGs, das aber auch aus dem Frequenzspektrum gewonnen werden kann.

b) *Periodenanalyse* (vgl. Itil 1975): Nach geeigneter Filterung (1,3 – 50 Hz) wird das EEG relativ schnell digitalisiert (z. B. 320/s), und es werden die Abstände der aufeinanderfolgenden Nulldurchgänge des EEGs und/oder von dessen Ableitung in der Zeit zur Bestimmung der Frequenzanteile verwendet. Dieses Verfahren wurde häufig in der Psychopharmakologie verwendet, liefert aber nicht deutlich andere Resultate als die Fourier-Analyse (vgl. Fink 1977) und ist vergleichsweise artefakt-, also störanfällig. Da der Algorithmus relativ wenig rechenintensiv ist, kann er aber gut für „On-line"-Analysen, z. B. für Biofeedback-Anordnungen, verwendet werden (vgl. Lutzenberger et al. 1976).

c) Mit Hilfe der *Auto- und Kreuzkorrelationsfunktionen* können auch Aussagen über rhythmische Aktivitäten bzw. von Zusammenhängen solcher Aktivitäten gewonnen werden. Da die Fouriertransformierten dieser Funktionen gleich den Auto- bzw. Kreuzleistungsspektren sind, wurden sie vor der Entdeckung der FFT oft zur Berechnung der Leistungsspektren verwendet.

d) Die *Spektralparameteranalyse* (Wennberg u. Zetterberg 1971) versucht, das EEG über autoregressive Prozesse zu beschreiben. Sie macht die Annahme, daß das beobachtete EEG durch rekursive Filter (vgl. Abschn. 5.2) aus weißem Rauschen entstanden ist, und versucht, diese Filter zu bestimmen. Für eine Parametrisierung des Spontan-EEGs konnte sich diese Methode bis jetzt nicht durchsetzen, und es bestehen prinzipielle Bedenken, ob sie dafür geeignet ist (Gasser 1977).

e) Interessiert nur ein begrenztes Frequenzband des EEGs, so eignet sich als Verfahren die *komplexe Demodulation,* die mit vergleichsweise geringem Aufwand Leistung und Phase eines Frequenzbandes ermittelt und den zeitlichen Verlauf dieser Parameter mit hoher Auflösung darzustellen vermag. Dieses Verfahren eignet sich daher auch zur Darstellung ereignisbezogener Veränderungen (s. Abschn. 5.4).

f) Die Ermittlung von *Kohärenzspektren* (Kreuzspektren) dient der topographischen Analyse, also der Ermittlung des Zusammenhangs zwischen zwei oder mehreren EEG-Ableitungen. So geben Phasenbeziehungen darüber Auskunft, ob und welche Ableitung einer anderen vorausgeht; die Kohärenzfunktion gibt Auskunft über eine lineare Synchronizität zweier Ableitungen in Abhängigkeit des jeweiligen Frequenzbereichs (s. Cooper et al. 1980, für eine anschauliche Darstellung des Verfahrens, und Niedermeyer u. Lopes da Silva 1982, für Anwendungen).

*Ad 2.* In diesem Bereich geht es um die Erkennung von Mustern, wobei weder Zeitpunkt des Auftretens noch genaue Gestalt vorhergesagt werden können. Hier sind die bisherigen Computerverfahren dem geschulten Auge noch weit unterlegen, da der Mensch unter diesem Gesichtspunkt über ein sehr gutes, äußerst flexibles und lernfähiges Mustererkennungssystem verfügt; vor allem wurde und wird die Erkennung von Mustern mit zunehmender Übung immer noch weiter verbessert. Es ist bisher weder gelungen, die dabei ablaufenden Entscheidungsprozesse zu analysieren, noch sie in Computeralgorithmen zu übertragen oder sie gar in ein lernfähiges System einzubauen. Vor allem zwei Ansätze werden trotzdem verwendet:

a) Signalerkennung durch Kreuzkorrelation mit einem vorgegebenen Muster (z. B. das eines Spikes); wenn das Muster im EEG auftritt, ist an dieser Stelle die Korrelation im Idealfall gleich eins, während sie sonst im Idealfall null ist (vgl. MacGillivary 1977).

b) Aus dem „ruhigen" EEG wird über Spektralparameteranalyse (Lopes da Silva et al. 1975) oder Fourier-Analyse (Etevenon et al. 1976) ein Modell gebildet, und daraus werden die zu erwartenden neuen EEG-Werte vorhergesagt. Wenn ungewöhnliche Muster auftreten, wird die Qualität der Vorhersage plötzlich deutlich schlechter. Hier dürfte die Spektralparameteranalyse der FFT überlegen sein.

*Ad 3.* Die Untersuchung ereigniskorrelierter Aktivität umfaßt im wesentlichen die Messung ereigniskorrelierter Potentiale, die in folgenden Abschnitten ausführlicher dargestellt wird, und die Erfassung reizkontingenter Änderungen des

Spontan-EEGs. Für die letzteren Fragestellungen stehen z. B. folgende Methoden zur Verfügung:

a) Verfahren, die weitgehend das ganze Spektrum darstellen: Hierzu gehören die Methode der gleitenden Fourier-Analyse (Pfurtscheller u. Aranibar 1977, es werden z. B. sukzessiv 1-s-Abschnitte, die sich um je 0,5 s überlappen, FFT-analysiert) und die Spektralparameteranalyse mit zeitvariablen Koeffizienten (Isaksson u. Wennberg 1976).

b) Verfahren, die einzelne Frequenzbereiche (z. B. Alpha-Anteil) untersuchen: Hierzu gehören die Messung der Leistung eines schmalbandig gefilterten EEGs (für Biofeedback-Anordnungen, s. Elbert et al. 1984) und die komplexe Demodulation, bei der durch geeignete Multiplikation mit Sinus- und Cosinusfunktionen der interessierende Frequenzbereich in einen Bereich um 0 Hz transformiert werden kann (s. Abschn. 5.4).

Alle diese Verfahren sind in ihrer Genauigkeit prinzipiell begrenzt, aufgrund der in Abschn. 5.4 erläuterten Unschärferelationen. Es muß daher ein Kompromiß gefunden werden zwischen der Genauigkeit der Schätzung des Spektrums bzw. bestimmter Anteile und der Genauigkeit der Darstellung der zeitlichen Änderung dieser Werte.

## 5.4 Analyse der Spontanaktivität – Frequenzanalyse

### 5.4.1 Fourier-Analyse

Die Frequenzanalyse mit Hilfe der Fourier-Transformation stellt eine Darstellung einer Funktion mittels eines speziellen orthogonalen Funktionensatzes dar, nämlich Sinusfunktionen der Gestalt

$$\sin(wt + \varphi_w) \, ,$$

wobei w die Kreisfrequenz, $w = 2\pi f$ (f = übliche Frequenz) ist und $\varphi_w$ die dazugehörige Phase, die die zeitliche Verschiebung zwischen den einzelnen Sinusfunktionen beschreibt. Grundprinzip und Funktion der Fourier-Transformation sind einführend in Anhang B veranschaulicht.

Zunächst bringt die Fourier-Darstellung, die die ursprüngliche Funktion vollständig zu beschreiben vermag, keine Reduktion der Datenmengen. Eine solche gelingt erst durch eines der folgenden Verfahren oder Verfahrenkombinationen:

*Verfahren 1*: Die ursprüngliche Funktion wird dadurch angenähert, daß nur ein bestimmter Frequenzbereich weiter untersucht wird. Dies entspricht im wesentlichen einer Filterung der Daten.

*Verfahren 2*: Es werden nur die Betragsquadrate der Koeffizienten untersucht. Dies entspricht einer Untersuchung des sog. Leistungsspektrums („power spectrum"), wobei die Phaseninformation verlorengeht. Folge davon wäre die Halbierung der Datenmenge.

*Verfahren 3*: Die Leistungsspektren von Abschnitten der Zeitfunktion oder von verschiedenen Zeitfunktionen werden gemittelt; analog zu der Berechnung des mittleren Verlaufs bei der Berechnung von EKP im Zeitbereich wird somit durch Mittelung im Frequenzbereich eine mittlere Verteilung der Frequenzanteile beschrieben.

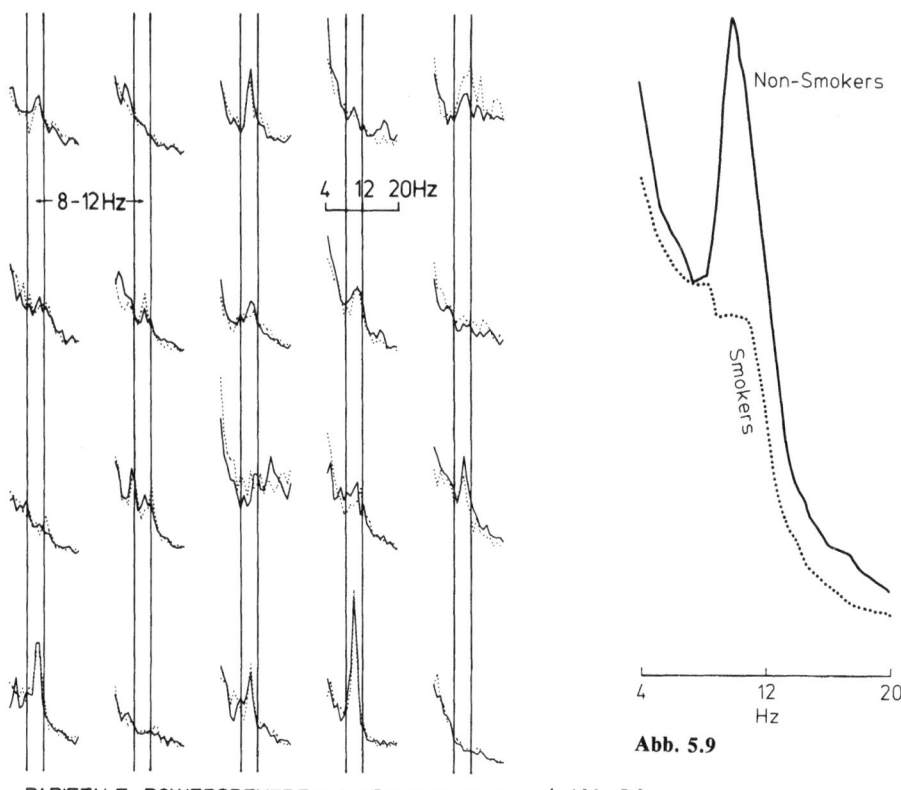

PARIETALE POWERSPEKTREN EINZELNER VPN    ◀ **Abb. 5.8**

**Abb. 5.8.** Leistungsspektren des parietalen EEGs (monopolar). Dargestellt sind die Spektren von 20 männlichen Erwachsenen. Überlagert (*durchgezogen* und *gepunktet*) sind jeweils Spektren ein und derselben Person für unterschiedliche experimentelle Bedingungen. Man beachte die hohe intraindividuelle Reliabilität der jeweiligen Kurvenverläufe; im Vergleich dazu ist die Varianz zwischen den Vpn recht hoch (s. dazu auch Lykken 1982, und Abschn. 1.1). Der Bereich zwischen den senkrechten Geraden kennzeichnet das Alpha-Band (hier 8 – 12 Hz). Eine genauere Betrachtung macht deutlich, daß unter den vorliegenden Bedingungen (Augen offen) nur etwa 3/4 der Stichprobe einen Gipfel im Alpha-Bereich aufweist

**Abb. 5.9.** Über Vpn gemittelte Leistungsspektren zeigen einen deutlichen Alpha-Gipfel (zwischen 10 und 11 Hz) vor allem bei posterioren Ableitungen (wie hier von Pz), auch bei offenen Augen. Unter bestimmten Bedingungen oder bei bestimmten Vpn – wie hier bei deprivierten Rauchern – kann jedoch die Leistung im Alpha-Band deutlich reduziert sein. In der Literatur finden sich vielfach Spektren mit deutlich weniger Leistung im unteren Frequenzbereich (unter 6 Hz); diese sind dann Ergebnis einer entsprechenden Hochpaßfilterung (Zeitkonstanten von unter 0,5 s sind üblich). Die Folge ist allerdings, daß Veränderungen im unteren Frequenzband in oberen Bereichen Variationen hervorrufen können (s. Kap. 3)

In Abb. 5.8 sind für 20 verschiedene Versuchspersonen solche gemittelten Leistungsspektren (Powerspektren) dargestellt. Hierzu wurden jeweils 2,56-s-Abschnitte des parietalen EEGs (abgeleitet während eines 6-s-Vorbereitungsintervalles) einer Fourier-Transformation unterworfen. Die daraus ermittelten Leistungsspektren wurden dann über 40 Durchgänge gemittelt. In Abb. 5.8 sind für jede Vpn jeweils zwei unterschiedliche Bedingungen überlagert. Es zeigt sich dabei deutlich eine hohe intraindividuelle Stabilität, während zwischen den Pbn eine beträchtliche Varianz festzustellen ist. Mittelt man über eine größere Stichprobe von Pbn (n > 10), so erhält man typischerweise ein Leistungsspektrum wie in Abb. 5.9 dargestellt. Wie dieses Gruppenmittel zeigt, weist das Leistungsspektrum auch bei offenen Augen einen deutlichen Gipfel (Peak) im Alpha-Bereich auf.

Ein wichtiges Ergebnis der Theorie der Fourier-Transformation ist die sog. Unschärferelation: Nur einer zeitlich unendlich ausgedehnten Sinusfunktion kann genau eine Frequenz zugeordnet werden; endlich ausgedehnte Signale in der Zeit werden immer durch ein Frequenzgemisch beschrieben. Dabei werden um so mehr Frequenzen benötigt, je schärfer der zeitliche Verlauf ist, und umgekehrt wird der zeitliche Verlauf um so verwischter, je weniger Frequenzen für die Beschreibung zugelassen werden. Das ist nicht nur von Bedeutung für die Beurteilung von Spektren, sondern auch für den Einsatz von analogen und digitalen Filtern, etwa bei der Analyse von EKP. Im folgenden Abschnitt sind zunächst einige Formeln aus der Theorie der kontinuierlichen Fourier-Analyse einschließlich der Unschärferelationen zusammengefaßt; im zweiten Teil wird die für den Einsatz von Digitalrechnern wichtige diskrete Fourier-Transformation vorgestellt, wobei für die praktische Anwendung insbesondere eine gute Schätzung des Spektrums von stochastischen Zeitreihen wichtig ist. [Detaillierte Darstellungen zu diesen Themen finden sich u. a. bei Winkler (1977), Oppenheim u. Schafer (1975), Rabiner u. Gold (1975).]

*Fourier-Analyse kontinuierlicher Signale.* Wenn ein zeitliches Signal s(t) die Voraussetzungen

$$\int_{-\infty}^{+\infty} s^2(t)\,dt < \infty, \qquad \int_{-\infty}^{+\infty} |s(t)|\,dt < \infty$$

erfüllt, dann gilt

$$s(t) = 1/2\,\pi \int_{-\infty}^{+\infty} S(w)\,e^{iwt}\,dw \qquad\qquad (5.10)$$

$$S(w) = \int_{-\infty}^{+\infty} s(t)\,e^{-iwt}\,dt\,. \qquad\qquad (5.11)$$

S(w) heißt die Fourier-Transformation des Signals s(t) (s. Anhang B). Dabei ist $w = 2\pi f$ (f = Frequenz) die Kreisfrequenz und im Bereich $-\infty$ bis $+\infty$ definiert. Für reelle Signale s(t) kann Gl. (5.10) auch in der anschaulicheren Form

$$s(t) = 1/2\,\pi \int_0^\infty S1(w)\cos(wt)\,dw + i/2\,\pi \int_0^\infty S2(w)\sin(wt)\,dw\,, \qquad \text{mit}$$

$$S1(w) = S(w) + S^*(w), \qquad S2(w) = S(w) - S^*(w)$$

mit nur positiven Frequenzen geschrieben werden (s. auch Gl. (B.3)).

Die Fourier-Transformierte eines Produkts zweier Funktionen ist gleich der sog. Faltung der Transformation der einzelnen Funktionen,

$$F(s1(t) \cdot s2(t)) = \int S1(w')\,S2(w-w')\,dw'\,. \qquad\qquad (5.12)$$

Das Spektrum von s1 wird also in gewisser Weise mit dem Spektrum von s2 verschmiert. Gleichung (5.12) kann z. B. verwendet werden zur Untersuchung des Effekts der zeitlichen Begrenzung von s1; s2(t) entspricht dann einer Rechteckfunktion

$$s2(t) = 1 \quad \text{für} \quad -T < t < T, \, s2(t) = 0 \quad \text{sonst}$$

und es gilt

$$S2(w) = 2(\sin wT)/w \, . \tag{5.13}$$

Ein Beispiel von S2(w) ist in Abb. 5.10 dargestellt. Diese Funktion wird um so breiter, je kleiner T ist, und stellt z. B. das Spektrum einer Sinusfunktion dar, die zeitlich begrenzt ist. Dies ist ein Beispiel für die Unschärfebeziehung, die zwischen der Genauigkeit der Beschreibung des zeitlichen Verlaufs und der Einschränkung im Frequenzbereich besteht. Allgemein können zwei Unschärferelationen bewiesen werden (s. Winkler 1977):

*Unschärferelation I:* Beschreibt man die zeitliche Ausdehnung eines Signals durch die Breite eines Rechtecksignals der Höhe 1 mit gleicher Fläche und entsprechend die Ausdehnung im Frequenzbereich,

$$D_1 t = \int s(t) \, dt / s(0) \, , \quad 2D_1 w = \int S(w) \, dw / S(0) \, , \tag{5.14a}$$

dann gilt

$$D_1 t \cdot D_1 w = \pi \, . \tag{5.14b}$$

*Unschärferelation II:* Beschreibt man die zeitliche und frequenzmäßige Ausdehnung mit folgenden Maßen, die analog zur Varianzberechnung sind,

$$(Dt)^2 = \frac{\int (t - \bar{t})^2 s(t)^2 dt}{\int s(t)^2 dt} \quad (Dw)^2 = \frac{\int w^2 |S(w)|^2 dw}{\int |S(w)|^2 dw} \, , \tag{5.15a}$$

dann gilt

$$Dt \cdot Dw \geq 1/2 \, . \tag{5.15b}$$

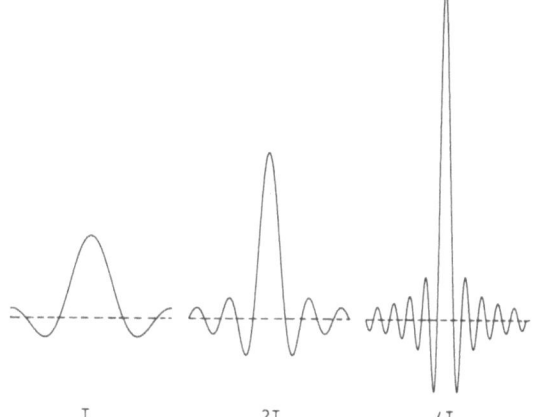

T        2T        4T

**Abb. 5.10.** Verlauf der Funktion S2(w) = sin(wT)/w für verschiedene zeitliche Begrenzungen T

Dabei gilt das Gleichheitszeichen in Gl. (5.15b) genau dann, wenn der zeitliche Verlauf einer Gaußschen Glockenfunktion entspricht:

$$s(t) = \exp(-t^2/a^2).$$

Die Fourier-Transformierte hat dann eine ähnliche Gestalt,

$$S(w) = \sqrt{\pi \cdot a^2} \exp(-w^2 a^2/4)$$

und wird um so breiter, je enger $S(t)$ ist, d. h. je größer a ist.

Gleichung (5.15b) repräsentiert eine prinzipielle untere Grenze der Genauigkeit von Signalanalysen, die bei der Konstruktion und beim Einsatz von Filtern zu berücksichtigen ist, ebenso wie bei der Beurteilung von Zeitverläufen. Sie gibt z. B. auch eine Abschätzung, wie genau die Frequenz eines periodischen Verlaufs bestimmbar ist, wenn er über eine endliche Zeit beobachtet werden kann.

*Fourieranalyse diskreter Signale.* Wenn, wie bei der digitalen Signalanalyse üblich, eine Zeitfunktion $x(k)$ untersucht werden soll, die durch N Werte im Abstand T dargestellt wird, gehen die Integrale der Fourier-Transformation in endliche Summen über. Die Gesetze lauten dann:

$$x(k) = 1/(N \cdot \Delta T) \sum_{l=0}^{N-1} X(l) \exp(i2\pi lk/N) \tag{5.16}$$

mit

$$X(k) = \Delta T \sum_{l=0}^{N-1} x(l) \exp(-i2\pi lk/N), \tag{5.17}$$

was auch in der Form

$$X(f_k) = \Delta T \sum_{l=0}^{N-1} x(l) \exp(-i2\pi f_k \cdot l \cdot \Delta T)$$

geschrieben werden kann, wobei die

$$f_k = \frac{k}{N \cdot \Delta T}, \quad k = 0, 1, \dots, N-1 \tag{5.18}$$

die Frequenzen bedeuten, für die die Fourier-Transformierte $X(f_k)$ definiert ist. Man bekommt also ein Frequenzraster im Abstand

$$\frac{1}{N \cdot \Delta T} = \frac{1}{T},$$

wenn T die zeitliche Ausdehnung des Signals beschreibt. Für $k = N/2$ ist die Nyquist-Frequenz erreicht; die Koeffizienten für größere k entsprechen in Gl. (5.10) den negativen Frequenzen. Für reelle Signale $x(k)$ wird die $X(k)$ symmetrisch um $k = N/2$ verteilt, so daß das Leistungsspektrum

$$S(f_k) = |X(f_k)|^2 \tag{5.19}$$

für $k = 0$ bis $k = N/2$ bestimmt ist.

Es ist zu berücksichtigen, daß Gl. (5.16) nicht genau die beobachtete Zeitreihe repräsentiert, sondern eine unendliche Reihe, die durch periodische Fortsetzung aus der gegebenen entsteht. Das bedeutet, daß auch der „Übergang" von $x(0)$ nach $x(N)$ u. U. durch die Darstellung angepaßt wird. Wenn das Signal, wie in den meisten Fällen, nicht nur aus Frequenzanteilen $f_k$ besteht, entstehen an Übergangsstellen „Knicke" oder Unstetigkeiten, deren Anpassung beträchtliche Veränderungen des Spektrums ergeben kann („leakage"). Ein weiteres Problem besteht darin, daß Gl. (5.19) keine gute Schätzung des Leistungsspektrums von Zufallssignalen darstellt (vgl. Oppenheim u. Schafer 1975). Das Problem des „leakage" kann verringert werden, wenn die Zeitfunktion ‚x' mit einer geeigneten Funktion ‚h' multipliziert wird, die Anfang und Ende der Zeitreihen gleichmäßig gegen Null drückt („windowing"). Ein verbreitetes Fenster ist das sog. Hanning-Fenster, das aus einer Konstanten und einer Cosinusfunktion besteht. Im Frequenzbereich entspricht es einer einfachen Glättung der Koeffizienten.

$$X^H(k) = 0,25\,X(k-1) + 0,50\,X(k) + 0,25\,X(k+1)\,. \tag{5.20}$$

Dies läßt sich auf einem Digitalrechner sehr leicht realisieren. Ähnlich Gl. (5.19) können sehr unterschiedliche Fenster durch gewichtete Mittelungen der Koeffizienten realisiert werden. Eine andere (bzw. zusätzliche) Art des „windowings" besteht in gewichteten Mittelungen der Leistungsspektrumsgrößen $|X(k)|^2$. Diese Art gibt gleichzeitig eine bessere Schätzung des Leistungsspektrums, verringert allerdings das „leakage" nur dann, wenn Zeitreihen mit sehr vielen Punkten (z. B. 4096) untersucht werden und die dadurch gemäß Gl. (5.18) erzielte feine Frequenzauflösung durch geeignete Zusammenfassung der $S(k)$ vergröbert wird.

Ein anderer Ansatz zur Verbesserung der Schätzung des Leistungsspektrums geht von einer Segmentierung der Zeitreihe in viele gleichlange Stücke aus, die getrennt analysiert werden. Anschließend folgt eine Glättung der Koeffizienten und dann eine Mittelung der einzelnen Leistungsspektren. Dieser Ansatz ist auf Prozeßrechnern mit beschränkterem Speicher leichter zu realisieren als der erstere.

Die praktische Berechnung der Fourier-Koeffizienten erfolgt selten gemäß der sehr rechenaufwendigen Gl. (5.17). Durch geeignete Zerlegung der Zeitreihe und Ausnutzung von Symmetrieeigenschaften der Sinusfunktionen kann der Rechenaufwand beträchtlich verringert werden (Fast Fourier Transformation, FFT). Es gibt verschiedene FFT-Algorithmen (siehe z. B. Rabiner u. Gold 1975; Digital Signal Processing Committee 1979), die auf unterschiedliche Weise das Verhältnis von Rechenzeit zu Speicherplatzbedarf optimieren. Kennzeichnend für die meisten Algorithmen ist, daß die Anzahl $N$ der Meßpunkte gleich der Potenz einer kleinen Zahl sein muß (z. B. 2, 3, 4). Am verbreitetsten sind Algorithmen, für die $N = 2^m$ sein muß (also z. B. 128, 256 etc.).

Wenn eine gegebene Zeitreihe nicht die entsprechende Länge hat, kann sie durch eine entsprechende Anzahl von Nullen erweitert werden ("padding with zeros"). Dieses Vorgehen ist auch dann möglich, wenn eine feinere Frequenzauflösung benötigt wird.

FFT-Routinen berechnen alle Koeffizienten einer komplexen Zeitreihe. Da sie meist für die Analyse reeller Zeitreihen eingesetzt werden, kann man die dabei entstehenden Symmetrieeigenschaften nutzen, um den Rechenaufwand zu verringern: So ist es z. B. möglich, zwei reelle Reihen gleichzeitig zu analysieren oder eine Zeitreihe mit einer FFT für die halbe Länge zu berechnen (siehe z. B. Otnes u. Enochson 1978, S 228f).

### 5.4.2 Komplexe Demodulation

Mit diesem Verfahren kann die Leistung eines begrenzten Frequenzbandes in seinem zeitlichen Verlauf dargestellt werden. Die Aktivität dieses Frequenzbereiches sei durch das Eingangssignal $x(t) = A \cdot \sin(wt + p)$ gegeben. Für das Alpha-Band läge w im Bereich um $2\pi \cdot 10$ Hz. p kennzeichnet die Phase. Multipliziert man $x(t)$ mit Sinus- und Cosinusfunktionen konstanter Frequenz wc, so erhält man unter Zuhilfenahme der Zerlegung von Produkten trigonometrischer Funktionen die Gl. (5.21)

$$xs = x(t) \cdot \sin(wc \cdot t) = A/2 \cdot \cos((w - wc)t + p) - A/2 \cdot \cos((w + wc)t + p)$$

$$xc = x(t) \cdot \cos(wc \cdot t) = A/2 \cdot \sin((w - wc)t + p) + A/2 \cdot \sin((w + wc)t + p).$$

$$(5.21)$$

Wählt man nun wc als mittlere Frequenz des interessierenden Frequenzbereiches, so transformieren die Gln. (5.21) diesen Frequenzbereich in einen Bereich um die Frequenz 0 (Funktionen mit $w - wc$) und in einen zweiten Bereich ($w + wc$). Filtert man die Signale xc und xs mittels eines Tiefpasses, so bleibt nur noch die interessierende Aktivität im ersten Bereich übrig. Die Tiefpaßfilterung wird mit den in Abschn. 5.2 dargestellten digitalen Filtern realisiert; das Verfahren ist daher nicht sehr rechenaufwendig. Die gefilterten Signale xsf und xcf sind dann

$$xsf = A/2 \cdot \cos((w - wc)t + p)$$

$$xcf = A/2 \cdot \sin((w - wc)t + p).$$

Als Maß für die Leistung im interessierenden Frequenzbereich kann dann

$$xsf^2 + xcf^2 = A^2/4 \qquad\qquad (5.22)$$

dienen. Entsprechend der zeitlichen Abhängigkeit von $x(t)$ kann auch dieses Leistungsmaß mit hoher zeitlicher Auflösung erhalten werden. In Abb. 5.11 ist der Verlauf während eines 6 s dauernden S1-S2-Intervalles dargestellt. Als $wc/2\pi$ wurde 10 Hz gewählt, so daß der Leistungsverlauf dem des Alpha-Frequenzbandes entspricht. Deutlich werden dabei die größere absolute Leistung im Parietalbereich gegenüber zentralen Ableitungen und der Alpha-Block, d. h. eine Verringerung der Leistung nach jedem Reiz (S1 wie S2). Der scharfe Gipfel mit jedem Reizeinsatz wird durch die N100 im evozierten Potential, die ebenfalls in diesem Frequenzbereich liegt, hervorgerufen. Um die Information über den Phasenverlauf zu erhalten, bildet man

$$\arctan(xcf/xsf) = (w - wc)t + p. \qquad\qquad (5.23)$$

Bei der Bestimmung nach Gl. (5.23) muß allerdings beachtet werden, daß die Phase nur auf ein ganzzahliges Vielfaches von $2\pi$ festgelegt ist. Um einen kontinuierlichen Verlauf zu erhalten, muß also ein entsprechendes Vielfaches von $2\pi$ addiert werden. Ein solcher Phasenverlauf ist in Abb. 5.11 parallel zur Leistungskurve dargestellt. Der lineare Anstieg deutet auf eine konstante Differenz $w - wc$ hin, d. h. daß in diesem Beispiel die dominante Alpha-Frequenz entsprechend geringer als 10 Hz war.

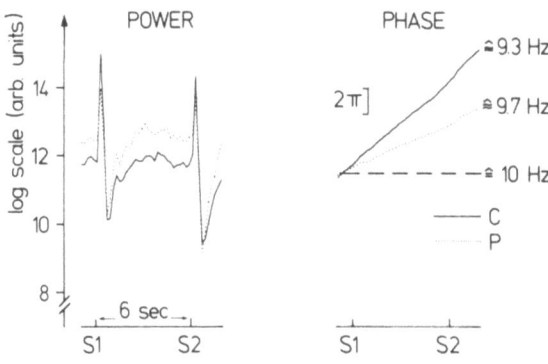

**Abb. 5.11.** Ergebnisse aus der Anwendung der komplexen Demodulation. Überlagert sind die über Vpn gemittelten Verläufe des zentralen (*durchgezogen*) und parietalen (*gepunktet*) EEGs während angekündigter (*S1*) Reaktionszeitaufgaben (*S2*). Als Zentrumsfrequenz wurde wc = $2\pi \cdot 10$ Hz gewählt. Ein horizontaler Verlauf der Phase (*rechts, gestrichelt*) würde daher einer dominanten Frequenz von 10 Hz entsprechen. Die linearen Anstiege der Phase weisen darauf hin, daß die dominante Frequenz unter 10 Hz liegt; dabei bestehen topographische Unterschiede. Die Leistung (POWER) ist in ihrem Ausgangsniveau, also vor S1, parietal höher als zentral. Der durch die Reize hervorgerufene Gipfel ist Folge des EKP, danach zeigt aber ein jeweiliger Rückgang unter das Prestimulus-Niveau deutlich den vorübergehenden Alpha-Block an

Gegenüber der Fourier-Transformation hat das Verfahren der komplexen Demodulation nach Gl. (5.21) bis (5.23) den Vorteil, mit geringerem („on-line" zu realisierendem) Rechenaufwand und großer zeitlicher Auflösung den Verlauf der Aktivität eines Frequenzbandes darzustellen. Allerdings geht die Information der übrigen Frequenzbereiche verloren, es sei denn, das Verfahren wird für zwei oder mehrere wc angewandt; dann entspricht es natürlich zunehmend der FFT.

## 5.5 Signalerkennung bei EKP

Ereigniskorrelierte und langsame Potentiale führen zu mittleren Verschiebungen im EEG von bis zu 50 µV, wobei im Labor normalerweise Verschiebungen von ca. $10-20$ µV abgeleitet werden. Sie sind vom Spontan-EEG, das Amplituden von $10-100$ µV erreicht, überlagert. Um das „Signal" (EKP) vom „Rauschen" (Spontan-EEG) zu trennen, wird das EEG über eine Reihe von Durchgängen mit identischer Reizanordnung gemittelt. Nimmt man an, daß sich das im i-ten Durchgang abgeleitete EEG (EEGi(t)) aus den EKP (EKPi(t)) und dem Spontan-EEG (Si(t)) des i-ten Durchgangs additiv zusammensetzt, so ist

$$EEGi(t) = EKPi(t) + Si(t) . \tag{5.24}$$

Nach Mittelung über N Durchgänge erhält man

$$\overline{EKP}(t) = 1/N \sum_{i=1}^{N} EEGi(t) = 1/N \sum_{i=1}^{N} EKPi(t) + 1/N \sum_{i=1}^{N} Si(t)$$

$$= EKP(t) + 1/N \sum_{i=1}^{N} Si(t) . \tag{5.25}$$

Danach lassen sich EKP aus dem gemittelten EEG unter zwei Voraussetzungen extrahieren:

    1. Die $EKP_i(t)$ bleiben über Durchgänge hinweg, also für alle i, unverändert.

    2. Die $S_i(t)$ sind voneinander unabhängige Realisierungen eines Zufallsprozesses mit Mittelwert 0 und Standardabweichung SD:

$$E(S_i) = 0, \quad E(S_i S_j) = \delta_{ij} SD^2.$$

(E kennzeichnet den Erwartungswert.) Unter diesen Voraussetzungen gilt für die Varianz des Schätzfehlers

$$E((\overline{EKP} - EKP)^2) = E((1/N \sum_i S_i)^2) = (1/N)^2 \sum_i \sum_j E(S_i S_j)$$

$$= (1/N)^2 \sum_i E(S_i^2), \tag{5.26}$$

d. h. das Signal-Rausch-Verhältnis wächst mit $\sqrt{N}$.

    Diese Aussage gilt auch dann, wenn $S_i(t)$ kein weißes Rauschen, sondern ein periodischer Vorgang mit zufälliger Phase $p_i$ ist, also z. B.

$$S_i(t) = B \cos(wt + p_i),$$

was etwa dem Alpha-EEG entsprechen könnte, wenn $w = 2\pi \cdot 10$ Hz ist. Dann gilt

$$E(S_i) = B \cdot \cos(wt) \cdot E(\cos(p_i)) - B \cdot \sin(wt) \cdot E(\sin(p_i))$$

$$E(S_i S_j) = B^2/2 \, \delta_{ij}.$$

Das bedeutet: Herrscht eine Frequenz w, beispielsweise Alpha-Aktivität, vor, so verschwindet das Mittel der Spontanaktivität zwar gleichfalls mit $1/\sqrt{N}$, aber die dominante Frequenz bleibt im Mittel, wenn auch mit zunehmend geringerer Amplitude, vorhanden.

    Das bedeutet aber, daß eine dominante Frequenz, wenn auch mit verringerter Amplitude, doch im gemittelten Potentialverlauf vorhanden bleibt. Gemäß der Bestimmung von $EKP(t)$ nach Gl. (5.25) tritt diese Aktivität also dem ereigniskorrelierten Potential überlagert als Störung auf. Da beispielsweise Alpha-Aktivität in Abhängigkeit von experimentellen Bedingungen variiert, kann $EKP(t)$ entsprechend beeinflußt werden. Die einfache Mittelungstechnik kann so zu falschen Schlußfolgerungen bezüglich veränderter EKP-Komponenten führen. Es ist daher wünschenswert, Auswertungsverfahren zu entwickeln, die die serielle Abhängigkeit der EEG-Daten berücksichtigen bzw. diese entsprechend filtern. Solche Verfahren werden in Abschn. 5.8 vorgestellt.

    Zunächst wollen wir aber die Effektivität der Mittelungsverfahren an Beispielen verdeutlichen: Beträgt die Amplitude der EKP innerhalb eines Durchgangs z. B. 10 $\mu$V mit einer Variabilität (Streuung oder Fluktuationen des EEG) von ebenfalls 10 $\mu$V (was typischen Wellen im Beta-Band entspricht), so liegt das Signal-Rausch-Verhältnis eines Durchgangs etwa bei 1:1. Nach Summation über 20 Durchgänge ergibt sich ein Verhältnis $\sqrt{20}:1$, was bei dem angenommenen Wert von 10 $\mu$V einem Fehler von $\pm 2,2$ $\mu$V entspricht. Bei anschließender Mittelung über z. B. 15 Versuchspersonen verringert sich dieser Fehler auf im Mittel

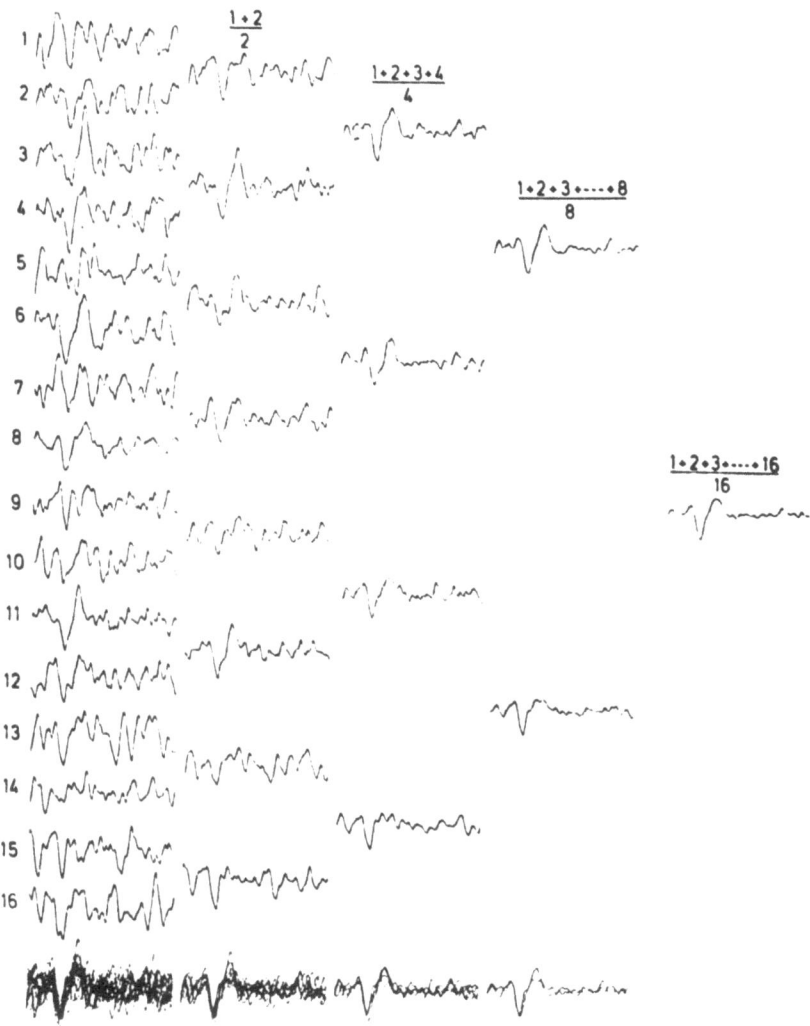

**Abb. 5.12.** Darstellung des Mittelungsprozesses. Mit zunehmender Anzahl der aufsummierten Durchgänge nimmt das Rauschen ab. Die überlagerten Verläufe sind in der untersten Spalte dargestellt. (Aus Cooper et al. 1980)

10 µV ± 0,6 µV. Die Wiedergabe der Ergebnisse auf ein Zehntel µV würde hier also eine nicht vorhandene Genauigkeit vortäuschen. Ein weiteres Beispiel für die Probleme bei der Mittelung ist in Abb. 5.12 dargestellt.

Neben dem Einfluß des überlagernden Spontan-EEGs sind Driften unterschiedlichen Ursprungs (vgl. Kap. 4) zu berücksichtigen, von denen angenommen werden muß, daß sie nicht zufällig verteilt sind. Im gemittelten Verlauf der EKP(t) bleiben neben dem „wahren" Potential auch diejenigen Artefakte A(t) erhalten, die ereigniskorreliert sind, für die also gilt

$$A(t) = E(Si(t)) \neq 0 .$$

Wesentliche Störquellen, wie z. B. Potentialänderungen infolge von Augenbewegungen oder elektrodermaler Aktivität, sind durch dieses Mittelungsverfahren oft nur mangelhaft identifizierbar.

Als weiterer Nachteil des Verfahrens muß berücksichtigt werden, daß die vor-
ausgesetzte Konstanz des EKP(t) über alle N Durchgänge nur selten annähernd
erfüllt ist. Vielmehr ist die dynamische Veränderung der EKP die Regel. Dennoch ist das Mittelungsverfahren die vorherrschende Analysemethode in der
EKP-Forschung, was es seiner einfachen Anwendbarkeit und Darstellbarkeit ver-
dankt.

Es sei allerdings angemerkt, daß man einen unabhängigen Wert des gemittelten Rauschens erhält, wenn sich in Gl. (5.25) Addition und Subtraktion aufein-
anderfolgender EEG-Meßpunkte EEGi(t) abwechseln:

$$1/N \sum_{i=1}^{N/2} (EEG_{2i}(t) - EEG_{2i-1}(t)) = 1/N \sum_{i=1}^{N/2} (S_{2i}(t) - S_{2i-1}(t)) \,. \tag{5.27}$$

Es gilt wieder die Voraussetzung, daß EKPi(t) konstant ist (d. h. unabhängig von
i) und N eine gerade Anzahl von Durchgängen erfaßt. Wenn die Si zufallsverteilt
sind, kann der Ausdruck auf der linken Seite in Gl. (5.27) als Schätzung des Rauschens innerhalb des EEGs betrachtet werden. Die statistischen Eigenschaften
dieser Vorgehensweise werden von Schimmel (1967) und Schimmel et al. (1974)
diskutiert. Dieser Term kann auch eingesetzt werden, um die statistische Signifikanz über zufällige Extrema („peaks") im Verlauf zu ermitteln (Wong u. Bickford 1980; s. auch Coppola et al. 1978; Wicke et al. 1978).

## 5.6 Bestimmung von EKP-Parametern –
## Was ist eine Komponente?

Typische EEG-Analysen versuchen die auftretenden Wellen in ihrer Gesamtheit
zu analysieren, indem für wiederholte Wellenzüge (z. B. Alpha-Wellen) Kenngrößen bestimmt werden. So werden z. B. die mittlere Amplitude, Extrema im Frequenzspektrum oder Parameter aus Auto- und Kreuzkorrelationsverfahren gewonnen. Diese Kenngrößen gehen dann als „Meßwerte" in die statistische Analyse ein. Bei der Analyse ereigniskorrelierter Potentiale kommt es dagegen darauf
an, jeweils eine bestimmte auftretende Wellenform möglichst gut durch Kenngrößen zu charakterisieren. Eine gute Kenngröße muß in der Lage sein, die über
unterschiedliche Experimentalbedingungen hinweg auftretenden Veränderungen
möglichst vollständig zu erfassen. Es gilt also einen Parametersatz zu definieren,
der unter möglichst vielen Versuchsanordnungen auftretende Veränderungen zu
beschreiben vermag. Im nächsten Schritt sucht man diesen Satz so zu minimieren, daß die erhaltenen Kenngrößen weitgehend voneinander unabhängige Größen beschreiben, die dann als Komponenten bezeichnet werden.

Bei der Bestimmung von Komponenten kann man entweder unsystematisch
vorgehen, indem bei der Betrachtung der Verlaufsformen ereigniskorrelierter Potentiale unter verschiedenen experimentellen Bedingungen plausible Parameter
festgelegt werden, von denen vermutet wird, daß sie kritische Unterschiede der

experimentellen Bedingungen widerspiegeln. Ein Vorgehen nach dem Prinzip des „Versuch und Irrtum" lehrt dann im Laufe der Zeit die wesentlichen Komponenten herauszuarbeiten. Kriterien für die Kennzeichnung von EKP-Verläufen sind zunächst die *Polarität,* die Maximal*amplitude* und deren *Latenz,* sowie die *Topographie,* also die Verteilung auf der Schädeloberfläche. Definiert werden dabei:

1. Mittelwerte der Kurve, bezogen auf einen Prä-Stimulus-Wert. Gemittelt wird über ein bestimmtes Zeitintervall (z. B. Mittel über das Interstimulus-Intervall (ISI) als Flächenmaß der CNV);
2. Amplituden, d. h. in einem bestimmten Zeitintervall auftretende Extrema (z. B. wird ein positives Maximum im Bereich von $0,3 - 0,5$ s nach Reizeinsatz als P300 beschrieben);
3. Spitze-Spitze-(„peak to peak")Maße, also die Differenz zwischen zwei Extrema (ein Beispiel wäre die Sequenz N1 – P2);
4. Die Latenz, also der Zeitpunkt des Auftretens einer bestimmten Welle oder eines bestimmten Extremums nach Reizeinsatz.

Natürlich können auch alle möglichen Kombinationen aus den angegebenen Parametern gebildet werden. Eine bestimmte Methode ist nicht generell vorzuziehen. Vielmehr scheint eine Kombination von solchen Kenngrößen bei der Kurvenparametrisierung notwendig. Als Probleme oder Nachteile dieser Vorgehensweise werden genannt:

1. Es gibt keine Kriterien, nach denen verschiedene Experimentatoren ihre Parameter definieren sollten; folglich sind aufgrund unterschiedlicher Definitionen von Kenngrößen Ergebnisse schwer vergleichbar. Die Schwierigkeiten bei der Auffindung von EKP-Parametern werden z. B. von Kooi u. Bagchi (1964) und Goff et al. (1969) diskutiert.
2. Selten vermögen nur wenige Parameter die ganze Kurve adäquat zu beschreiben. Dadurch geht ein großer Teil der vorhandenen Information für die Analyse verloren (Donchin 1969).
3. Es stellt sich die Frage, ob Komponenten aufgrund eher optisch eindrucksvoller Unterschiede in den Verlaufsformen der EKP gebildet werden sollten, oder eher aufgrund systematischer Varianzen in den Verlaufsformen.

Chapman et al. (1979) stellen an ein Meßsystem folgende Anforderungen:

1. Es muß den Datensatz in einer eindeutigen, aber sparsamen Weise repräsentieren (sparsam bedeutet hierbei möglichst wenige Parameter).
2. Es muß Komponenten bestimmen können, ohne zuvor irgendeinen bestimmten Funktionensatz für die Komponente voraussetzen zu müssen. (z. B. warum annehmen, daß Sinus-Wellen funktionale Wellen sind?).
3. Es muß Komponenten extrahieren können, die von allen anderen unabhängig sind.
4. Es muß den Beitrag der verschiedenen Komponenten zur beobachteten EKP-Kurve erfassen können.
5. Es muß Komponenten mit größerer Reliabilität bestimmen im Vergleich zu Parametern aus einem einzelnen Zeitpunkt oder Maximum.
6. Es muß in der Lage sein, Komponenten zu identifizieren und zu messen, die sich zeitlich z. T. überlappen.

Chapman et al. (1979) sehen diese Bedingungen weitgehend von der *Haupt-komponentenanalyse* (Principal Component Analysis, PCA) erfüllt. Die PCA ist eine Art multivariater Statistik. Grundgedanke ist, daß ein Segment in der EKP-Kurve, das unter verschiedenen experimentellen Bedingungen mit verschiedener Amplitude, aber gleicher Form auftritt, im Verlauf der ereigniskorrelierten Potentiale zu einer Kovariation in einem bestimmten Teilabschnitt führt. Tritt z. B. eine Halbwelle in einem bestimmten Zeitintervall mit unterschiedlicher Amplitude auf (je nach Experimentalbedingung), so bedingt diese in diesem Zeitintervall eine bestimmte Kovariation, die faktorenanalytisch durch den zeitlichen Verlauf der Faktorenladung ermittelt wird. Die implizite Annahme, die in der Anwendung der PCA steckt, ist allerdings eine annähernd konstante Latenz, mit der eine „Komponente" auftritt. (Die Ermittlung von Extrema und Latenzen kann daher Zusatzinformationen enthalten, die von der PCA nicht berücksichtigt werden.) Beispiele für die Hauptkomponentenanalyse ereigniskorrelierter Potentiale auf Reize verschiedener Modalitäten sind in Abb. 5.13 veranschaulicht. Diese varimax-rotierten Hauptkomponenten wurden entsprechend dem weiter unten vorgestellten Verfahren gewonnen. Auffällig ist die Ähnlichkeit der gewonnenen Ladungsmuster für die verschiedenen Modalitäten und für die verschiedenen Bedeutungsinhalte der Reize (S1 – Warnreiz, S2 – imperativer Reiz). Diese Vergleichbarkeit in der Parametrisierung von EKP aus verschiedenen Untersuchungen spricht zunächst für das Verfahren.

Der Grundgedanke dieser Parametrisierung mittels PCA ist, daß das EKP als Summe unabhängiger Komponenten aufgefaßt wird:

$$\text{EKP}(t) = a1\, f1\,(t) + a2\, f2\,(t) + \ldots \text{const.}\,(t) + \text{error}\,. \tag{5.28}$$

EKP(t) steht dabei für den Verlauf eines ereigniskorrelierten Potentials in der Zeit t. f1 (t), f2(t),... sind die grundlegenden Verläufe der Komponenten, die für alle gemessenen EKP gleich bleiben. Sie sind der zeitliche Verlauf der Faktorladungen (Hauptkomponenten). a1, a2, a3... sind Werte, die die Größe der jeweiligen „Komponente" signalisieren, mit der diese zum jeweiligen Potential beiträgt, d. h. es sind Meßgrößen des Potentials. Diese „Faktoren" (Faktorenwerte) werden durch Minimierung des Fehler-Terms („error") in der Gleichung angepaßt und dienen der weiteren statistischen Analyse als Meßwert. Const.(t) repräsentiert den Konstantenverlauf („centroids"), von dem aus die funktionalen Komponenten gemessen werden. (Beispiele der PCA, die Begründung ihrer Anwendung sowie technische Details werden von John et al. 1964; Donchin 1966, 1969; Suter 1970 und Chapman et al. 1979, gegeben.) Im Unterschied zur Faktorenanalyse gehen in die hier verwendete PCA anstelle der Korrelationen die Kovarianzen zwischen Punkten ein. (Die Unterschiede zwischen PCA und Faktorenanalyse werden von Marriot 1974, diskutiert.)

PCA und Faktorenanalyse sind spezielle Verfahren eines allgemeinen Ansatzes der Art:

$$\text{EKP}(t) = \sum_i a i \cdot f i(t) + \text{error}\,. \tag{5.29}$$

Bei den multivariaten Verfahren werden die zugrundeliegenden Funktionen fi(t) aus den Daten ermittelt. Alternativ kann für die fi(t) auch ein vollständiger

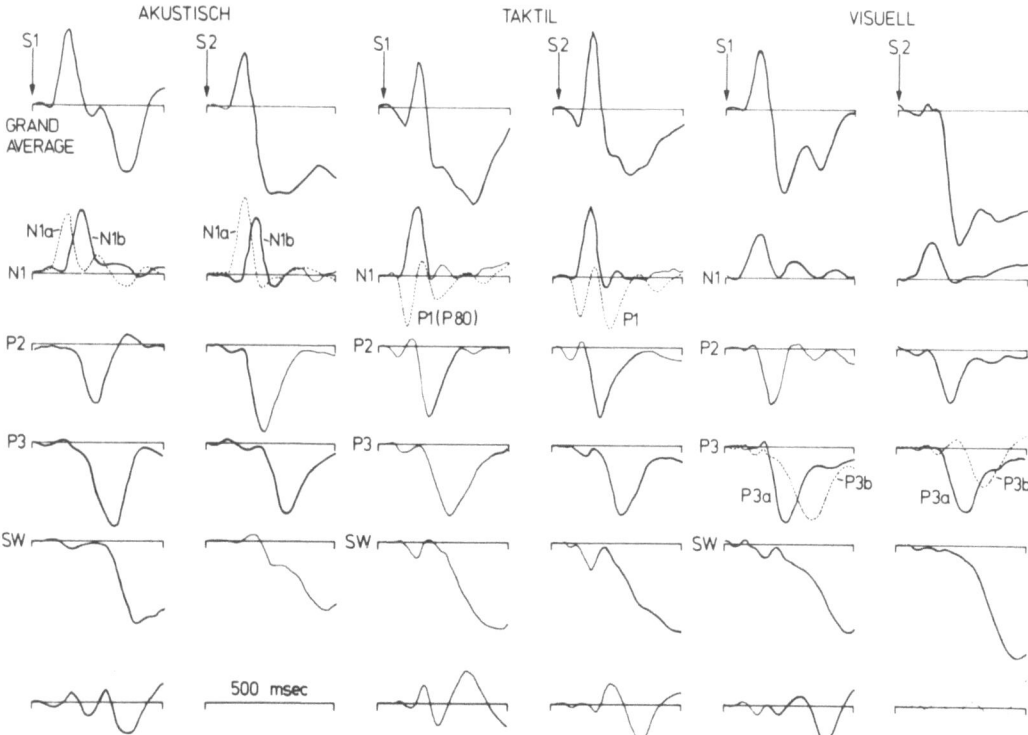

**Abb. 5.13.** Hauptkomponentenanalyse (PCA) für Reize unterschiedlicher Modalitäten und Bedeutungen (S1/Warnreiz, S2/imperativer Reiz). Das S2-EKP reitet auf einer vorausgehenden langsamen Negativierung; entsprechend überwiegen die anschließenden positiven Verschiebungen im „Grand average" (*oben*). Die Komponentenstrukturen (Varimax-Rotation) zeigen in dem hier dargestellten endogenen Bereich sehr gute Übereinstimmung. Die wahrscheinlich supratemporal generierte akustische N1a und die somatosensorische P1 sind modalitätsspezifisch und haben auch z. T. exogene Eigenschaften (sind also von physikalischen Charakteristika des Reizes abhängig). Kovarianzmatrizen aus 500-ms-Sweeps frontaler, zentraler und parietaler Ableitungen mit 100 Hz Abtastfrequenz waren Ausgangspunkt für die PCA. Wird – wie im vorliegenden Fall – die Spur der Matrix gleich ihrer Dimension gesetzt, so resultiert das Eigenwert >1-Kriterium z. T. in einer 6. Komponente, die evtl. Rauschen oder Latenzvariabilitäten wiedergibt. Grundsätzlich können natürlich auch 6 Komponenten unabhängig von den Eigenwerten extrahiert werden; dann ergibt sich diese Komponente wie im Fall des visuellen S2 zusätzlich

Funktionensatz verwendet werden. Ein vollständiger Funktionensatz besteht aus unendlich vielen Funktionen $f_i(t)$, die durch Linearkombination jede beliebige Funktion beliebig genau approximieren können. Beispiele für häufig eingesetzte Funktionensätze sind Sinus- (Fourier-Analyse) und Cosinusfunktionen und orthogonale Polynome. Der Grundgedanke des allgemeinen Ansatzes von Gl. (5.29) ist dabei, die in den EKP(t) enthaltene Datenmenge auf die „kompaktere" Form der $a_i$ zu reduzieren. Dieses Verfahren verspricht natürlich nur dann Erfolg, wenn bei nicht zu großen N eine schon recht gute Approximation erreicht wird, so daß nicht zuviele $a_i$ betrachtet werden müssen. Die multivariaten Verfahren erreichen bei kleinem N bereits eine sehr gute Approximation, da die zugrundegelegten Funktionen fi(t) ja dem Datensatz EKP(t) angepaßt sind. Im Gegensatz zu den grundlegenden Funktionensätzen müssen sie erst durch eine aufwendige Analyse ermittelt werden. [Vor- und Nachteile der verschiedenen Verfahren bei der Anwendung auf evozierte Potentiale werden von Martin et al. (1979) diskutiert. Vor allem die dort diskutierten Walsh-Hadamard-Funktionen (Rechteckfunktionen) und Haarfunktionen (bestehend aus einem einzigen Zyklus von Rechteckfunktionen) könnten sich für die Anwendung bei EKP als interessant erweisen.]

Anwendbarkeit und Validität der PCA wurden z. B. von Rösler u. Manzey (1981) kritisch betrachtet. Vor allem drei Probleme lassen sich bisher noch schwer überwinden und sind entsprechend bei der Dateninterpretation zu berücksichtigen.

1. Mit der PCA kann man Latenzunterschiede der Komponenten nur schlecht beschreiben, vor allem, wenn eine Komponente in ihrer Latenz auf einem Kontinuum variiert. Wenn eine Komponente hinsichtlich ihrer Latenz eine eher zweigipflige Verteilung aufweist, lassen sich diese Latenzunterschiede allerdings oft durch zwei Komponenten beschreiben. (Allerdings kann etwa eine Halbwelle durch Addition einer geeigneten sinusförmigen Komponente innerhalb gewisser Grenzen auch kontinuierlich latenzverschoben werden.)

2. Beim Einsatz der PCA kann man bisher weder auf eine Regel noch auf eine generelle Übereinstimmung zurückgreifen, wie viele Komponenten zu extrahieren sind. Oft wird als obere Grenze der zu extrahierenden Komponenten die Anzahl gesetzt, die aus der Erfahrung gut interpretiert werden kann. Transformiert man die Kovarianzmatrix so, daß die Spur gleich ihrer Dimension ist, so liegt erfahrungsgemäß ein sinnvolles Kriterium für die Extraktion einer Komponente oft dann vor, wenn ihr Eigenwert größer als 1 ist.

3. Die Extraktion der Hauptkomponenten erfolgt sukzessiv. Ist eine Komponente extrahiert worden, so kann sich eine folgende mit ihr nicht ohne Vorzeichenwechsel überlappen, da sonst die entsprechende Kovarianz ja bereits die vorausgehenden Faktorladungen entsprechend verändert hätte. Mathematisch bedeutet dies, daß die Hauptkomponenten orthogonal zueinander sein müssen. Obwohl orthogonale Komponenten sich im isoliert betrachteten Experiment als sinnvolle Parametrisierung erweisen können, entbehren sie jedoch im allgemeinen unter psychophysiologischem Aspekt des Sinnes, vor allem dann, wenn in einer Komponente mehr als ein bloßer Parameter gesehen wird. (Der Begriff der „Komponente" unter eher psychophysiologischem als statistischem Aspekt wird am PCA-Beispiel diskutiert, s. unten.) Es ist also sinnvoll, das Orthogonalitätskriterium aufzugeben und an dessen Stelle ein anderes Kriterium zu setzen. Derzeit besteht allerdings keine Klarheit darüber, welches Kriterium am günstigsten gewählt wird. Meist werden Verfahren angewandt, die die zeitliche Ausdehnung einer Komponente minimieren und die Faktorenladungen in den verbleibenden Bereichen dafür maximieren. Eine solche Varianzmaximierung wird durch Varimax-Rotation erreicht. Es ergibt sich also die Frage, ob und welche Rotation durchgeführt werden soll.

4. Schließlich kann als weiterer Nachteil der PCA angeführt werden, daß das Wissen aus vorhergehenden (ähnlichen) Untersuchungen nicht mit in die Parametrisierung des vorliegenden Kurvenverlaufs eingeht.

Um Aufschluß sowohl über die Reliabilität der PCA als auch über grundlegende LP-Verläufe zu gewinnen, haben wir die Daten von 7 Studien mit Hilfe der PCA analysiert und verglichen. Alle 7 Studien glichen sich hinsichtlich des Zwei-Stimulus-Paradigmas mit akustischem S1, Antizipationsintervall von 6 s und akustischem oder visuellem S2, der in einem Teil der Studien zu einer Reaktion aufforderte. Die LP während des S1 – S2-Intervalles wurden der PCA unterworfen. Ferner glichen sich die Studien dahingehend, daß das EEG mit einer Zeit-konstanten von 30 s abgeleitet und mit einer Digitalisierungsrate von 100 Hz abgetastet wurde. Der analoge Tiefpaßfilter lag bei 30 Hz. Die digitalisierten Daten wurden zu 0,2-s-Punkten gefiltert, bezogen auf eine Prä-Stimulus-Baseline von 1 s. Dieses Verfahren resultiert in 30 Punkten für das Antizipationsintervall von 6 s Dauer. Anschließend wurden die Daten für jede Versuchsperson über jeweils 20 Durchgänge mit gleichen experimentellen Bedingungen gemittelt. Die so gewonnenen Verläufe bildeten den Ausgangspunkt für die Berechnung der Kovarianzmatrix. Tabelle 5.2a,b gibt einen Überblick über die einzelnen Studien, ihre experimentellen Anordnungen, die mit dem S2 assoziierte Aufgabe und die experimentellen Ergebnisse; Tabelle 5.3 gibt die Anzahl der Versuchspersonen pro Studie, die Anzahl der jeweiligen Bedingungen (jeweils 20 Durchgänge der gleichen Bedingung), die Ableitungsorte und die Referenzelektroden für jede Studie an.

Jeder der 7 Datensätze wurde einer PCA unterworfen, die alle Bedingungen und Ableitungspunkte einbezog. Es wurden jeweils zwei und drei Komponenten extrahiert (unabhängig von den Größen der Eigenwerte). (Wurde die Kovarianzmatrix so normalisiert, daß die Spur gleich ihrer Dimension war, so ergaben sich entweder zwei oder drei Komponenten mit Eigenwerten größer als 1. Eine höhere zeitliche Auflösung, etwa in 100-ms-Punkten, liefert für die meisten Studien drei oder vier Komponenten mit Eigenwerten größer als 1.) Faktorwerte wurden sowohl für die unrotierten Komponenten als auch für die varimax-rotierten Komponenten berechnet. Anschließend wurden die Ergebnisse mittels Varianzanalysen auf statistische Signifikanz überprüft. Dabei richteten sich die ANOVA-Faktoren nach den entsprechenden experimentellen Bedingungen der einzelnen Studie.

Abbildung 5.14 zeigt die ersten drei unrotierten Komponenten (als c1, c2 und c3 bezeichnet) auf der linken Seite und die varimax-rotierten Komponenten auf der rechten Seite. Die Komponenten wurden nach ihren zeitlichen Ladungsmustern als „frühe", „mittlere" und „späte" bezeichnet. Eine Varimax-Rotation mit nur zwei Komponenten resultiert allerdings in Funktionen, die nur der frühen und der späten Komponente ähneln. Tabelle 5.4 faßt die nominell erklärte Varianz für die unrotierten und die varimax-rotierten Komponenten zusammen.

In allen Studien erklärt die späte Komponente (rotierte Version) nominell die meiste Varianz; dem folgt in 6 Studien die mittlere Komponente. In allen Studien ist die Amplitude der frühen Komponente über dem Frontalkortex am stärksten ausgeprägt. Demgegenüber nimmt die Amplitude über präzentralen und parietalen Arealen ab; parietal ist kein Beitrag dieser Komponente zur Negativierung zu finden. Demgegenüber zeigt sich für die späte Komponente, die einen rampenförmigen Verlauf während des 6-s-Intervalles aufweist, längs der Mittellinie ein Maximum über dem Vertex; diese Komponente kann aber je nach Aufgabe auch über anderen Arealen ausgeprägt sein. Für die mittlere Komponente ergab sich

**Tabelle 5.2a.** Darstellung der Versuchsbedingungen und Ergebnisse der 7 PCA-analysierten Studien. Der Warnreiz (S1) war in jeder Studie akustisch (Töne von 700 und/oder 1200 Hz, 65 dB)

| Studie | Aufgabe mit S2 | Ergebnisse |
|---|---|---|
| 1 | Unterbreche Ton so schnell wie möglich | a) LP-Amplitudenreduktion über die Durchgänge für die Ableitungen unterschiedlich <br> b) LP-Amplitudenreduktion über die Durchgänge unterschiedlich zwischen Gruppen [Plazebo gegenüber Pharmaka (Neuropeptid)] |
| 2 | Flucht aus aversivem Geräusch durch Knopfdruck | a) Größere LP-Negativierung vor aversivem gegenüber neutralem S2 <br> b) Dieser S2-Effekt variiert zwischen den Ableitungen (Topographie) <br> c) Topographisch unterschiedliche Abnahme der Amplitude über die Durchgänge <br> d) Amplitudenreduktion variiert zwischen Gruppen wie in Studie 1 |
| 3 | Schmerzbewältigung (keine motorische Reaktion) | a) Größere Negativierung vor aversivem S2 (Geräusch + schmerzhafter elektr. Schlag) gegenüber Ton + leichte elektr. Reizung <br> b) Dieser S2-Effekt variiert zwischen Ableitungen <br> c) S2-Effekt nimmt mit zunehmender Aversivität zu |
| 4 | Lösen von Rechenaufgaben oder Mustervergleich | a) Laterale Asymmetrie der LP in Abhängigkeit vom Aufgabentyp (Rechnen oder Mustervergleich) |
| 5 | Wie Studie 2, keine Fluchtmöglichkeit mehr nach 40 Durchgängen | a) Größere Negativierung vor aversivem gegenüber neutralem S2 <br> b) PINV nach Kontrollverlust |
| 6 | Möglichst schnelle Knopfdruckreaktion | a) Größere Negativierung unter Unsicherheit signalisierender Umgebung gegenüber Sicherheit signalisierendem tonischem Hintergrund |
| 7 | LP-Rückmeldung 2. Phase: Transfer ohne Rückmeldung | a) Erfolgreiche Selbstregulation der LP-Amplitude |

**Tabelle 5.3.** Charakteristik der 7 Studien

| Studie | Vpn | Bedingungen | Elektroden | Referenz |
|---|---|---|---|---|
| 1 | 32 | 8 | Fz, Cz, Pz | v. Ohren |
| 2 | 32 | 10 | Fz, Cz | v. Ohren |
| 3 | 12 | 6 | Fz, Cz, Pz, Oz | v. Ohren |
| 4 | 16 | 4 | C3, C4, T3, T4 | nonceph. |
| 5 | 28 | 8 | Fz, Cz, Pz | v. Ohren |
| 6 | 32 | 2 | Fz, Cz, Pz | v. Ohren |
| 7 | 20 | 8 | Fz, Cz | nonceph. |

keine systematische topographische Verteilung in den vorliegenden Studien. Die mittlere Komponente scheint vor allem mit der Anzahl gleicher, wiederholter Durchgänge zu variieren, und sie beschreibt u. U. topographische Unterschiede, wie sie mit zunehmender Erfahrung bei der Versuchsperson entstehen. Die Va-

**Tabelle 5.2b.** Ergebnisse der Hauptkomponentenanalysen. Nur für die Effekte 1a), 2c) und 6a) ergibt die 3. Komponente zusätzliche Information. *: p < 0,05; **: p < 0,01. (Nach Lutzenberger et al. 1981)

| Ergebnis | 3 Komponenten | | 2 Komponenten rotiert | 3. Komponente reduziert Varianz | Vorzug der rotierten Lösung |
|---|---|---|---|---|---|
| | unrotiert | VARIMAX-rotiert | | | |
| 1a) | C3* | mittel* früh* | n.s. | | ja |
| b) | C1* | spät* | spät* | – | nein |
| 2a) | C1* C2* | spät** | spät** | + | ja |
| b) | C1* | spät* | spät** | – | 0 |
| c) | C3* | mittel* | n.s. | | ja |
| d) | C2** | mittel** | spät* | + | 0 |
| 3a) | n.s. | spät* | spät* | + | ja |
| b) | C1** C3** | spät* früh** | spät* | + | nein |
| c) | C1* | spät* | spät* | – | nein |
| 4a) | n.s. | spät* | n.s. | + | ja |
| 5a) | C3* | spät* | spät* | + | ja |
| b) | C1* | früh* mittel* | früh* | + | 0 |
| 6a) | C3* | mittel* | n.s. | | ja |
| 7a) | C2* | spät** | spät* | + | ja |
| b) | C1** | früh** | früh* | + | ja |
| c) | C3* C3* | spät** mittel** | spät* früh* | + | ja |

**Tabelle 5.4.** Prozentzahlen der nominell durch die Hauptkomponenten erklärten Varianz

| Studie | nicht rotiert | | | | 3 Komp. rotiert | | | 2 Komp. rotiert | |
|---|---|---|---|---|---|---|---|---|---|
| | C1 | C2 | C3 | Summe | früh | mittel | spät | früh | spät |
| 1 | 82 | 8 | 3 | 93 | 29 | 21 | 43 | 40 | 50 |
| 2 | 76 | 9 | 4 | 89 | 14 | 27 | 48 | 30 | 55 |
| 3 | 76 | 11 | 6 | 93 | 19 | 26 | 48 | 26 | 61 |
| 4 | 77 | 8 | 4 | 89 | 17 | 28 | 45 | 23 | 62 |
| 5 | 77 | 9 | 4 | 90 | 19 | 24 | 47 | 28 | 58 |
| 6 | 75 | 11 | 4 | 90 | 20 | 24 | 47 | 29 | 57 |
| 7 | 73 | 12 | 5 | 90 | 13 | 33 | 43 | 31 | 53 |

rianz der mittleren Komponente basiert auch auf interindividuellen Unterschieden. Zur Veranschaulichung signalisiert in Tabelle 5.2 ein „ja", daß die mittlere Komponente zusätzliche Information birgt (wenn also die ANOVA signifikante Effekte ergab, die nicht bereits für die frühe und späte Komponente dokumentiert wurden). In den meisten Studien reduziert die dritte Komponente die Fehler-

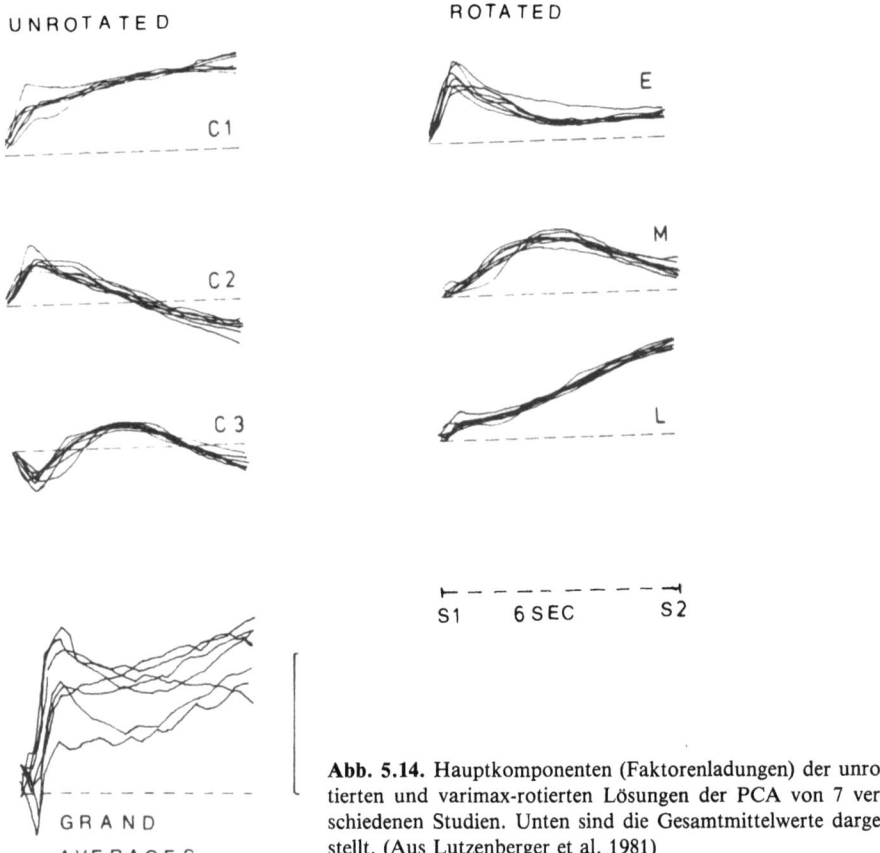

UNROTATED

ROTATED

C 1

C 2

C 3

E

M

L

S1    6 SEC    S2

GRAND
AVERAGES

**Abb. 5.14.** Hauptkomponenten (Faktorenladungen) der unrotierten und varimax-rotierten Lösungen der PCA von 7 verschiedenen Studien. Unten sind die Gesamtmittelwerte dargestellt. (Aus Lutzenberger et al. 1981)

varianz der beiden anderen Komponenten in der Varimax-Rotation. Die Angabe der Wahrscheinlichkeiten der ANOVA-Effekte in Tabelle 5.2 soll eine Einschätzung der Varimax-Rotation ermöglichen. Wie aus Tabelle 5.2 hervorgeht, legen die Ergebnisse aller bis auf die eine Studie nahe, der Varimax-Rotation hinsichtlich dieses Kriteriums (Reduktion der Fehlervarianz) verglichen mit den Analysen unrotierter Komponenten den Vorzug zu geben.

Die durch die PCA gewonnenen Hauptkomponenten der EKP zeigen eine bemerkenswerte Stabilität über unterschiedliche experimentelle Bedingungen hinweg. Die frühe und späte Komponente, wie sie hier beschrieben wurden, ähneln ferner den Komponenten, wie sie von anderen Autoren für unterschiedliche experimentelle Bedingungen beschrieben werden (siehe z. B. Donchin et al. 1977; Sanquist et al. 1981; Plooij-Van-Gorsel 1981; Rohrbaugh u. Gaillard 1983). Dies spricht dafür, daß die PCA eine reliable Methode darstellt, um Komponenten zu determinieren und Vergleiche zwischen Studien und Laboratorien zu gestatten. Unsere Präferenz für die Varimax-Rotation wird unterstützt durch Rohrbaugh u. Gaillard, die in der CNV-Form die Kombination von zwei grundsätzlichen Prozessen sehen: einer negativen LP-Komponente, die der „negative afterwave" entspricht, einer langsamen Negativierung, die singulären Reizen folgt (Rohrbaugh et al. 1978, 1979); und einer späten Komponente mit den Charakteristiken des Bereitschaftspotentials (s. Abschn. 1.3; Kornhuber u. Deecke 1965; s. auch Rohrbaugh u. Gaillard 1983). Die von Rohrbaugh beschriebenen zwei Komponenten sind in ihrer Form weitgehend mit den von uns beschriebenen frühen und späten rotierten Komponenten identisch. Eine dritte Komponente wird vermutlich dann extrahiert, wenn das Kriterium nicht zu strikt angewandt wird. Dies mag inkonsistente Ergebnisse hinsichtlich der dritten, mittleren Komponente erklären. Möglicherweise spiegelt sich in der dritten Komponente aber auch der zuvor genannte Nachteil der PCA, Latenz- und Gestaltunterschiede nicht zu berücksichtigen. Der Zeitraum oder Zeitpunkt, zu dem die frühe Negativierung abnimmt, ebenso wie der Zeitpunkt, zu dem die späte Negativierung ansteigt, hängen ab von verschiedenen Faktoren, z. B. der Vorhersagbarkeit des S2-Einsatzes. Es erscheint durchaus möglich, daß sich Verschiebungen oder Überlappungen der frühen und späten Komponente in der dritten Komponente niederschlagen, was die inkonsistente topographische Verteilung für diese Komponente erklären würde. Ebenso ist es möglich, eine vierte Komponente zu extrahieren, wenn die zeitliche Auflösung nach dem S1-Einsatz groß genug ist. Diese Komponente zeichnet sich vor allem durch Positivität über dem Parietalkortex aus und kann mit dem P300/slow-wave-Komplex assoziiert werden.

Wie bereits aus dem vorgestellten Beispiel einer Hauptkomponentenanalyse deutlich wird, beinhaltet der Begriff der „Komponente" unter psychophysiologischem Aspekt mehr als eine Hauptkomponente oder einen beliebigen Parameter. Oft wird eine Komponente als funktionale Einheit angegeben, „die aufgrund ihrer Morphologie im Spannungszeitdiagramm sowie aufgrund experimenteller Randbedingungen identifiziert werden kann" (Rösler 1982, S. 31). Entsprechend der Sichtweise, daß sich im EKP-Verlauf die Informationsverarbeitung des Gehirns widerspiegelt, wird die Komponente als Manifestation eines Teilprozesses dieser Verarbeitung gesehen. Man stellt sich quasi vor, daß ein Ereignis die Aktivität einer Reihe von verschalteten Prozessen auslöst. Die Aktivität eines solchen Prozesses manifestiert sich dabei in immer der gleichen Komponente, unabhängig vom auslösenden Ereignis. In diesem Zusammenhang wird dann gefragt, was den Prozessor bzw. die Komponente „triggert", welche Transformationen der Information von ihm vorgenommen werden, welche Datenausgänge vorkommen und welche modulierenden Faktoren wirken. Vor allem diese modulierenden Faktoren, aber auch die Art der Information bedingen, daß Amplitude, Latenz und Topographie nicht mehr als starre, fixierte Merkmale zu betrachten sind.

Angestrebt wird also die exakte Bestimmung der funktionalen Bedeutung einer Komponente, d. h. die eindeutige Zuordnung einer Teilfunktion der Informationsverarbeitung zu einem Charakteristikum eines hirnelektrischen Phänomens (Rösler 1982). In Anlehnung an Donchin et al. (1978) und Rösler (1982) läßt sich der Begriff „Komponente" psychophysiologisch wie folgt definieren:

1. Eine Komponente ist ein Beitrag zum EKP-Verlauf, der mit eindeutiger Polarität und Morphologie in einem eingegrenzten Latenzbereich nach oder vor einem bestimmten Ereignis auftritt.

2. Als *exogen* wird eine Komponente bezeichnet, wenn sie (a) mit gleicher Charakteristik unabhängig vom (psychologischen) Signalkontext ausgelöst wer-

den kann, und (b) zwischen den charakteristischen Merkmalen der Komponente und physikalischen Parametern des Ereignisses ein funktionaler Zusammenhang hergestellt werden kann. Exogene Komponenten sind in der Regel kurzlatent (bis 100 ms) und treten kortikal über primären (sensorischen) Rindenfeldern hervor. Sie signalisieren quasi „festverdrahtete", automatische Verarbeitungsprozesse.

3. Als *endogen* wird eine Komponente bezeichnet, wenn (a) sie mit gleicher Charakteristik unabhängig von den genauen physikalischen Eigenschaften des Ereignisses auftritt, und (b) die Variation ihrer charakteristischen Eigenschaften (wie Amplitude und Latenz) aus psychologisch faßbaren Bedingungen heraus erklärbar sind. Kovariationen mit physikalischen Merkmalen sind zum großen Teil auf intervenierende Variablen zurückzuführen. So hat z. B. ein lauteres Geräusch u. U. neben seiner physikalischen Qualität auch eine psychologisch unterschiedliche Bedeutung, wenn etwa statt einer Orientierungsreaktion eine Abwehrreaktion ausgelöst wird.

Endogene Komponenten treten in der Regel frühestens 50 – 100 ms nach Reizbeginn auf und repräsentieren eher flexible, vom Organismus steuerbare Teilprozesse wie die Selektion von Information, Suchoperationen im Gedächtnis etc. Solche Informationsverarbeitungsprozesse müssen z. T. recht unterschiedlichen Strukturen zugeordnet werden; entsprechend unterschiedlich kann deshalb auch die Topographie mancher Komponenten ausfallen. (Exogen und endogen sind idealisierte Kennzeichnungen, die oft nur überwiegend für eine Komponente gelten.)

Aus diesen Überlegungen kann abgeleitet werden, daß die Bestimmung von Hauptkomponenten keinesfalls eine befriedigende Lösung für die Bestimmung eines Komponentensatzes sein kann. So können etwa Kovariationen zweier Komponenten zu ein und derselben Hauptkomponente führen, während kontinuierliche Latenzverschiebungen einer Komponente mehrere Hauptkomponenten zur Folge haben können. Schließlich ist die weitere statistische Verarbeitung der Komponenten nicht ohne Probleme: Da die Komponenten aus Varianzschätzungen des jeweiligen Experiments gewonnen werden, wobei systematische und unsystematische Varianzen zusammenkommen, können statistische Fehler sowohl unter- als auch überschätzt werden. Eine allgemeine Abschätzung dieser Fehler ist noch nicht gelungen. Wir haben bei zwei unserer Experimente die Komponenten des jeweils anderen Versuchs genommen, um die Effekte zu bestimmen. In diesen Fällen wurden die statistischen Effekte sogar deutlicher, was als schwacher Hinweis darauf dienen kann, daß zumindest bei Datensätzen ähnlicher Art die PCA eher zu konservativ schätzt.

Es liegt daher nahe, die PCA nur als Instrument zu betrachten, das zur Auffindung von Wellenformen dienen kann. Charakteristische, sich über Experimente hinweg wiederholende Komponenten könnten dann durch jeweils eine mathematische Funktion approximiert werden, deren Parameter nicht nur die Amplitude, sondern auch leicht Form und/oder Latenz verändern können. Ein Beispiel eines solchen Funktionensatzes für langsame Potentiale wird im folgenden Abschnitt beschrieben.

## 5.7 Heuristische mathematische Modelle zur Beschreibung von EKP am Beispiel der CNV

Meist wird die Struktur der phasischen physiologischen Reaktionen, insbesondere der EKP, aus dem jeweiligen Datensatz ermittelt. Die Ermittlung von Parametersätzen erfolgt ohne a priori Annahmen über Form, Anzahl oder Anordnung einzelner Komponenten. Ein typisches Beispiel hierfür ist die Hauptkomponentenanalyse, die ausschließlich vom jeweils vorliegenden Datensatz ausgehend die einzelnen Komponenten bestimmt. Dieses Vorgehen ist vor allem dann problematisch, wenn die systematisch-experimentell bedingten Varianzen gegenüber Fehlervarianzen (z. B. artefaktbedingt) klein sind. Hinzu kommen die im vorausgehenden Abschnitt dargestellten Probleme bei der PCA (Anzahl zu extrahierender Komponenten liegt nicht fest; Frage der adäquaten Rotation; Latenzunterschiede werden oft nicht in einem Parameter bzw. einer Komponente erfaßt; wichtige Varianzen, die sich aber nur in relativ wenigen Punkten bemerkbar machen, werden nicht erfaßt).

Den genannten Problemen kann begegnet werden, wenn a priori ein Modell aufgestellt wird, das in der Lage ist, mit möglichst wenigen Parametern (Grundsatz der Einfachheit) möglichst viele systematische Varianzen (Vollständigkeit) zu beschreiben. Ein solches Modell kann jeweils aus den bisher bekannten Ergebnissen unter Berücksichtigung theoretischer Überlegungen konstruiert werden. Dabei fließen neben den Daten aus vergleichbaren Versuchsanordnungen u. U. auch Erkenntnisse aus ganz anderen Gebieten (etwa der Physiologie) ein, die Anforderungen an solche Modelle stellen und somit die Auswahl erleichtern.

Prinzipiell wird bei der Bildung von Modellen davon ausgegangen, daß sich eine phasische Reizantwort in mehrere Einheiten oder Komponenten zerlegen läßt, die jeweils unabhängig voneinander variieren können (aber unter bestimmten Bedingungen natürlich auch kovariieren können). Bei der Hauptkomponentenanalyse mit den Komponenten $c_1(t)\ldots c_n(t)$ wird die Linearkombination der $c_i(t)$ an die gemessene phasische Reaktion $R(t)$ bestmöglichst angepaßt:

$$R(t) = \sum_i a_i \cdot c_i(t) + error(t) . \tag{5.30}$$

Die Amplituden ‚$a_i$‘ werden so festgelegt, daß der Wert $error(t) = e(t)$ minimal ist. Typischerweise erfolgt dies, indem die Summe der Abweichungsquadrate $\int |e(t)|^2 dt$ minimiert wird.

Die Bildung von Modellen für die phasische Reaktion $R(t)$ erfolgt prinzipiell nach dem gleichen Schema, wobei allerdings neben den Amplituden $a_i$ auch andere Parameter, etwa die Form der Komponente oder ihre Latenz, variiert werden können.

Bei den EKP bieten Ansätze wie in Gl. (5.28) zusätzlich die Möglichkeit, okulare Einflüsse zu berücksichtigen, wenn der Verlauf des EOG mit als Komponente eingesetzt wird (s. auch Gl. (4.7) und (4.8)):

$$R^\nu(t) = \sum_i a_i^\nu \cdot c_i(t) + \hat{g}^\nu \cdot EOG^\nu(t) + e^\nu(t) . \tag{5.31}$$

Eine Anpassung nach Gl. (5.31) erfolgt dabei getrennt für jeden Pb, Ableitung und experimentelle Bedingung $\nu$.

Als Komponenten $c_i(t)$ nach Gl. (5.30) und Gl. (5.31) können nun Hauptkomponenten eingesetzt werden. Die Nachteile eines solchen Verfahrens wurden bereits diskutiert. Es lassen sich aber z. T. in Anlehnung an Hauptkomponenten aus vergleichbaren Experimentalanordnungen Funktionensätze konstruieren, die den gefundenen Variationen weitgehend entsprechen. Dabei kann auch von physiologischen Überlegungen ausgehend der Test solcher Funktionen erfolgen.

O'Connor et al. (1983) argumentieren, daß gedämpfte Sinusschwingungen der Form

$$c(t) = a \cdot \exp(-bt) \cdot \sin(w(t - t_c)) \tag{5.32}$$

geeignet sind, EKP-Komponenten zu modellieren. Die Autoren stützen sich dabei auf die neurophysiologischen Untersuchungen von Freeman (1972), denen zufolge verknüpfte Neuronenverbände entsprechende Charakteristiken bei Stimulation mit kurzen Reizen aufweisen. Freeman konnte zeigen, daß Gl. (5.32) die Reaktion eines neuronalen Netzwerks gut zu beschreiben vermag. O'Connor et al. (1983) registrierten visuell evozierte Potentiale vom visuellen Kortex der Ratte und verwendeten Komponenten nach Gl. (5.32), um die Potentiale entsprechend Gl. (5.30) zu modellieren. Dieses Modell war in der Lage, die evozierten Potentiale vor und nach der Verabreichung eines Anästhetikums, das die neuronale Aktivität veränderte, genau zu beschreiben.

Otto et al. (1977) waren unter den ersten, die für LP ein Modell konstruierten, das sich aus vier Komponenten – während Vorbereitung und Ausführung anhaltender motorischer Tätigkeit – zusammensetzte:

$$LP = a \cdot CNV + b \cdot PRC + c \cdot BP + d \cdot LPC . \tag{5.33}$$

Als CNV wurde ein gekrümmter Anstieg mit Einsatz des S1 verwendet, während für das Bereitschaftspotential (BP) ein linearer, rampenförmiger Anstieg gewählt wurde. Als LPC („late positive component" oder „slow wave"), also als langsame Positivierung auf die sensorischen Ereignisse, wurde eine Auslenkung gewählt, die bereits zum ersten Viertelsekundenmittel leicht positiv beitragen konnte, aber wesentlich nur während dem Intervallpunkt von $0,25 - 0,5$ s beitragen konnte. Die Komponente PRC („positive response related component"), eine positive Auslenkung, die rampenförmig zum Baseline-Niveau zurückging, wurde eingeführt, da Otto et al. (1977) in ihren Versuchsanordnungen eine langsame Positivierung während der Dauer des Knopfdrucks beobachteten.

Dieses multiple Regressionsmodell war bereits in bemerkenswerter Weise in der Lage, die empirisch gefundenen LP zu simulieren, und konnte zwischen 68 % (Fz), 85 % (Pz) und 86 % (Cz) der Varianz erklären.

Natürlich stellt sich trotzdem bei allen Modellen ähnlich Gl. (5.33) die Frage, inwieweit die gewählten Funktionen tatsächlich einzelne Komponenten im Sinne von Teilprozessen widerzuspiegeln vermögen, und ob nicht andere Funktionensätze und damit andere Parameterwahl den Datensatz besser beschreiben könnten. Das Vorgehen bei der Konstruktion von Modellen muß daher soweit wie möglich theoriegeleitet erfolgen. Im folgenden soll versucht werden, eine derartige Vorgehensweise anhand von LP zu demonstrieren und darzustellen, welche Kriterien für die Auswahl von Modellen bzw. beim Vergleich von Modellen herangezogen werden können.

In Kap. 1 wurde auf unser Modell zur Erklärung langsamer Potentialverschiebungen hingewiesen, wie es bei Rockstroh et al. (1982) zum ersten Mal vorgestellt und ausführlich diskutiert wurde. Zusammenfassend erscheint der Verlauf langsamer Potentiale aus mehreren Komponenten oder Teilprozessen zusammengesetzt. Die einzelnen Komponenten oder Potentialverschiebungen wurden als Ausdruck grundsätzlich unterscheidbarer Prozesse gesehen und im Rahmen psychologischer Konstrukte zu beschreiben versucht. Als mathematisch-statistisches Verfahren zur Trennung der unterschiedlichen funktionalen Einheiten wurde die Hauptkomponentenanalyse (PCA) vorgestellt. Gleichzeitig wurde jedoch auf einige tiefgreifende, bisher nicht gelöste Probleme der PCA hingewiesen.

Eine andere Möglichkeit, grundsätzliche funktionelle Einheiten in der Wellenform der LP zu determinieren, wäre die Anpassung einer mathematischen analytischen Funktion an die Serie von Funktionen, die resultieren würde, wenn man alle verfügbaren PCA-Ergebnisse zusammenfaßt. Es gilt eine mathematische Funktion zu finden, die diese Verläufe adäquat beschreibt, indem aber so wenig Parameter wie möglich variiert werden. Kriterium für die Auswahl bzw. Entwicklung der Funktion ist also *Einfachheit*. Die Validität der Funktion läßt sich prüfen anhand der Adäquatheit oder Genauigkeit, mit der die Summe der entwickelten mathematischen Funktionen mit den gemessenen LP-Verläufen übereinstimmt. Grundsätzlich kann dieses Verfahren für alle Sätze gemessener Kurven angewendet werden, wenn die Anzahl der Funktionen, die zur empirisch bestimmten Kurvenform beiträgt, bekannt ist. Die Ergebnisse zahlreicher Studien weisen darauf hin, daß mindestens zwei unterschiedliche Komponenten, frühe und späte, den Verlauf langsamer Potentiale während eines Antizipationsintervalles beschreiben. Es liegt entsprechend nahe, mathematische Funktionen zu entwickeln, die diese beiden Komponenten und ihre wesentlichen Gestaltveränderungen beschreiben können.

Wie in Kap. 1 beschrieben, wird die späte Komponente vor allem mit der Vorbereitung auf die mit dem S2 assoziierte Leistung in Verbindung gebracht. Mindestens zwei Parameter sind erforderlich, um diese Komponente zu beschreiben: Die Amplitude (Negativierung) zum Zeitpunkt des S2 (hier als N bezeichnet) und ein Parameter x, der den Verlauf in der Generierung beschreibt.

Abbildung 5.15 zeigt empirisch determinierte Kurven für die späte Komponente, wie sie durch die PCA beschrieben werden. Eine PCA kann jedoch nicht ‚x' und ‚N' gleichzeitig in einer Hauptkomponente berücksichtigen. Die Betrachtung der unterschiedlichen Komponentenformen in Abhängigkeit der unterschiedlichen experimentellen Bedingungen zeigt aber, daß der Anstieg der späten Negativierung im Antizipationsintervall früher einsetzen kann, daß die Komponente also den stärker konvexen Verlauf zeigt, wenn der Pb den Zeitpunkt des S2 nicht sicher vorhersagen kann (also etwa zu Beginn einer Serie von Durchgängen oder bei zeitlicher Unbestimmtheit durch variable Intervalle; s. Hermanutz 1983). Diese Unsicherheit führt zu zeitlich früherer Generierung des negativen Potentials. Im Rahmen unseres Erklärungsmodells würde dies dahingehend zu interpretieren sein, daß unter Unsicherheit Potential möglichst rechtzeitig zur Verfügung gestellt wird, als Vorbereitung für einen möglichen Verbrauch bei plötzlich geforderter Leistung. Eher konkave Verläufe der späten Komponente

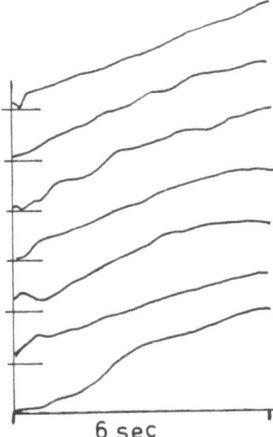

6 sec

kovariieren andererseits mit der Sicherheit des Pbn über den Ablauf des Antizipationsintervalles. Unter dem Ökonomiegesichtspunkt wird Potential erst spät zur Verfügung gestellt, wenn bekannt ist, daß auch die Leistung erst später zu erwarten ist. Die Serie von Funktionen für die späte Komponente, wie sie in Abb. 5.15 dargestellt ist, könnte durch folgende Funktionen beschrieben werden:

$$K2(t) = N(t/T)^x. \tag{5.34}$$

T steht für die Länge des ISIs (S1-S2-Intervall), t beschreibt die ablaufende Zeit (t = 0 bei S1-Beginn), K2 steht für die als Funktion von t resultierende Potentialveränderung, also hier die zweite oder späte Komponente.

Es wurde angenommen, daß x mit der Sicherheit über den Zeitablauf innerhalb des ISI kovariiert. Wenn der Zeitpunkt des S2-Einsatzes unsicher ist, dann gilt $x < 1$; Sicherheit über den Einsatz des S2 bedeutet $x > 1$.

Die frühe negative Potentialverschiebung bzw. die frühe Komponente, K1 (t), wurde sowohl mit der Generierung von vorbereitendem Potential als auch mit dessen Verbrauch in Verbindung gebracht. Die modulierenden Funktionen des mediothalamisch-frontokortikalen Systems (MTFCS) reduzieren die frühe Negativierung auf ein Minimum oder auf 0 mit Ablauf des ISI. Wir können annehmen, daß die Generierung von K1 denselben Regeln folgt wie die Generierung von K2; die resultierende Potentialgenerierung folge t. Ein natürlicher Regelprozeß impliziert immer auch einen Entspannungs- oder Relaxationsprozeß. Dementsprechend ist eine exponentielle Abnahme des Potentials zu erwarten. Wenn Oszillationen ausgeschlossen werden, so gilt:

$$K1(t) = F \cdot (t/T)^y \cdot \exp(-b(t/T)). \tag{5.35}$$

Während F die Größe der Komponente beschreibt, gibt b die Zeit der Regulation dieser Komponente wieder, damit also auch ihren Verlauf. Die in unseren Tests

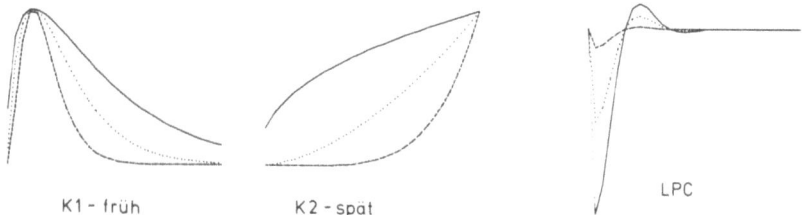

**Abb. 5.16.** Die Funktionen für das beschriebene mathematische Modell: die zugelassene Variationsbreite in der Gestalt ist für die Komponenten *K1* und *K2* sowie für die langsame positive Komponente (*LPC*) dargestellt

zugelassene Variationsbreite der Parameter resultiert in einer Variationsmöglichkeit der Komponenten, die in Abb. 5.16 dargestellt ist.

Für die frühe Komponente wurde dabei der Ort des Maximums auf den Intervallpunkt $0,7-0,8$ s nach Reizeinsatz festgelegt. Danach muß $b = 6/0,7 = 8,571$ gesetzt werden. Bei den Anpassungen der beiden Komponenten zeigt sich aber trotzdem, daß für parietale Ableitungen die frühe Komponente den langsamen positiven Komplex (LPC, slow wave) zu schätzen versucht und so schlechte Ergebnisse liefert. Es wurde daher eine dritte Komponente, LPC, zugelassen mit der Funktion

$$LPC(t) = P \cdot \sin(5\pi t) \cdot \exp(-10t/T + 1) \,. \qquad (5.36)$$

Hier wurde also das erste Maximum gleichfalls festgelegt, nämlich auf $0,4-0,6$ s.

Es sei hier kurz angemerkt, daß die Anpassungen ebenfalls mit latenzverschobenen Gauß-Funktionen $- P\exp(-a(x-t)^2) -$ durchgeführt worden sind, allerdings mit etwas weniger guten Ergebnissen, so daß hierauf nicht eingegangen werden soll.

Das gesamte LP wird nach Gl. (5.37) angenähert (als Modell V5 bezeichnet):

$$LP(t) = LPC(t) + K1(t) + K2(t)$$
$$= P \cdot \sin(5\pi t/T) \cdot \exp(-10t/T + 1) + F \cdot (8,57\tilde{t})^y \cdot \exp(-8.57\,y\tilde{t} + y)$$
$$+ N \cdot (t/T)^x \qquad (5.37)$$

mit $\tilde{t} = t/T - 0,03$ .

Die Anpassung (Fit) erfolgte nach der Methode der kleinsten Quadrate. Um die bei nichtlinearen Fits oft auftretenden Instabilitäten zu vermeiden, wurde eine Beschränkung der Parameter eingeführt. Weiterhin sollten die gemittelten Parameterwerte den Fits an die gemittelten Kurven möglichst ähnlich sein. Dies wurde dadurch erreicht, daß die Formparameter b und x zur weiteren Verarbeitung so transformiert wurden, daß sie den prozentuellen Wert der frühen bzw. späten Komponente in der Mitte des Untersuchungsintervalles darstellten. (Ein Computerprogramm für nichtlineare Fits ist in Anhang C wiedergegeben.)

Abbildung 5.17 zeigt die Rohwerte für eine übliche CNV-Anordung: Ein 6 s andauernder akustischer Warnreiz signalisiert die Reaktion mit Abbruch des Reizes (S2). Die Fit-Werte für drei Ableitungen (Fz, Cz, Pz) nach Gl. (5.37) sind in der gestrichelten Kurve darübergelegt. Dabei erfolgte die Anpassung an die Kurven jedes Pbn getrennt nach Bedingungen. Die transformierten Fit-Parameter wurden dann entsprechend den Originaldaten über Pbn und Bedingungen gemittelt und daraus die Fit-Kurven berechnet.

Da es uns hier vor allem um die Anpassung der LP und nicht um die Anpassung an die früheren Komponenten des EKP (N1, P3) gehen soll, wurde der Anpassung an die ersten Punkte im Intervall bis 0,6 s weniger Gewicht gegeben.

Wie Abb. 5.17 zeigt, gelingt die Anpassung vor allem gegen Ende des Intervalles recht gut. Das Maximum der frühen Komponente ist aber offensichtlich im synthetischen Funktionensatz nicht früh bzw. der Abfall nicht steil genug. Ein Problem ist dabei, daß Gl. (5.35) nach dem Maximum der frühen Negativierung keine positiven Werte mehr zuläßt, einzelne Verläufe solche positiven Werte aber aufweisen. Da die synthetische Kurve aber auch Artefakte und Rauschen unterdrücken soll, kann die Anpassung an die Originaldaten nicht das einzige Kriterium sein. Vielmehr stellt sich die Frage, wieviel systematische Varianz die Parameter der Anpassung erklären können. Dies kann natürlich nur im Vergleich mit anderen statistischen Verfahren ermittelt werden. Im folgenden soll anhand mehrerer experimenteller Datensätze das Modell nach Gl. (5.37) mit PCA-Ergebnissen verglichen werden. Das Modell liefert fünf Parameter: P für die Amplitude der LPC, F und N für die Amplituden der frühen und späten Negativierung, sowie die Formfaktoren x und y, die den Anstieg der späten bzw. den Abfall der frühen Komponente beschreiben. Um einen entsprechenden Vergleich zu erhalten, wurden bei der PCA neben dem üblichen Extraktionskriterium auch fünf Komponenten zugelassen. Das übliche Kriterium, nämlich Eigenwert >1, liefert in den vorliegenden Datensätzen nur drei Komponenten. Die Ergebnisse für fünf und für drei Hauptkomponenten nach Rotation sind in Abb. 5.18 für zwei Datensätze dargestellt (Studie I: Rockstroh et al. 1983, Studie II: Kimmel et al. 1983). Abbildungen 5.19 und 5.20 vergleichen die Ergebnisse für die Anpassung der Hauptkomponenten und des Modells an die Originaldatensätze, getrennt für Ableitungen anhand der „Grand Averages" für zwei Studien. Die Güte der Fits kann über einen F-Bruch, nämlich den Quotienten aus Modellvarianz und Fehlervarianz ermittelt werden. Dieser F-Bruch wurde in beiden Studien für jeden Pbn, für jede Ableitung und jede Bedingung ermittelt und kann somit wiederum statistisch (hier varianzanalytisch) analysiert werden. Zusätzlich wurden in einem zweiten Modell V 3 nur drei Variablen berücksichtigt: Die Amplituden einer frühen und späten Komponente, wie in Abb. 5.25 (S. 155) sowie einer mittleren, parabelförmigen Komponente. Generell zeigt sich, daß beide Modelle für die Pz-Ableitung die kleinsten Gütebrüche ergeben. Dies könnte auf das Fehlen der frühen Komponente in parietalen Ableitungen zurückzuführen sein. Interessanter erscheint, daß sich in der Anpassung auch Gruppen signifikant unterscheiden: Beide Modelle passen die LP von Normalpersonen besser an als diejenigen von Personen mit Körpergefühlsstörungen (s. dazu Lutzenberger et al. 1981): Für Modell V 5 ergibt sich $F(1,36) = 23,7**$, für Modell V 3 $F(1,36) = 6,0*$. Auch der

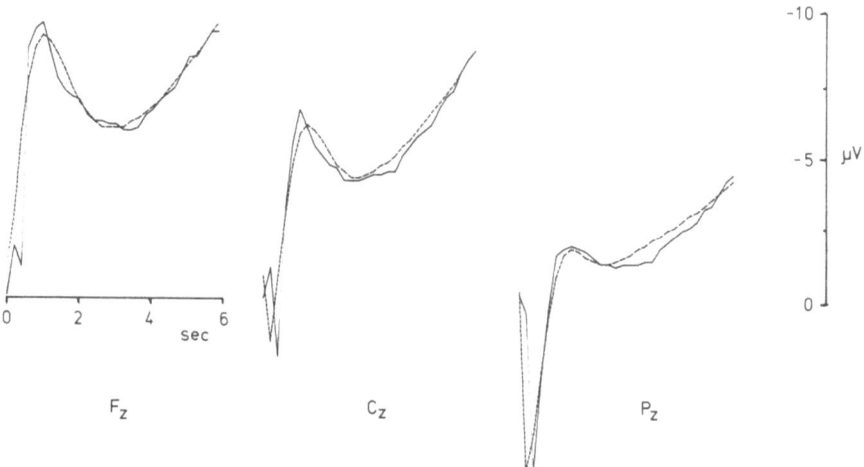

**Abb. 5.17.** Mittlere LP-Verläufe, experimentell ermittelt (*durchgezogene Linien*), verglichen mit entsprechend dem Modell V5 angepaßten Verläufen (Fits − *gestrichelte Linien*)

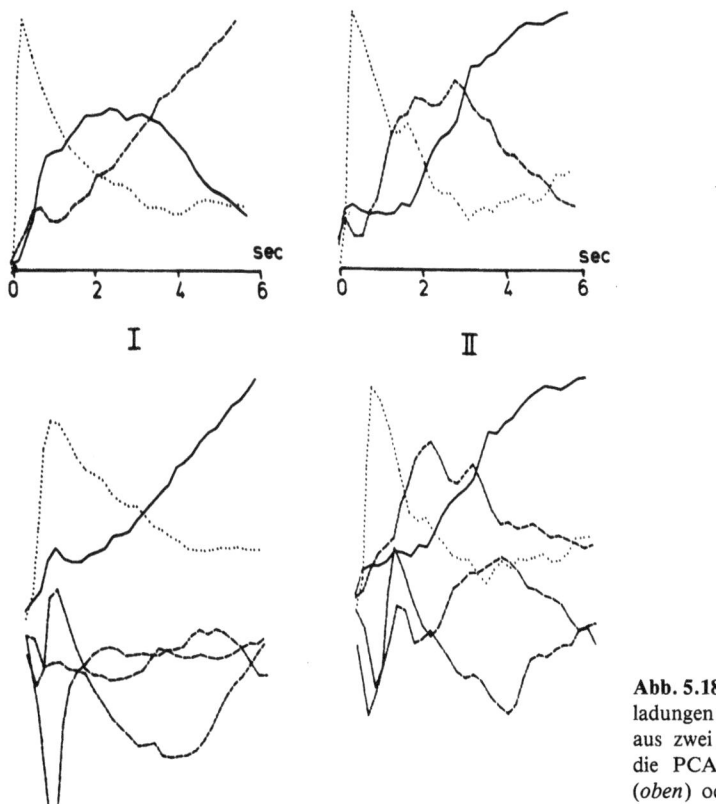

**Abb. 5.18.** Rotierte Faktorenladungen für Komponenten aus zwei Experimenten. Für die PCA wurden jeweils 3 (*oben*) oder 5 (*unten*) Komponenten zugelassen

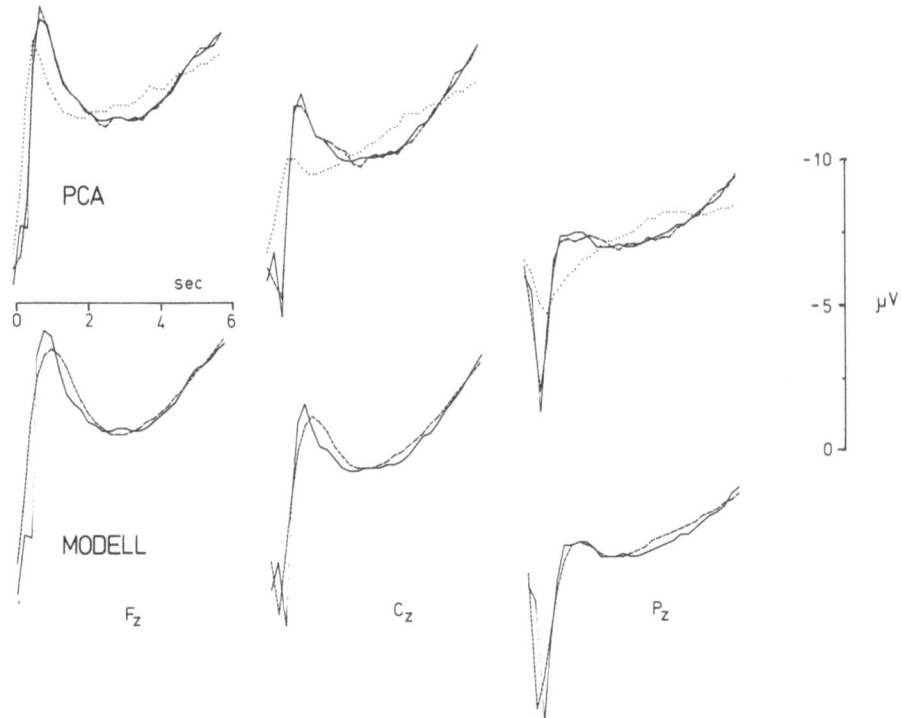

**Abb. 5.19.** Mittlere LP-Verläufe, wie sie aus einem Experiment hervorgehen (*durchgezogen*), und angepaßte Verläufe aus einer PCA mit 3 Komponenten (*gepunktet*), 5 Komponenten (*gestrichelt*). Die gestrichelten Linien in den unteren Ableitungen repräsentieren dem Modell V 5 entsprechend berechnete Verläufe (Studie I)

Fit an LP von normalen Kindern fällt bei Modell V 5 signifikant besser aus (p < 0,05) als bei Anpassung an LP von Kindern mit Aufmerksamkeitsstörungen, ohne daß hier generelle Amplitudenunterschiede gefunden werden (zur Stichprobe s. Stamm et al. 1982).

Diese Ergebnisse zeigen bereits, daß Modelle auch abweichende Kurvenformen aufdecken können.

In Tabelle 5.5 sind die F-Brüche für die topographische Dominanz einer Komponente für die beiden oben genannten Studien dargestellt.

Es zeigt sich, daß alle Analysemethoden die für diese Versuchsanordnungen erwartete topographische Verteilung zu beschreiben vermögen. Die Werte der Hauptkomponenten sind allerdings für die späte Komponente weniger deutlich verteilt als die Modellparameter. Vor allem bei Studie II führt dies zu deutlich kleineren F-Brüchen.

Betrachtet man die übrigen Effekte, so zeigt sich, daß nahezu alle signifikanten Ergebnisse aus den ANOVAs der Hauptkomponentenwerte auch in den Varianzanalysen der Modellparameter ihre Entsprechung finden. Diese Vergleiche wurden bisher für fünf z. T. völlig unterschiedliche Studien durchgeführt und

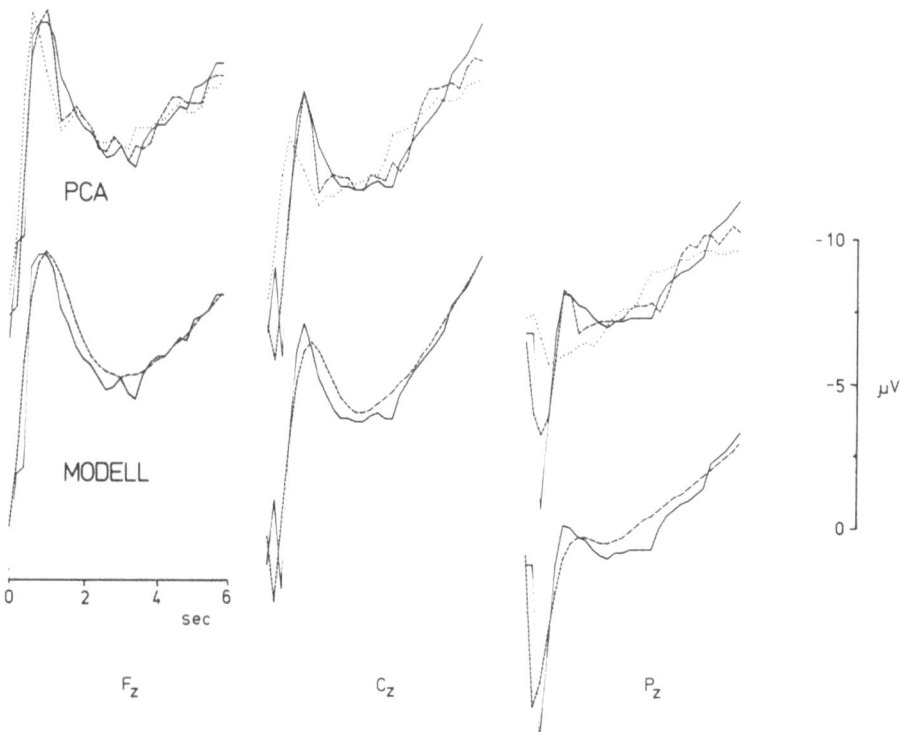

**Abb. 5.20.** Entsprechende LP-Verläufe aus Studie II (analog zu Abb. 5.19)

**Tabelle 5.5.** F-Brüche für die topographische Verteilung

|  | Frühe Komponente max. Fz | | Späte Komponente max. Cz | |
|---|---|---|---|---|
|  | Studie I<br>df 2/72 | Studie II<br>df 2/60 | Studie I<br>df 2/72 | Studie II<br>df 2/60 |
| PCA 3 K | 82 | 119 | 20 | 6 |
| PCA 5 K | 78 | 91<br>(120[a]) | 23 | 6<br>(8[a]) |
| Mod V 3 | 95 | 141 | 51 | 23 |
| Mod V 5 | 100 | 97 | 44 | 17 |

[a] Bei dieser Analyse wurden die Hauptkomponenten von Studie I verwendet, um die Verläufe von Studie II zu modellieren

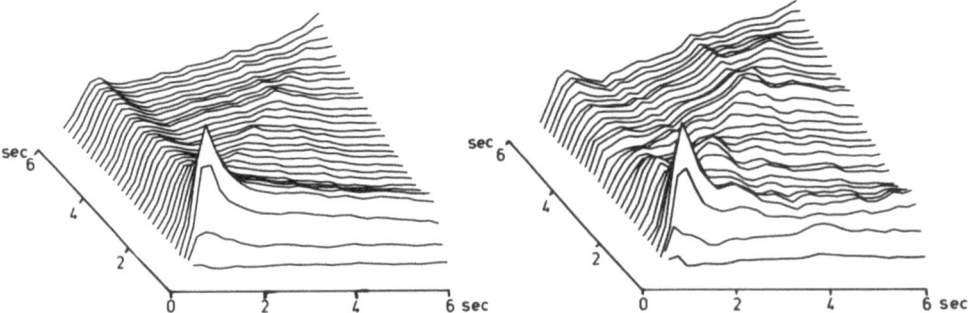

**Abb. 5.21.** Graphische Darstellung der Kovarianzmatrizen von zwei Experimenten. Die Höhe des Gebirges gibt die Kovarianz wieder (Studie I links)

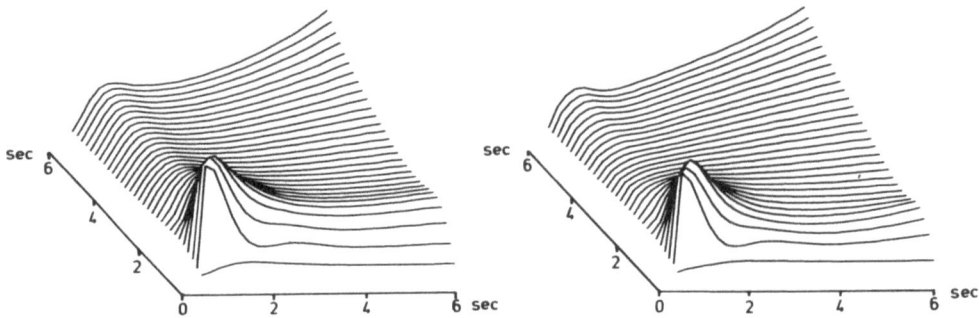

**Abb. 5.22.** Graphische Darstellung der Kovarianzmatrizen (wie in Abb. 5.21), die nun allerdings aus den angepaßten Modellverläufen (V 5) berechnet wurden; die Ausgangsdatensätze für Abb. 5.21 und 5.22 sind die gleichen

zeigen, daß die bloße Anzahl signifikanter Effekte im wesentlichen von der Anzahl der berücksichtigten Parameter (bzw. Hauptkomponenten) abhängt und annähernd für alle hier beschriebenen Analysen gleich ist. Dies kann als Hinweis darauf gewertet werden, daß das beschriebene Modell (Gl. 5.37) in der Lage ist, die wesentlichen Varianzen, wie sie durch die PCA entdeckt werden, zu erfassen. Dies wird auch deutlich, wenn man die Kovarianzstruktur der Originaldaten mit derjenigen der modellierten Daten vergleicht. In Abb. 5.21 und 5.22 sind die Kovarianzmatrizen der Originaldaten und diejenigen der Modelldaten für die zwei genannten Studien dargestellt. Extrahiert man die Hauptkomponenten aus diesen Kovarianzmatrizen, so erhält man nach Varimax-Rotation die in Abb. 5.23 und 5.24 dargestellten Ergebnisse. Der Vergleich von Abb. 5.23 und 5.24 zeigt eine bemerkenswerte Übereinstimmung zwischen beiden Hauptkomponentenanalysen. Interessant ist dabei, daß die PCA auch aus dem Modelldatensatz die mitt-

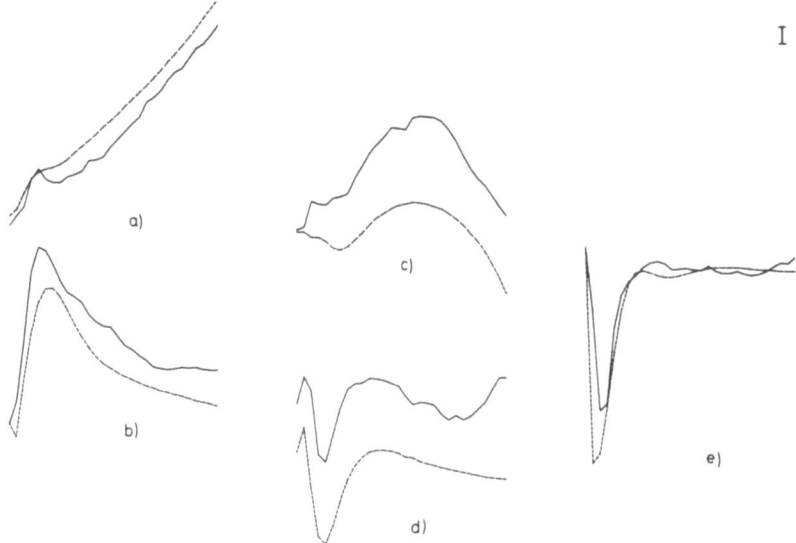

**Abb. 5.23.** Komponenten einer PCA mit 5 Komponenten; die durchgezogenen Linien repräsentieren die aus Experimentaldaten ermittelten Komponenten, die gestrichelten Linien die Komponenten aus einer entsprechenden PCA der angepaßten Modellfunktionen (Studie I)

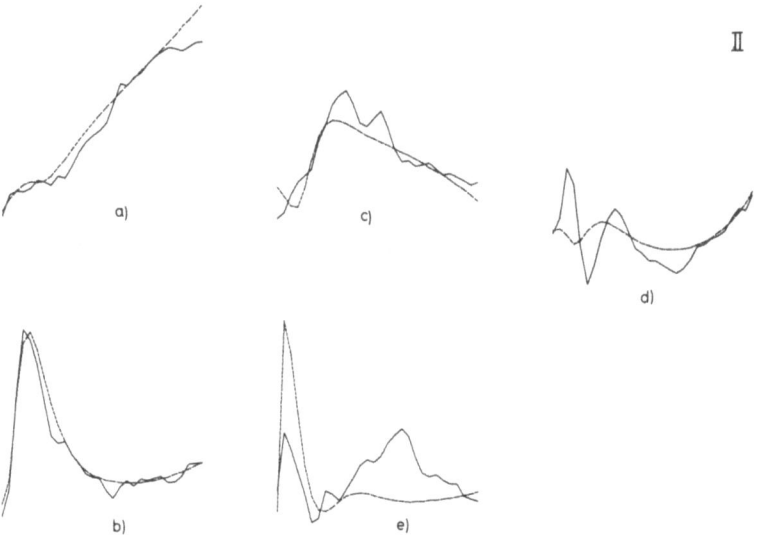

**Abb. 5.24.** Analoga zu Abb. 5.23 für Studie II

lere Hauptkomponente(n) extrahiert, was einmal mehr zeigt, daß Hauptkomponenten keineswegs psychophysiologisch sinnvolle Komponenten wiedergeben müssen. Trotzdem kann die Übereinstimmung der PCA als weiterer Hinweis gewertet werden, daß das Modell in der Lage ist, die experimentellen Varianzen zu beschreiben.

Die Formparameter x für die späte und y für die frühe Komponente können in anschaulichere Form transformiert werden, nämlich als Prozentangabe in der Mitte des S1-S2-Intervalles. Für beide der oben genannten Studien beträgt der Beitrag der späten Komponente bei der Intervallmitte 44% ihrer Maximalamplitude. In den Daten der Studie II zeigt sich ein Habituationseffekt ($F(1,30) = 8,8**$) von 49% auf 39% über zwei Serien von Durchgängen. Dieser Effekt wurde entsprechend den Überlegungen bei der Modellkonstruktion vorhergesagt und bestätigt somit das hypothetische LP-Modell.

Eine Änderung der topographischen Verteilung findet sich nach dem Formparameter der späten Komponente erwartungsgemäß erst, wenn unterschiedliche Aufgabenformen (etwa Reaktionszeit-Durchgänge und Biofeedback-Durchgänge) verglichen werden. Es bedarf jedoch hier noch systematischer Untersuchungen, um zu gesicherten Aussagen zu kommen.

Die Auswertung der Formparameter für die frühe Komponente ergibt 20% für die Studie I (Rockstroh et al. 1983) und 18% für die Studie II (Kimmel et al. 1983), wobei in beiden Fällen ein frontal signifikant stärkerer Abfall zu verzeichnen ist. (Für die Studie I sind die Werte Fz, Cz, Pz: 14%, 20%, 26%; $F(2,72) = 12,0**$; für die Studie II ergeben sich entsprechend 14%, 18%, 22%; $F(2,60) = 3,8*$.)

Bei der Betrachtung der topographischen Unterschiede muß bedacht werden, daß für kleinere Werte der frühen Komponente die Anpassung schwieriger wird und daher der Parameter ,y' leichter überschätzt wird. Auch zeigt die genauere Betrachtung der Abb. 5.17 und 5.18, daß das Modell den steilen Anstieg des LP nach S1-Einsatz nicht gut anpassen kann, der Funktionensatz nach Gl. (5.37) also noch nicht optimal erscheint. Ein Funktionensatz mit der Möglichkeit, schnelleren Anstieg und u. U. steileren Abfall bis zu positiven Werten (bezogen auf Baseline) zu beschreiben, würde hier also möglicherweise zu günstigeren Ergebnissen führen. Hinzu kommt, daß die LPC parietozentral stärker beiträgt und somit die Amplitude der frühen Komponente für Pz und Cz etwas erniedrigt (s. Abb. 5.16 für negative Beiträge der LPC im Bereich um 1 s nach S1-Einsatz), was die Prozentzahlen erhöht.

Die Beiträge der LPC zum Zeitpunkt ihres positiven Maximums sind für Studie I Fz: 4 μV, Cz: 9 μV, Pz: 10 μV; $F(2,72) = 12,6**$; für Studie II ergeben sich: Fz: 6 μV, Cz: 11 μV, Pz: 10 μV; $F(2,60) = 9,9**$.

Diese Verteilung entspricht den üblichen Befunden für den späten positiven Komplex (s. z. B. Rösler 1982). In beiden Studien habituiert die LPC von 10 μV auf 4 μV in Studie I ($F(2,72) = 11,0**$) und von 12 μV auf 6 μ in Studie II ($F(1,30) = 9,9**$).

## 5.8 Einzelpotentialanalyse

Die Analyse von Einzelpotentialen, also von ungemittelten EKP-Verläufen, wie sie sich in einem Durchgang ergeben, kann aus verschiedenen Gründen angezeigt sein:

1. Bei der Mittelung werden die EKP einer Reihe von Durchgängen zusammengefaßt; systematische Unterschiede, die in diesen Durchgängen bestehen können, werden durch das Mittelungsverfahren nicht aufgedeckt. Als Beispiel stelle man sich unter einer Bedingung 1 eine Art Habituation, unter einer Bedingung 2 bereits habituierte Potentialverläufe vor. Die Gesamtmittel („grand averages") über je eine dieser Bedingungen enthalten diese Information nicht mehr bzw. in einer Form, die zu Fehlschlüssen verleiten kann. Im vorliegenden Beispiel etwa liegt die Folgerung nahe, daß die ausgeprägteren Amplituden unter Bedingung 1 nicht auf einen Effekt der Zeit zurückzuführen sind, sondern auf unterschiedliche Interventionen in beiden Bedingungen.

2. Bestimmte Reiz- oder Reiz-Reaktions-Konstellationen können nicht oder nur mit großem Aufwand wiederholt induziert werden, so daß nur wenige Potentialverläufe für die Analyse zur Verfügung stehen. Beispiele sind EKP auf „omitted stimuli" (das Ausbleiben eines Reizes in einer Serie gleichartiger Reize), auf völlig neue Reize, auf starke Schmerzreize, sowie EKP in Feldstudien.

3. Variabilität und Variationsbreite („range") von EKP-Amplituden können bei der Interpretation von entscheidender Bedeutung sein. So können sich z. B. bestimmte psychopathologische Gruppen hinsichtlich der Variabilität ihrer EKP-Amplituden von Kontrollgruppen deutlich unterscheiden, ohne daß sich dies in statistischen Unterschieden in den mittleren Verläufen niederschlägt.

4. In der Regel werden Artefakte durch Elimination einzelner (artefaktkontaminierter) Durchgänge auszuschließen versucht. Dieser Ausschluß muß sich auf Kriterien stützen, die über die Qualität des Einzelpotentials Aussagen machen.

Schließlich erfordern auch Biofeedback-Anordnungen die Analyse des einzelnen EKP-Verlaufs. Bereits einfache Methoden, wie Integration über den Kurvenverlauf (bei Berücksichtigung grober Artefakte), erlauben eine im Mittel zutreffende LP-Komponenten-Bestimmung. Eine detaillierte Analyse des Einzelpotentials, bzw. möglichst weniger Durchgänge, muß Spontanfluktuationen filtern können. Bei integrativen Verfahren, also bei der Mittelung über Zeitintervalle, treten Spontanoszillationen zwar kaum mehr in Erscheinung, doch werden auch die Potentialverläufe verwischt, so daß diese Technik nur bei den LP, nicht aber bei EKP angewandt werden kann. Außerdem muß die Einzelpotentialanalyse artifizielle Einflüsse (etwa okularer Natur) quantifizieren können. Ein Verfahren, das in dieser Richtung erste Erfolge aufweist, soll im folgenden beispielhaft dargestellt werden.

Es steht außer Frage, daß im Zeitverlauf des Spontan-EEGs zwei aufeinanderfolgende Meßpunkte nicht zufällig und in unvorhersagbarer Weise variieren, bezogen auf den Gesamtverlauf des EEGs. Aufeinanderfolgende Meßpunkte sind immer korreliert bzw. voneinander abhängig. Der Zeitverlauf des EEGs impliziert serielle Abhängigkeit. Unter statistischem Aspekt können verschiedene stochastische Prozesse diese serielle Abhängigkeit beschreiben. Unter dem Aspekt der Anwendung stehen jedoch nur wenige Prozesse bzw. Modelle zur

Verfügung, vor allem ARIMA-Modelle (Autoregressive Integrative Moving Average, s. Glass et al. 1975) und Sonderfälle linearer stochastischer Prozesse (Huber 1976). Für autoregressive Prozesse (AR) konnte bereits nachgewiesen werden, daß sie die serielle Abhängigkeit innerhalb des EEGs gesunder Versuchspersonen adäquat beschreiben (Lopes da Silva et al. 1975); dieser Nachweis gilt bereits für Prozesse niedriger Ordnung ($p \leq 5$), wenn der Hochpaßfilter ("high frequency cut-off") kleiner als 10 Hz ist (s. auch Gudat u. Revenstorf 1976). Dasselbe gilt für „Moving average"(MA)-Prozesse höherer Ordnung, für die inverse Filtercharakteristiken (gegenüber AR-Prozessen) beschrieben werden. Bisher steckt die Analyse des EEGs mit der ARIMA-Methode noch in ihren Anfängen. Erfolge dieser Methode bei der Analyse von Spontanaktivität sind in Abschn. 5.3 beschrieben. Für die Analyse der EKP liegen noch recht wenige Erfahrungen vor (Lutzenberger et al. 1980); dies liegt vor allem daran, daß im voraus bestimmte Annahmen über das zugrunde liegende Modell getroffen werden müssen. Erst eine gewisse Erfahrung mit EKP-Komponenten gestattet die Entwicklung sinnvoller Modelle. Die sich daraus ergebenden Vorteile und die grundlegenden mathematischen Verfahrensschritte der ARIMA-Methode sollen im folgenden vorgestellt werden.

Der Terminus EEG(t) beschreibt einen Meßpunkt in der EEG-Aufzeichnung zum Zeitpunkt t; e(t) stehe für den normalverteilten Meßfehler mit einem Mittelwert von 0; hierbei wird vorausgesetzt, daß die Autokorrelation der $e(t) \neq 0$ ergibt. Die Modellfunktion m(t) beschreibt grundsätzliche Änderungen des Meßpunktes, also z. B. den Effekt irgendeiner Intervention auf das System, z. B. die Reaktion auf einen experimentellen Reiz. ‚m' kann jedoch auch andere Variationen der Grundkurve beschreiben, z. B. in Abhängigkeit von okularen Einflüssen oder Driften.

Auf der Grundlage dieser Annahme kann weißes Rauschen im EEG folgendermaßen beschrieben werden:

$$EEG(t) = e(t) + m(t) . \tag{5.38}$$

Gleichung (5.39) definiert einen autoregressiven Prozeß erster Ordnung:

$$EEG(t) = \Phi \cdot (EEG(t - tc) - m(t - tc)) + m(t) + e(t) . \tag{5.39}$$

In dieser Gleichung steht ‚tc' für das Intervall zwischen zwei aufeinanderfolgenden Meßpunkten und $\Phi$ als Konstante für denjenigen geschätzten Zeitverlauf, der Gl. (5.39) optimal an EEG(t) anpaßt. Ein autoregressiver Prozeß höherer Ordnung wird beschrieben durch

$$EEG(t) = m(t) + \Phi_1 \cdot (EEG(t - tc) - m(t - tc))$$

$$+ \Phi_2 \cdot (EEG(t - 2tc) - m(t - 2tc)) + \ldots e(t) . \tag{5.40}$$

Ein „Moving-average"-Prozeß entspricht der Gleichung

$$EEG(t) = m(t) - \Theta_1 \cdot e(t - tc) - \Theta_2 \cdot e(t - 2tc) \ldots e(t) . \tag{5.41}$$

ARIMA-Prozesse werden gewöhnlich mittels der drei Indices p, d und q beschrieben (Box u. Jenkins 1970). p kennzeichnet den Ordnungsgrad des AR-Prozesses; q gibt den Ordnungsgrad des MA-Prozesses wieder, d beschreibt die

Stationarität des Prozesses. d = 0 gilt, wenn die Zeitreihe direkt durch die AR- und MA-Anteile beschrieben werden kann. Bei d = 1, 2... beschreiben die AR- und MA-Anteile die d-fach differenzierte Zeitreihe, d. h. die gegebene Zeitreihe ist durch d-fache Integration aus einer Zeitreihe mit d = 0 entstanden.

Aus der Sichtweise der Theorie digitaler Filter stellen die ARIMA-Prozesse mit d = 0 einen digitalen Filter dar, wobei die MA-Prozesse die nichtrekursiven Anteile beschreiben. Man kann also die gegebene Zeitreihe als Ergebnis eines gefilterten weißen Rauschens betrachten. Wenn dieser Filter bestimmt worden ist, kann durch einen inversen Filter die Zeitreihe wieder in weißes Rauschen transformiert werden.

Es gilt nun, denjenigen ARIMA-Prozeß zu bestimmen, der die serielle Abhängigkeit eines Zeitverlaufes am besten beschreibt. Für die Bestimmung dieses ARIMA-Prozesses ist die Berechnung der Autokorrelationskoeffizienten $r(t_i)$ erforderlich. Zieht man mit Hilfe mathematischer Verfahren den entsprechenden ARIMA-Prozeß aus einem Zeitverlauf mit dem Modell $m(t)$ aus $EEG(t)$ heraus, so sollte weißes Rauschen übrigbleiben (Glass et al. 1975; Lopez da Silva et al. 1975). Die Gültigkeit dieses Vorgehens kann mittels $chi^2$ getestet werden (Box u. Pierce 1970):

$$chi^2 = N \sum_{i=1}^{K} r(t_i)^2, \quad df = K - p - q, \quad N = \text{Anz. Zeitpunkte}. \tag{5.42}$$

$r(t_i)$ steht für die Autokorrelationskoeffizienten der unterschiedlichen Zeitintervalle $t_i$. Für weißes Rauschen sollte $r(t_i) = 0$ sein. Für die im folgenden berichtete Analyse wurde $K = 10$ gesetzt.

Wir haben die ARIMA-Methode an den Datensätzen von zwei Biofeedback-Studien überprüft (s. Elbert et al. 1979; Lutzenberger et al. 1980). In der Biofeedback-Anordnung erhalten Versuchspersonen Rückmeldung über ihre aktuellen Potentialveränderungen während Intervallen von jeweils 6 s. Die Versuchspersonen sollen lernen, ihre langsamen Potentiale in Richtung stärkerer oder reduzierter Negativierung innerhalb dieser Intervalle zu verändern. Jede Versuchsperson nimmt an zwei Versuchssitzungen mit jeweils 100 Durchgängen teil. Innerhalb jeder Sitzung wechseln 40 Feedback-Durchgänge mit 10 Testdurchgängen, in denen keine kontinuierliche visuelle Rückmeldung gegeben wird. Die physiologischen Daten wurden mit einer Frequenz von 100 Hz digitalisiert und über 100-ms-Intervalle gemittelt. Für die Einzelpotentialanalyse dienten 60 Meßpunkte vor Einsatz des Reizes (Prestimulus-Intervall) und 60 Punkte während des Feedback-Intervalles.

Bei der Aufstellung des Modells $m(t) = LP(t)$ wurden wieder zwei angenommene Komponenten der langsamen Potentialverschiebung während des 6-s-Intervalles berücksichtigt (Abb. 5.25). Die erste Komponente ist charakterisiert durch linearen Anstieg ca. 0,7 s nach S2-Einsatz. Die zweite Komponente wird durch eine einfache lineare Regression beschrieben, die mit S1-Einsatz beginnt

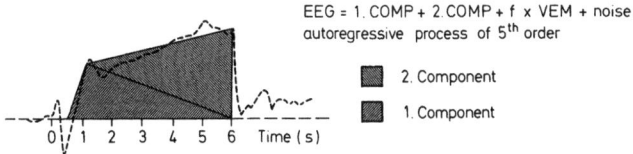

**Abb. 5.25.** Angewendetes Modell $m(t)$ eines LP-Verlaufes mit 2 Komponenten

und über das gesamte Intervall hinweg ansteigt. Dieses Modell läßt sich folgendermaßen beschreiben:

$$m(t) = 1. \text{ Komponente} + 2. \text{ Komponente} + \hat{g} \, \text{VEOG}(t) . \qquad (5.43)$$

Dabei beschreibt $\hat{g}$ den Einfluß des VEOG im gemessenen EEG(t) (s. Gl. (4.5)). Um zu ermitteln, ob dieses Modell die serielle Abhängigkeit für langsame Potentiale adäquat zu beschreiben vermag, wurden drei verschiedene autoregressive Prozesse angewandt:

(a) ARIMA (0,0,0) nach Gl. (5.38) oder (5.39) mit $\Phi = 0$. (Diese Vorgehensweise entspricht am ehesten der traditionellen Vorgehensweise, bei der Komponenten über Durchgänge hinweg gemittelt werden);

(b) ARIMA (1,0,0) als einfachste Version aller möglichen ARIMA-Prozesse;

(c) ARIMA (5,0,0) mit $p = 5$ als Prozeß, der zwei Resonanzgipfel im Frequenzspektrum des EEGs zu berücksichtigen vermag.

Die Ergebnisse für den ARIMA-Rrozeß mit $p = 5$ ergeben eine eindeutige serielle Abhängigkeit. Aber nur $\Phi_1$ mit Werten zwischen 0,60 bis 0,66 zeigt deutliche Abweichung von 0 in beiden experimentellen Sitzungen. Abbildung 5.26a faßt die mittleren Werte für $\Phi_1$ bis $\Phi_5$ zusammen. Eine Schätzung des okularen Einflusses auf die langsamen Potentiale auf der Grundlage des ARIMA-Modells ergibt ein zunehmendes $\hat{g}$: während der ersten Versuchssitzung von 0,12 auf 0,17; während der zweiten Versuchssitzung von 0,10 auf 0,13. Innerhalb jeder Versuchssitzung entwickelt sich also eine zunehmende Kovariation von EEG und VEOG (s. auch Abb. 5.26b).

Dies bedeutet, daß $10 - 20\%$ der aufgezeichneten VEOG-Veränderungen sich in der EEG-Aufzeichnung als okularer Einfluß niederschlagen. Dies entspricht den in Abschn. 4.1 berichteten Ergebnissen. Ein Beispiel mag diese Berechnung veranschaulichen: eine vertikale Augenbewegung von 10 µV ruft eine Cz-EEG-Veränderung von 1 µV hervor, wenn $\hat{g} = 0,1$; dagegen wird eine EEG-Veränderung von 2 µV vorgetäuscht, wenn $\hat{g} = 0,2$. Die Komponenten nach dem ARIMA (5,0,0)-Prozeß weisen ferner deutlich einen signifikanten Unterschied zwischen den unterschiedlichen LP-Polaritäten im Biofeedback-Paradigma auf, sie dokumentieren also differentielle Kontrolle der LPs (s. Abb. 5.26).

Abbildung 5.27 faßt die Mittelwerte für die erste und zweite Komponente zusammen sowie die Trends über die Serien der ersten Versuchssitzung hinweg. AR(5) und AR(1) zeigen für die erste Komponente einen Rückgang über die Serien von Durchgängen mit geforderter Positivierung (bzw. Negativierungsreduktion). Beide Prozesse weisen einen weitgehend ähnlichen Verlauf der Mittelwerte auf. Nur für AR(5) ergeben sich jedoch signifikante nichtlineare Trends (s. Abb. 5.27). In ähnlicher Weise ergibt sich auch für die zweite Komponente, daß Methode (a) mit AR(0) deutlich von den beiden AR-Prozessen abweicht; diese beiden AR-Prozesse sind sich sehr ähnlich. Eine ANOVA mit dem Faktor VERFAHREN dokumentiert signifikant unterschiedliche chi$^2$-Werte für AR(1) und AR(5); $F(1,16) = 526$, $p < 0,001$. Dies bedeutet, daß der AR(5)-Prozeß die serielle Abhängigkeit im EEG besser beschreibt als der AR(1)-Prozeß. $\Phi_1$ ist für den AR(1)-Prozeß kleiner ($p < 0,001$), offensichtlich infolge eines kompensierenden Effektes eines negativen $\Phi_2$. Eine ANOVA über alle drei Verfahren ergab einen signifikanten Haupteffekt VERFAHREN für $\hat{g}$ mit $p < 0,01$: bei Verfahren (a) ist

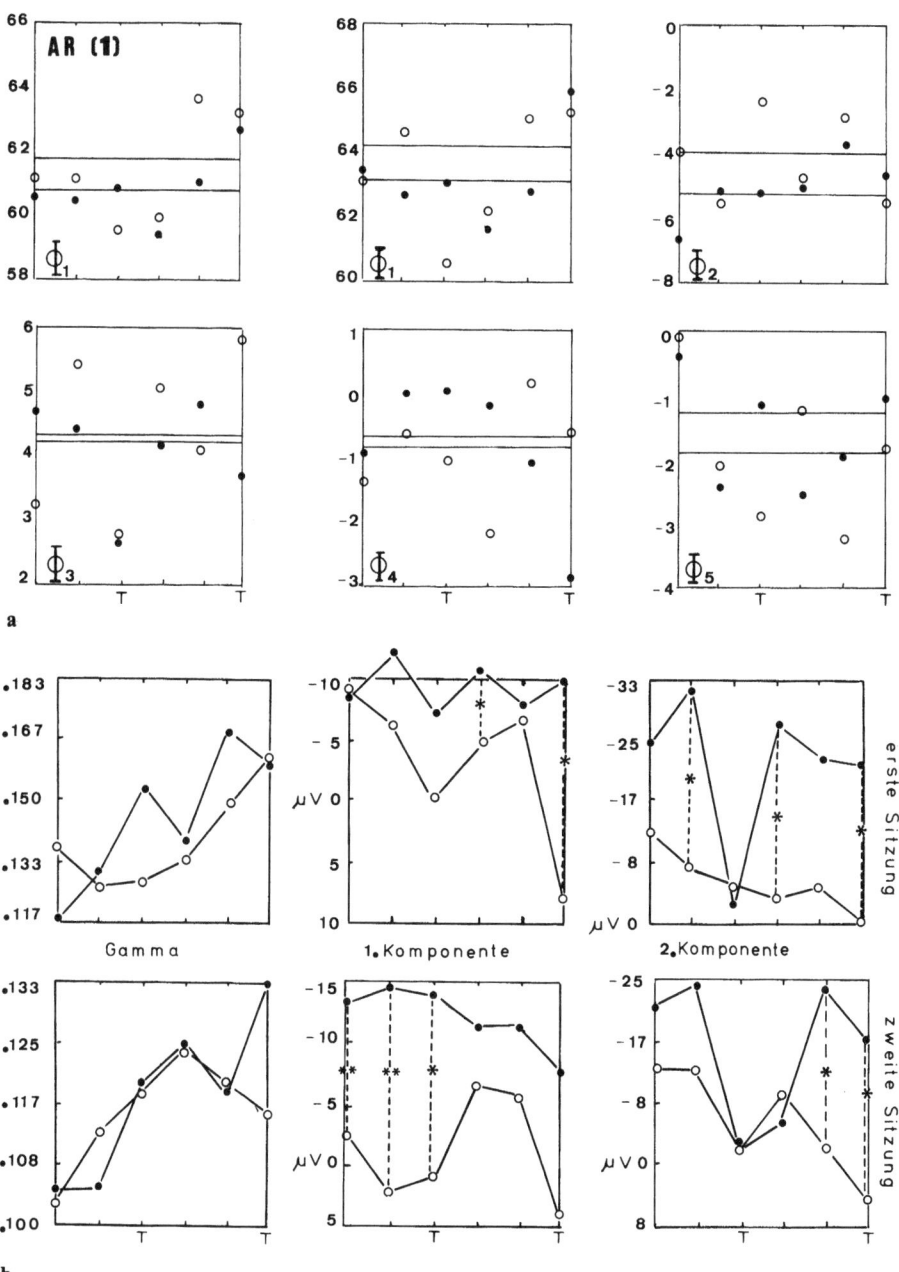

**Abb. 5.26. a** Komponenten $\Phi 1$ für AR(1) und AR(5) und $\Phi 2$ bis $\Phi 5$ für die EEG-Daten, getrennt gemittelt über Durchgänge mit geforderter Negativierung (*Punkte*) und Durchgänge mit geforderter Positivierung (*Kreise*) aus jeweils sechs Serien. *T* Testdurchgänge ohne visuelle Rückmeldung. Die Geraden kennzeichnen signifikante Polynom-Fits (p<0,05). (Aus Lutzenberger et al. 1980). **b** Die Koeffizienten $\hat{g}$ (Gamma), erste und zweite Komponente aus der Analyse mit AR(5) für zwei Sitzungen (analog zu den Ergebnissen in **a**). Signifikante Unterschiede zwischen den Bedingungen sind durch Sterne gekennzeichnet (*: p<0,05;**: p<0,01). (Aus Lutzenberger et al. 1980)

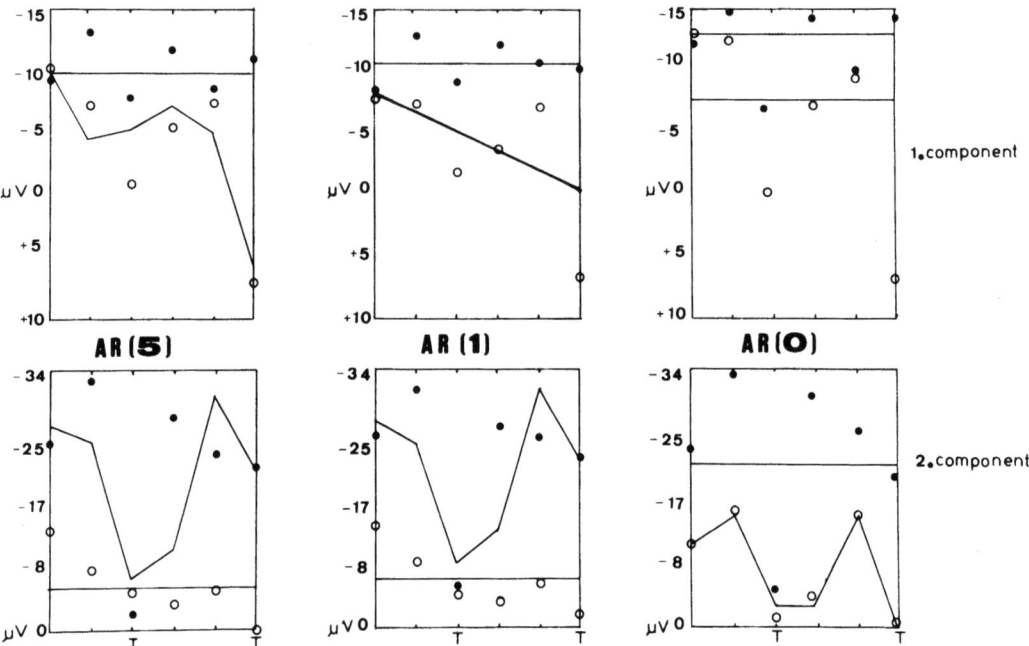

**Abb. 5.27.** Vergleich der aus drei AR-Prozessen mit unterschiedlichem p ermittelten Komponenten. Darstellung für die erste Sitzung entsprechend Abb. 5.26. (Aus Lutzenberger et al. 1980)

**Tabelle 5.6.** Varianzanalysen der drei AR-Ansätze für die erste Sitzung mit den Faktoren SERIE (df 5,80) und POLARITÄT (verlangte Negativierung gegenüber Positivierung, df 1,16). (Nach Lutzenberger et al. 1980a)

| | $\hat{g}$ | | | LP | | | | | |
|---|---|---|---|---|---|---|---|---|---|
| | | | | Frühe Komponente | | | Späte Komponente | | |
| | $p=0$ | $p=1$ | $p=5$ | $p=0$ | $p=1$ | $p=5$ | $p=0$ | $p=1$ | $p=5$ |
| Serie | n.s. | $F=2,3$ $p<0,05$ | n.s. | n.s. | n.s. | n.s. | $F=0,3$ $p<0,01$ | $F=2,7$ $p<0,05$ | $F=2,9$ $p<0,05$ |
| Polarität | n.s. | n.s. | n.s. | n.s. | $F=6,0$ $p<0,05$ | $F=5,14$ $p<0,05$ | $F=4,4$ $p<0,05$ | $F=4,9$ $p<0,05$ | $F=4,8$ $p<0,05$ |
| SE×p | n.s. | n.s. | n.s. | n.s. | $F=2,4$ $p<0,05$ | $F=2,7$ $p<0,05$ | n.s. | n.s. | $F=1,9$ $p<0,1$ |

$\hat{g}$ kleiner als bei Verfahren (b) und (c), im Mittel um 0,03. Die Analyse nach Verfahren (a) ergibt eine ausgeprägtere erste Komponente als die Analyse nach (b) und (c); $p<0,01$ (Amplitudenwerte für die erste Komponente gemittelt über alle Durchgänge: (a): $-9,2\,\mu V$, (b): $-6,4\,\mu V$, (c): $-6,4\,\mu V$.) Folglich weist die ANOVA keine signifikanten Effekte für die erste Komponente nach Verfahren (a) aus, im Gegensatz zu signifikanten POLARITÄT-Effekten für Verfahren (b) und (c) (s. Tabelle 5.6), denen zufolge die erste Komponente zwischen Durchgängen mit geforderter Negativierung und geforderter Positivierung differenziert. Darüber hinaus nimmt diese Differenzierung über die Durchgänge hinweg zu (s. Tabelle 5.6).

Für die zweite Komponente resultieren die drei Verfahren in ähnlicheren Effekten. Der Anstieg von $\hat{g}$ über die Serien hinweg wird nur bei Verfahren (b) d.h. AR(1) signifikant. Keine signifikanten Effekte zwischen den experimentellen Bedingungen finden sich für $\Phi_1$(AR(1) und AR(5)) bzw. $\Phi_2$ bis $\Phi_5$(AR(5)) und chi$^2$.

Auf den ersten Blick führen ARIMA-Prozesse und konventionelle Mittelungsverfahren zu qualitativ vergleichbaren Ergebnissen. Bei genauerem Vergleich der Datensätze zeigt sich jedoch, daß bestimmte „versteckte" Informationen, wie z. B. signifikante Trends innerhalb einer Versuchssitzung, die Entwicklung einzelner LP-Komponenten im Verlauf von Durchgängen oder Sitzungen, ebenso wie der okulare Einfluß auf LP, nur bei einer Zeitreihenanalyse aufgedeckt werden. Der Einfluß von Augenbewegungen z. B. kann nach einer ARIMA-Filterung des EEGs wesentlich präziser beschrieben werden. Dennoch weist die Analyse nach Verfahren (b) (mit AR(1)) und (c) (AR(5)) geringere Varianzen für beide LP-Komponenten aus, belegt also deutlichere statistische Unterschiede. Zur Mittelung sind beim ARIMA-Verfahren weniger Potentiale erforderlich, um zu reliablen Aussagen zu kommen; es kommt daher einer Einzelpotentialanalyse näher. Bereits fünf Einzelpotentiale können so für die Auswertung einer bestimmten Bedingung genügen. Diese Vorteile legen nahe, dem ARIMA-Verfahren gegenüber traditionellen Analysen den Vorzug zu geben. Als Nachteile der ARIMA-Analyse wären demgegenüber der hohe Bedarf an Kernspeicherkapazität und Rechenzeit anzuführen; ein weiterer Nachteil wird am Beispiel der ersten Komponente deutlich: diese wird von ARIMA (p,0,0)-Prozessen mit p>0 als zu klein beschrieben, verglichen mit AR(0) in Verfahren (a). Möglicherweise ist dies auf die Einfachheit des Modells zurückzuführen, das keinen zweigipfligen LP-Verlauf und kein evoziertes Potential zu beschreiben vermag (s. Abb. 5.25). Sowohl das EKP als auch der eventuelle mehrgipflige LP-Verlauf während des 6-s-Intervalles müssen daher mittels ARIMA-Verfahren gefiltert werden. Es sei noch einmal unterstrichen, daß mit der Zeitreihenanalyse die präzisesten Ergebnisse gewonnen werden, trotz der Einfachheit des gewählten, zugrundegelegten Modells. Dies sollte zur Elaboration von Modellen anregen, wie sie beispielhaft zuvor in Abschn. 5.7 beschrieben wurden.

Die EKP, aber auch andere physiologische Reaktionen werden durch diese Vorgehensweise nicht nur parametrisiert, sondern es werden auch die Modellfunktionen getestet und damit das zugrundeliegende Modell der beschriebenen Reaktion. Die Modelle werden von Experiment zu Experiment korrigiert und optimiert, sie beinhalten so auf Dauer den Erfahrungsschatz aus vielen Untersuchungen und können so das Verständnis der beobachteten Reaktion auf eine neue Stufe heben.

Von Modellfunktionen, die psychophysiologischen Regelkreisen genügen, versprechen wir uns einen Fortschritt in der Psychophysiologie der Zukunft.

"Coming events cast their shadows before..."

# Anhang

## A  Bioelektrische Dipole

Jeder räumlich begrenzte Bereich eines polarisierten Gewebes läßt sich in guter Annäherung anhand eines Dipolmodells beschreiben (z. B. Lester et al. 1981). Zur Zeit wird das Dipolmodell vor allem zur Beschreibung der Genese evozierter und langsamer Potentiale herangezogen. Darüber hinaus ist das Dipolmodell auch geeignet für viele andere bioelektrische Signale, wie z. B. okulare Potentiale, die sich über die Schädeloberfläche hinweg ausbreiten, oder das Elektrokortikogramm.

Im folgenden seien daher kurz die wichtigsten Charakteristiken des Dipols und seiner Spannungsverteilungen vorgestellt.

Ein elektrisches Feld, das durch zwei entgegengesetzte Ladungen, $+Q$ und $-Q$, hervorgerufen wird, die in definiertem räumlichen Abstand ‚d' zueinander stehen, wird als Dipol-Feld bezeichnet. Der Term ‚$\hat{p}$', das Dipol-Moment, beschreibt das Produkt $Q \cdot \hat{d}$. Abbildung A.1 gibt die asymptotisch verlaufenden Feldlinien einer Punktladung (links) und eines Dipols (rechts) wieder.

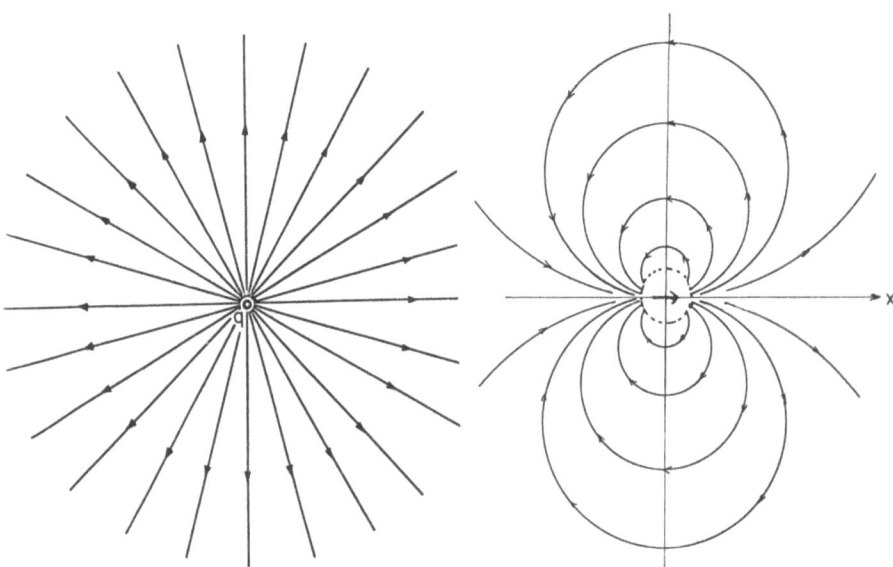

**Abb. A.1.** Elektrisches Feld einer Punktladung und asymptotisches Feld eines Dipols mit dem Moment in Richtung x-Achse. (Aus Benedek u. Villars 1979)

The field of a dipole in an
infinite conductor

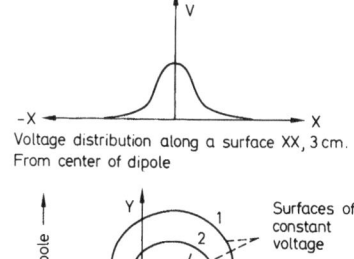

Voltage distribution along a surface XX, 3 cm.
From center of dipole

Voltage distribution
along a surface YY,
3 cm. From center
of dipole

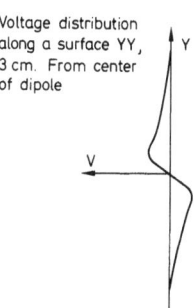

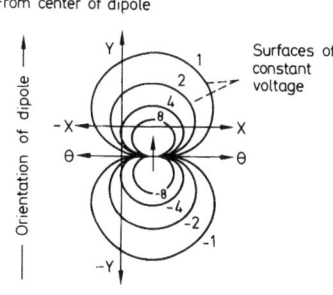

Surfaces of
constant
voltage

Abbildung A.2 veranschaulicht die Potentialverteilung eines Dipols unter der Annahme, daß sich die Dipol-Quelle innerhalb eines unendlich ausgedehnten homogenen Mediums befindet.

Das generierte Potential beträgt

$$\phi(\hat{r}) = \frac{f \cdot \hat{p} \cdot \hat{r}}{r^3} = \frac{f \cdot p}{r^2} \cos \alpha$$

mit ‚r̂' als Entfernung von der Dipol-Mitte und ‚α' als Winkel zwischen r̂ und p̂. Die Konstante f hängt von den dielektrischen Eigenschaften des den Dipol umgebenden Mediums ab.

Das Dipol-Moment ‚p̂' hängt auch von den dielektrischen Eigenschaften des umgebenden Mediums ab. Innerhalb des Gehirns bildet der Vektor des Dipol-Moments ‚p̂' zu jedem Zeitpunkt eine Potentialverteilung. In der Folge fließt hier ein (wenn auch schwacher) Strom. Das elektrische Feld muß tangential zur Kopfoberfläche verlaufen, da kein Strom den Kopf verlassen kann. Diese begrenzende Bedingung beeinflußt das idealisiert angenommene Potentialfeld an der Schädeloberfläche.

Das Potential in einem endlichen Leiter wie dem Körper kann errechnet werden aus

a) der Laplaceschen Gleichung $\Delta \phi = 0$;

b) der Grenzbedingung $\left. \dfrac{\partial \phi}{\partial r} \right|_{r=R} = 0$,
wenn r̂ rechtwinklig zur Oberfläche ist;

c) $\phi(r)_{r \to 0} = \dfrac{f \cdot \hat{p} \cdot \hat{r}}{r^3}$.

Den grundsätzlichen Charakteristiken des Dipol-Modells folgend kann man jedoch für jede Dipol-Quelle ein Potentialmaximum und ein Potentialminimum an der Kopfoberfläche erwarten. Die um die Extrema zirkulierenden Äquipotentiallinien sind auf halbem Weg zwischen Maximum und Minimum gebündelt (Benedek u. Villars 1979).

Das EEG mißt nun die zeitliche Veränderung der Potentialdifferenz zwischen zwei Punkten auf der Kopfhaut. Es ist daher von Interesse, die Potentialverteilung auf der Schädeloberfläche zu kennen, wie sie von einem Dipol im Inneren hervorgerufen wird. (Entsprechend gelten die Überlegungen nicht nur für das EEG, sondern auch für das EOG, das EKG und andere elektrophysiologische Maße, zu deren Generation Dipole wesentlich beitragen.) Zur Vereinfachung unserer Überlegungen stellen wir uns den Kopf zunächst als Kugel mit dem Radius R vor, wobei die elektrischen Leitungseigenschaften im Inneren homogen, also überall gleich sein sollen. Anhand dieser Vereinfachung lassen sich die physikalischen Schritte erläutern, die notwendig sind, um eine solche Potentialverteilung zu berechnen. Außerdem nehmen wir zunächst an, daß der Dipol $\hat{p}$ in der Mitte des Kopfes, also in der Mitte der Kugel lokalisiert ist.

In sphärischen Polarkoordinaten ist dabei aus symmetrischen Gründen keine Abhängigkeit von $\varphi$ gegeben, wenn wir $\hat{p}$ in Richtung der z-Achse legen, und somit $\vartheta$ den Winkel zwischen $\hat{r}$ und $\hat{p}$ darstellt.

Der Laplace-Operator lautet in sphärischen Koordinaten

$$\Delta = \frac{1}{r^2}\frac{\partial}{\partial r}\left(r^2\frac{\partial}{\partial r}\right) + \frac{1}{r^2}\left(\frac{1}{\sin\vartheta}\frac{\partial}{\gamma\vartheta}\left(\sin\vartheta\frac{\partial}{\partial\vartheta}\right) + \frac{1}{\sin^2\vartheta}\frac{\partial^2}{\partial\varphi^2}\right).$$

Die Lösung der Laplaceschen Differentialgleichung ist erst eindeutig, wenn entsprechende Randbedingungen vorgegeben werden. Wie bereits dargestellt, ist eine Bedingung, daß das elektrische Feld tangential an der Schädeloberfläche verlaufen muß, daß also

$$\left.\frac{\partial\phi}{\partial r}\right|_{r\to R} = 0$$

sein muß.

Die zweite Grenzbedingung lautet:

$$\phi(r, \vartheta)_{r\to 0} = \frac{f \cdot p \cdot \cos\vartheta}{r^2},$$

d. h. daß sich die Potentialverteilung der Dipolverteilung in einem unendlich ausgedehnten Medium annähern muß (siehe z. B. Benedek u. Villars 1979). Die Lösung dieser Differentialgleichung führt auf:

$$\phi(r, \vartheta) = \frac{f \cdot p \cdot \cos\vartheta}{R^2}\left(2\cdot\frac{r}{R} + \frac{R^2}{r^2}\right)$$

an der Oberfläche, und für $r \to R$ zu

$$\phi(R, \vartheta) = \frac{3f \cdot p \cdot \cos\vartheta}{R^2}. \tag{A.1}$$

An der Oberfläche besitzt die Potentialverteilung demnach Eigenschaften wie diejenigen eines Dipolfeldes im unendlich ausgedehnten homogenen Medium. Diese Eigenschaft gilt auch für eine bessere Näherung an die elektrischen Eigenschaften des Kopfes, nämlich für jede sphärisch symmetrische Verteilung von

Leitungseigenschaften. So ändert z. B. ein Vierschalenmodell mit unterschiedlicher Leitfähigkeit der einzelnen Schalen zwar die Konstante ‚f' in Gl. (A.1), aber nicht die Abhängigkeit vom Winkel $\vartheta$, nämlich

$$\phi(\vec{r})_{r=R} = const. \; p \cdot \cos \vartheta$$

(s. Cuffin u. Cohen 1979). Komplizierter dagegen wird die Verteilung, wenn der Dipol nicht mehr genau in der Mitte der Kugel (des Kopfes) zentriert ist, sondern im Abstand f · R vom Zentrum. Dann wird das Potential durch relativ komplizierte Funktionen F1, F2 von sog. Legendre-Polynomen beschrieben (s. Cuffin u. Cohen 1979); für die drei Richtungen des Dipols (x, y, z) gelten unterschiedliche Gleichungen:

$$\phi = \hat{c} \cdot \vec{P} \tag{A.2}$$

mit $c_x = \cos \varphi \cdot F1 (\cos \vartheta)$, $c_y = \sin \varphi \cdot F1 (\cos \vartheta)$, $c_z = F2 (\cos \vartheta)$, wobei $\vartheta$ der Winkel zwischen der Achse Kugelmittelpunkt − Dipol (z-Achse) und der Achse Mittelpunkt − Ableitungsort ($\hat{r}$-Achse) ist und $\varphi$ der Winkel zwischen der (senkrecht zur z-Achse in der Sagittalebene liegenden) x-Achse und $\hat{r}$-Achse (Polarkoordinaten).

Diese Gleichungen zeigen, daß zwar der Einfluß der Änderung eines Dipols weiterhin durch

$$\phi = c_x Px + c_y Py + c_z Pz \tag{A.3}$$

beschrieben werden kann, daß aber die Koeffizienten $c_i$ in komplizierter und unterschiedlicher Weise vom Meßort abhängen.

Für die Berechnung des Einflusses von Augenbewegungen auf EEG-Messungen kann somit folgender Ansatz gemacht werden:

EEG $= c_x Px + c_y Py + c_z Pz$

VEOG $= c_1 Px + c_v Pz$

LEOG $= c_2 Py + c_L Pz$ .

Wenn $P^2 = Px^2 + Py^2 + Pz^2$ konstant ist, können aus den obigen Gleichungen Px, Py und Pz eliminiert werd, so daß eine Beziehung zwischen dem am Ort der EEG-Messung zu erwartenden Einfluß und den EOG-Maßen entsteht. Allerdings kann nur bei kleinen Änderungen um die z-Achse die Veränderung von Pz vernachlässigt werden, so daß nur in diesem Fall ein linearer Zusammenhang besteht. Außerdem muß berücksichtigt werden, daß die Formeln für absolute Werte gelten, während nur Änderungen meßbar sind.

# B  Fourier-Analyse

Das Prinzip der Fourier-Analyse läßt sich in einem einfachen Experiment nachvollziehen: Tritt man beim Klavier auf das Pedal und klatscht gleichzeitig in die Hände oder ruft laut „aah", so nehmen die Klaviersaiten das Geräusch auf (natürlich nur in angenäherter Form) und geben es einige Sekunden lang wieder. Dies ist darauf zurückzuführen, daß der Luftdruck des Geräusches die einzelnen

Saiten in unterschiedlicher Intensität zu einer Schwingung anregt. Eine einzelne Saite schwingt dann im wesentlichen mit der Auslenkung Ak sinusförmig, also mit

$$Ak \cdot \sin(wk \cdot t),$$

wobei wk der jeweilig charakteristischen Frequenz entspricht. Das Geräusch F(t) wird also vom Klavier in die Schwingung einzelner Saiten zerlegt, wobei die Summe der Schwingungen F(t) entspricht:

$$F(t) \sim \sum_k Ak \cdot \sin(wkt) . \tag{B.1}$$

Abbildung B.1 zeigt, wie eine rechteckförmige Funktion durch Summation weniger Sinusfunktionen approximiert werden kann.

Tatsächlich läßt sich auch mathematisch beweisen, daß eine Funktion F(t), die periodisch ist, in eine sog. Fourier-Reihe entwickelt werden kann:

$$F(t) = \sum_k Ak \cdot \sin(wk \cdot t) + \sum_k Bk \cdot \cos(wk \cdot t) , \tag{B.2}$$

wobei F(t + nT) = F(t) für alle t gelten muß.

Das Gleichheitszeichen in (B.1) darf also erst gesetzt werden, wenn die phasenverschobenen Funktionen $\cos(wk \cdot t) = \sin(wk \cdot t - \pi/2)$ mitberücksichtigt werden.

Die Phasenbeziehung, d. h. das jeweilige Verhältnis von Ak und Bk kann − bleiben wir bei unserem Beispiel − vom Klavier nicht berücksichtigt werden; dies wird allerdings vom Ohr nicht erkannt. Das Ohr führt nämlich gleichfalls eine Fourier-Analyse des Schalldrucks durch. Dies kann man zeigen, wenn man etwa drei Klaviertasten anschlägt (z. B. einen Akkord). Sind alle drei Tasten gedrückt, kann das Ohr nicht mehr feststellen, ob die Tasten gleichzeitig oder kurz nacheinander gedrückt wurden, wohl aber, welche drei Tasten angeschlagen wurden.

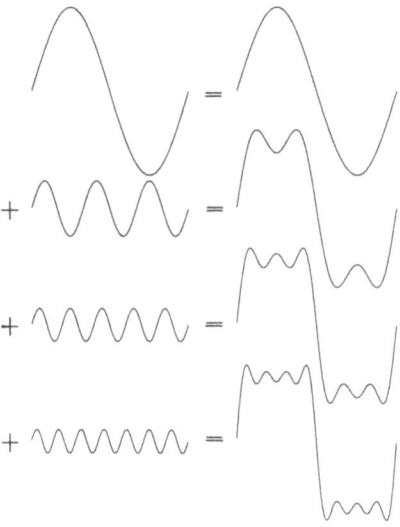

**Abb. B.1.** Darstellung der ersten vier Funktionen der Fourier-Entwicklung einer Rechteckfunktion (*links*) und der Zwischensummen (*rechts*)

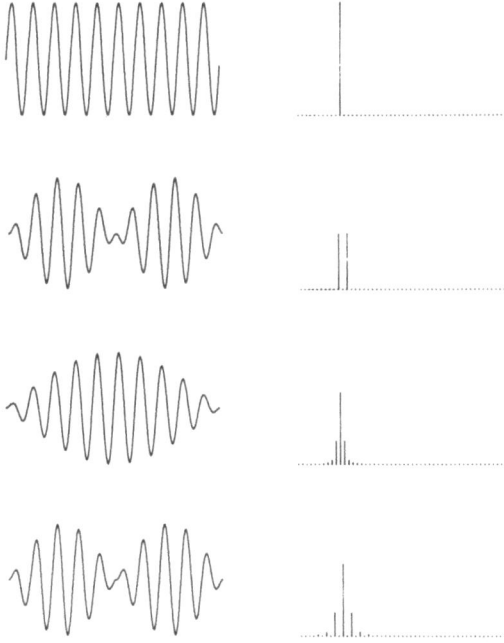

**Abb. B.2.** Verschiedene Funktionen mit der gleichen „Grundfrequenz" (*links*) und die ersten 50 Werte der zugehörigen Leistungsspektren (*rechts*). Jeder Punkt der rechten Grundlinien entspricht einer möglichen Frequenz der diskreten Fourier-Analyse der aus jeweils 512 Punkten bestehenden Kurvenverläufe

Tatsächlich verliert das Ohr die Information der Phasenverschiebung und registriert nur die jeweiligen Tonhöhen und deren Intensitäten. Die Tonhöhen sind dabei auf dem Ort der Basilarmembran abgebildet.

Lassen wir in Gl. (B.2) nun immer größere Perioden T zu, so wird w immer kleiner. Im Grenzübergang $T \to \infty$ erhält man aus der Summe ein Integral und aus den Koeffizienten Ak und Bk kontinuierliche Funktionen:

$$F(t) = 1/2\,\pi \int_0^\infty A(w) \sin wt\, dw + 1/2\,\pi \int_0^\infty B(w) \cos wt\, dw \;. \tag{B.3}$$

Die Fourier-Koeffizienten lassen sich dabei nach

$$A(w) = 2 \int_{-\infty}^{+\infty} F(t) \sin wt\, dt\,, \qquad B(w) = 2 \int_{-\infty}^{+\infty} F(t) \cos wt\, dt \tag{B.4}$$

ermitteln. In komplexer Schreibweise nimmt Gl. (B.4) die Form von Gl. (5.10) an.

Abbildung B.2 veranschaulicht Beispiele von Fourier-Transformationen.

Wie in dem Beispiel unseres Hörens ist oft die Information der Phasenbeziehung uninteressant. Es genügt in diesen Fällen, die Fourier-Intensität I(w) zu kennen (Gl. B.5).

$$I(w) = A^2(w) + B^2(w) \tag{B.5}$$

Die Wurzel aus I(w), auch als Leistungsspektrum bezeichnet, wird häufig bei der Darstellung von EEG-Frequenzen gewählt. Die Beispiele in Abb. B.2 zeigen, daß bei der Interpretation der Leistungsspektren Vorsicht geboten ist. Ein Gipfel im Leistungsspektrum sagt z. B. noch lange nicht, daß eine Periodizität dieser Frequenz im EEG auch sichtbar wäre, sondern kann auf nichtsinusförmige, z. B. rechteck- oder arkadenförmige Wellenformen zurückzuführen sein.

Es sei angemerkt, daß die Fourier-Transformation auf drei Dimensionen verallgemeinert werden kann, so daß neben dem zeitlichen Verlauf des EEGs auch die beiden räumlichen Koordinaten, die den Ort der Ableitung beschreiben, berücksichtigt werden können. Eine solche dreidimensionale Fourier-Transformation könnte beispielsweise zur Untersuchung hemisphärischer Kopplung verwendet werden.

## C  Computerprogramm für Hauptkomponentenanalyse

```
        PROGRAM PCA
C
C       W.LUTZENBERGER
C HAUPTKOMPONENETEN-ANALYSE 1.TEIL:
C BESTIMMUNG DER LADUNGEN UND VARIMAX-ROTATION
C
C INPUT:  FILE XX.ZUA
C OUTPUT: FILE XX.PCO MIT ROT.FAKTORLADUNGEN * 256
C MAXIMAL 55 VARIABLE (BZW. ZEITPUNKTE)
C
        COMMON NREC,LREC
        DIMENSION B(55),D(56),S(55),T(55),XBAR(55),V(3025),R(1540)
        DIMENSION TV(51),NAMI(8),NAMO(8),LB(4),LBO(55),X(1)
        DATA NAMI/2HDL,2H1:,3*2HXX,2H.Z,2HUA,0/
        DATA NAMO/2HDL,2H1:,3*2HXX,2H.P,2HCO,0/
        CALL GETMCR(LBO)
C
C CON GIBT DAS EIGENWERTKRITERIUM AN,
C KMAX DIE MAXIMALE ANZAHL GEWUENSCHTER FAKTOREN
        CON=1.
        KMAX=10
C
        DO 3 I=3,5
        NAMI(I)=LBO(I)
3       NAMO(I)=NAMI(I)
        OPEN(UNIT=1,NAME=NAMI,ACCESS='DIRECT',ASSOCIATEVARIABLE=NREC
       1,TYPE='OLD',RECORDSIZE=LREC)
        NREC=1
        READ(1'NREC)LB
        LREC=LB(4)
        NNREC=LB(3)
        N=NNREC-3
        M=LREC-1
C
C N BEOBACHTUNGEN, M VARIABLEN
C DIE ERSTEN 3 RECORDS ENTHALTEN KENNGROESSEN DES EXPERIMENTS
C DER LETZTE WERT JEDES FOLGENDEN RECORDS KENNZEICHNET DIE VPN
C
        NREC=4
C BERECHNUNG DER KORRELATIONS- U. KOVARIANZMATRIX
C
        CALL CORRE(N,M,O,X,XBAR,S,V,R,D,B,T)
        CALL CLOSE(1)
```

```
C
C NORMIERUNG DER KOVARIANZMATRIX AUF SPUR=M
C
        MV=O
        FM=M
        SUM=O.
        LI=1
        DO 8 I=1,M
        SUM=SUM+V(LI)
8       LI=LI+M+1
        SUM=FM/SUM
        IP=O
        LI=-M
        DO 9 I=1,M
        LI=LI+M
        DO 9 J=1,I
        IP=IP+1
        LJ=LI+J
9       R(IP)=V(LJ)*SUM
C
C BESTIMMUNG DER EIGENVECTOREN U. EIGENWERTE
        CALL EIGEN(R,V,M,MV)
C
C AUSDRUCK ALLER EIGENWERTE IN % VARIANZ
        DO 21 I=1,M
        L=I+(I*I-I)/2
21      S(I)=R(L)/FM
        WRITE(6,103)(NAMI(K),K=3,7)
103     FORMAT('1,********** PCA *',5A2,' ************')
        WRITE(6,110)(S(J),J=1,M)
110     FORMAT(5F7.3)
C
C BESTIMMUNG DER EIGENVECTOREN MIT EIGENW. GROESSER CON
        CALL TRACE(M,R,CON,K,D)
        IF(K.GT.KMAX) K=KMAX
        WRITE(6,104)(D(J),J=1,K)
104     FORMAT(/,10F5.3)
        IF(K.LE.O) GOTO 90
C
C VARIMAX-ROTATION NACH MULTIPLIKATION DER E-VECTOREN MIT
C DER WURZEL AUS DER E-WERTE
        CALL LOAD(M,K,R,V)
        IF(K.LE.1) GOTO 35
        CALL VARMX(M,K,V,NC,TV,B,T,D)
        NV=NC+1
        WRITE(6,105)NC,TV(NV)
105     FORMAT(I3,F7.3)
C
C ZUR KONTROLLE WIRD DAS SKALIERTE GESAMTMITTEL DER
C BEOBACHTUNGEN MIT AUSGEGEBEN
35      FMA=-1.E38
        FMI=1.E38
        DO 31 I=1,M
        FM=XBAR(I)
        FMA=AMAX1(FMA,FM)
        FMI=AMIN1(FMI,FM)
31      CONTINUE
        XDI=FMA-FMI
        DO 32 I=1,M
32      XBAR(I)=2.*XBAR(I)/XDI
        KH=K*M
```

```
         DO 41 I=1,M
41       V(KH+I)=XBAR(I)
C
C AUSGABE AUF FILE XX.PCO
         LREC=M
         NNREC=K+2
         CALL ASSIGN(1,NAMO,14)
         DEFINE FILE 1 (NNREC,LREC,U,NREC)
         NREC=1
         LBO(3)=NNREC
         LBO(4)=LREC
         WRITE(1'NREC)(LBO(I),I=1,M)
         IP=0
         K1=K+1
         DO 50 I=1,K1
         DO 45 J=1,M
         IP=IP+1
45       LBO(J)=V(IP)*256.
50       WRITE(1'NREC)(LBO(IK),IK=1,M)
         CALL CLOSE(1)
C
C DARSTELLUNG DER ROT. LADUNGEN UND DES GRAND-MEAN
C AUF DEM BILDSCHIRM
         CALL PLATOV
         CALL SETDEV('TT',0,4)
         CALL INITT(9600)
         IST=1000/((K1+1)*(M+10))
         DO 70 II=1,2
         IX=0
         IF(II.EQ.2) IX=IST*(10+M)
         IP=0
         DO 70 I=1,K1
         IX=IX+IST*10
         IF(II.EQ.1) IX=IST*10
         DO 60 J=1,M
         IP=IP+1
         IY=V(IP)*50.+400
         IF(J.EQ.1) CALL MOVABS(IX,IY)
         IF(J.NE.1) CALL DRWABS(IX,IY)
         IX=IX+IST
60       CONTINUE
70       CONTINUE
         ACCEPT *,IDU
         CALL NEWPAG
         CALL GROFF
90       STOP
         END
C
         SUBROUTINE DATA(M,D)
C
C HILFSROUTINE ZUM EINLESEN DER DATEN DURCH SUBR. CORRE
         COMMON NREC,LREC
         DIMENSION LD(56),D(1)
         READ(1'NREC)(LD(K),K=1,LREC)
         DO 3 I=1,M
3        D(I)=LD(I)
         RETURN
         END
C
C FOLGENDE ROUTINEN AUS DEM 'SCIENTIFIC SUBROUTINE PACKAGE'
C (IBM 1966) WERDEN BENOETIGT:
```

```
C
C 1.) SUBR. CORRE ZUR BERECHNUNG VON MITTELWERTEN, STANDARDAB-
C WEICHUNGEN, KOVARIANZ- UND KORRELATIONSMATRIX
C
C 2.) SUBR. EIGEN ZUR BERECHNUNG DER EIGENWERTE UND EIGENVEKTOREN
C EINER REELLEN SYMMETRISCHEN MATRIX
C
C 3.) SUBR. TRACE ZUR BERECHNUNG DES CUMULATIVEN ANTEILS VON
C EIGENWERTEN GROESSER CON.
C
C 4.) SUBR. LOAD ZUR MULTIPLIKATION DER EIGENVEKTOREN MIT
C DER QUADRATWURZEL DER EIGENWERTE
C
C 5.) SUBR. VARMX ZUR DURCHFUEHRUNG DER VARIMAXROTATION




C
        PROGRAM KOM
C
C       W.LUTZENBERGER
C
C PROGRAMM ZUR BERECHNUNG VON KOMPONENTEN-SCORES NACH DER
C METHODE DER KLEINSTEN QUADRATE FUER LINEARE MODELLE
C GEEIGNET ALS TEIL 2 DER PCA
C INPUT 1: FILE XX.ZUA (BEOBACHTUNGEN,VGL. PROGRAMM PCA)
C INPUT 2: FILE XX.PCO (FUNKTIONENSATZ, Z.B. FAKTOR-
C          LADUNGEN AUS DER PCA)
C OUTPUT:  FILE XX.PCA (SCORES FUER WEITERE STATISTISCHE
C          VERARBEITUNG GEEIGNET ANGEORDNET)
C
        DIMENSION XI(550),BU(56),BO(12),AUX(55),A(55),BH(56)
        DIMENSION SBO(11),LBU(56),NAMI1(8),NAMI2(8),NAMO(8)
        DATA NAMI1/2HDL,2H1:,3*2HXX,2H.P,2HCO,0/
        DATA NAMI2/2HDL,2H1:,3*2HXX,2H.Z,2HUA,0/
        DATA NAMO/2HDL,2H1:,3*2HXX,2H.P,2HCA,0/
        CALL GETMCR(LBU)
        DO 3 I=3,5
        NAMI1(I)=LBU(I)
        NAMI2(I)=NAMI1(I)
3       NAMO(I)=NAMI1(I)
C
C EINLESEN DER FUNKTIONENMATRIX
        OPEN(UNIT=1,NAME=NAMI1,TYPE='OLD',ACCESS='DIRECT'
        1,ASSOCIATEVARIABLE=NREC,RECORDSIZE=LREC)
        NREC=1
        READ(1'NREC)(LBU(I),I=1,4)
        NNREC=LBU(3)
        LREC=LBU(4)
        M=LREC
        KFA=NNREC-2
C
C KFA FUNKTIONEN MIT JE M WERTEN (ZEITPUNKTEN)
        KFA1=KFA+1
        NREC=2
        IP=0
        DO 5 I=1,KFA
        READ(1'NREC)(LBU(K),K=1,M)
        DO 5 J=1,M
        IP=IP+1
```

```
5        XI(IP)=FLOAT(LBU(J))/256.
         CALL CLOSE(1)
C
C BERECHNUNG DER KREUZPRODUKTMATRIX
         CALL MATA(XI,AUX,M,KFA,O)
         EPS=1.E-4
C
C INVERTIERUNG DER MATRIX
         CALL SINV(AUX,KFA,EPS,IER)
         IF(IER.NE.0) STOP 'SINV ERR'
C
C EINLESEN DER BEOBACHTUNGEN (DATENMATRIX)

         OPEN(UNIT=1,NAME=NAMI2,TYPE='OLD',ACCESS='DIRECT'
         1,ASSOCIATEVARIABLE=NRECI,RECORDSIZE=LRECD)
         NRECI=1
         READ(1'NRECI)(LBU(K),K=1,4)
         NNREC=LBU(3)
         LREC=LBU(4)
         N=NNREC-3
C
C ERZEUGUNG DES OUTPUT-FILES, UEBERTRAGUNG DER KENNGROESSEN
C DES EXPERIMENTS
         MH=LREC-1
         IF(MH.NE.M) STOP 'M.NE.MH'
         LRECO=(KFA+1)*2
         IF(LRECO.LT.8) LRECO=8
         CALL ASSIGN(2,NAMO,14)
         DEFINE FILE 2 (NNREC,LRECO,U,NRECO)
         NRECI=1
         NRECO=1
         DO 7 I=1,3
         READ(1'NRECI)(LBU(K),K=1,8)
         IF(I.EQ.1) LBU(4)=LRECO
         IF(I.EQ.1) LBU(2)=KFA
7        WRITE(2'NRECO)(LBU(K),K=1,8)
C
C N BEOBACHTUNGEN
         DO 20 I=1,N
         READ(1'NRECI)(LBU(K),K=1,LREC)
         DO 12 J=1,MH
12       BU(J)=LBU(J)
C
C BERECHNUNG DER SCORES
         CALL GTPRD(XI,BU,SBO,M,KFA,1)
         CALL MPRD(AUX,SBO,BO,KFA,KFA,1,O,1)
C
C        UEBERGABE DER VPN-KENNGROESSE
         BO(KFA1)=LBU(LREC)
         WRITE(2'NRECO)(BO(K),K=1,KFA1)
20       CONTINUE
         CALL CLOSE(1)
         CALL CLOSE(2)
         STOP
         END
C FOLGENDE ROUTINEN AUS DEM 'SCIENTIFIC SUBROUTINE PACKAGE'
C (IBM 1966) WERDEN BENOETIGT:
C
C 1.) SUBR MATA ZUR MULTIPLIKATION EINER TRANSPONIERTEN
C MATRIX MIT SICH
C
```

```
C 2.) SUBR. SINV ZUR BERECHNUNG DER INVERSEN EINER SYMMETRI-
C SCHEN MATRIX
C
C 3.) SUBR. GTPRD ZUR MULTIPLIKATION EINER TRANSP. MATRIX
C MIT EINER ANDERN
C
C 4.) SUBR MPRD ZUR MULTIPLIKATION VON MATRITZEN
```

# D  Nichtlineare Anpassung von Funktionen an empirische Kurven (Programmbeispiel)

```
          PROGRAM FIT
C
C         W.LUTZENBERGER FEB 83
C NICHT-LINEARER FIT EINES SPEZIELLEN MODELLS NACH DER
C METHODE DER KLEINSTEN QUADRATE
C FUER 3O ZEITPUNKTE UND 5 PARAMETER
C INPUT:  FILE XX.ZUA
C OUTPUT: FILE XX.FIT
C
          COMMON /FU/LSW,M,Y(30),YF(30)
          DIMENSION ARG(7),GRAD(5),LBU(31),NAMI1(8),NAMI2(8),NAMO(8)
          DATA NAMI2/2HDL,2H1:,3*2HXX,2H.Z,2HUA,0/
          DATA NAMO/2HDL,2H1:,3*2HXX,2H.F,2HIT,0/
          FA2=ALOG(4.29)-3.29
          CALL GETMCR(LBU)
          DO 3 I=3,5
          NAMI2(I)=LBU(I)
3         NAMO(I)=LBU(I)
          FAK=1.
C
C DAS MODELL HAT 5 PARAMETER, ZUSAETZLICH WIRD EIN MASS FUER
C DIE GUETE DES FITS AUFGEZEICHNET, DESHALB
          KFA=6
          KFA1=KFA+1
          OPEN(UNIT=1,NAME=NAMI2,TYPE='OLD',ACCESS='DIRECT'
         1,ASSOCIATEVARIABLE=NRECI,RECORDSIZE=LRECD)
          NRECI=1
          READ(1'NRECI)(LBU(K),K=1,4)
          NNREC=LBU(3)
          LREC=LBU(4)
          N=NNREC-3
          M=LREC-1
C
C M ZEITPUNKTE, N BEOBACHTUNGEN( VERLAEUFE)
          LRECO=(KFA1)*2
          IF(LRECO.LT.8) LRECO=8
          CALL ASSIGN(2,NAMO,14)
          DEFINE FILE 2 (NNREC,LRECO,U,NRECO)
          NRECI=1
          NRECO=1
C
C UEBERGABE DER KENNGROESSEN DES EXPERIMENTS
          DO 7 I=1,3
          READ(1'NRECI)(LBU(K),K=1,8)
          IF(I.EQ.1) LBU(4)=LRECO
          IF(I.EQ.1) LBU(2)=KFA
7         WRITE(2'NRECO)(LBU(K),K=1,8)
          NH=N
          CALL PLOTV(0)
```

```
C
C BERECHNUNG FUER DIE N BEOBACHTUNGEN
        DO 20 I=1,N
        NH=NH-1
        READ(1'NRECI)(LBU(K),K=1,LREC)
        DO 12 J=1,M
12      Y(J)=FLOAT(LBU(J))*FAK
        LSW=0
C
C ERSTE SCHAETZUNG DER PARAMETER
        CALL AUSG(ARG)
C
C FIT
        CALL WLFIT(ARG,VAL,GRAD,IER)
C
C FUER DIE WEITERE VERARBEITUNG WERDEN DIE GROESSEN ARG(2)
C UND ARG(4) IN ANSCHAULICHERE UND STATISTISCH GUENSTIGERE
C GROESSEN TRANSFORMIERT
        ARG(4)=100.*0.5**ARG(4)
        ARG(2)=100.*EXP(ARG(2)*FA2)
C
C SCHAETZUNG DER GUETE DES FITS = CON*VARIANZ(FIT)/VARIANZ(ERROR)
        VH=0.
        DO 14 J=1,M
        VX=YF(J)
        IF(J.LT.3) VX=VX*0.01
        IF(J.EQ.3) VX=VX*0.1
14      VH=VH+VX**2
        VAL=10.*ALOG(VH/(VAL+0.1))
        TYPE 100,NH,(ARG(K),K=1,5),VAL,IER
100     FORMAT(I5,6(X,F10.2),I3)
        ARG(6)=VAL
C
C UEBERGABE KENNGROESSE VP
        ARG(KFA1)=LBU(LREC)
        WRITE(2'NRECO)(ARG(K),K=1,KFA1)
C
C GRAPHISCHE DARSTELLUNG AUF BILDSCHIRM
        CALL PLOTV(11)
        CALL PLOTV(10,0)
        CALL PLOTV(3,5,128)
        CALL PLOTV(5,155,128)
        CALL PLOTV(10,2)
        CALL PLOTV(3,5,128)
        DO 15 J=1,M
        IX=J*5+5
        IY=2.*Y(J)+128.
15      CALL PLOTV(5,IX,IY)
        CALL PLOTV(10,4)
        CALL PLOTV(3,5,128)
        DO 16 J=1,M
        IX=J*5+5
        IY=2.*YF(J)+128.
16      CALL PLOTV(5,IX,IY)
C
C ENDE GRAPHIK
20      CONTINUE
        CALL CLOSE(1)
        CALL CLOSE(2)
        CALL EXIT
        END
```

```
C
        SUBROUTINE AUSG(ARG)
C
C       W.LUTZENBERGER
C ERSTE SCHAETZUNG DER PARAMETER
        COMMON /FU/LSW,M,Y(30),YF(30)
        DIMENSION ARG(1)
        FJM=1./6.
        ARG(4)=1.
        ARG(3)=Y(M)
        ARG(5)=0.
        ARG(2)=2.
        ARG(1)=Y(5)
        RETURN
        END
C
        SUBROUTINE WLFIT(ARG,VAL,GRAD,IER)
C
C       W.LUTZENBERGER
C ROUTINE FUER NICHTLIN.FIT FUER SPEZIELLE FUNKTION MIT
C 5 PARAMETERN. FUER ANDERE ANWENDUNGEN MUESSEN DIE FELDER
C UMDIMENSIONIERT WERDEN UND DAS PROGRAMM ZWISCHEN C**A
C UND C**E GEAENDERT WERDEN
C DAS PRINZIP DER ROUTINE STAMMT VON DER ROUTINE 'FIT'
C DES LEIBNIZ-RECHENZENTRUMS MUENCHEN
C NACH: D.L.MARQUARDT, AN ALGORITHM FOR LEAST SQUARES ESTIMATES
C OF NON-LINEAR PARAMETERS. J.SIAM 11 (1963) 431-441.
        COMMON /FU/LSW,M,Y(30),YF(30)
        DIMENSION CL(5,5),DL(5),DP(5),DZ(5),PL(5)
        DIMENSION ARG(1),GRAD(1)
C
C 5 PARAMETER
        N=5
        URF=.01
        IER=0
        J=0
        FM=M
        DO 2 I=1,N
2       PL(I)=ARG(I)
C
C ITERATIONS-SCHLEIFE
10      Z=0.
C
C ARG(2) UND ARG(4) SOLLEN NUR WERTE IN EINEM INTERPRETIER-
C BAREN BEREICH ANNEHMEN
        ARG(2)=AMAX1(ARG(2),0.4)
        ARG(2)=AMIN1(ARG(2),5.)
        ARG(4)=AMAX1(ARG(4),0.4)
        ARG(4)=AMIN1(ARG(4),5.)
        DO 20 K=1,N
        DZ(K)=0.
        DO 20 L=K,N
20      CL(L,K)=0.
        DO 30 I=1,M
C
C**A
C
C BERECHNUNG DER FUNKTION UND DER PARTIELLEN ABLEITUNGEN
C NACH DEN PARAMETERN
        FJ=FLOAT(I)/FM
        FJ1=FJ-0.03
```

```
            F6J=1.-8.57*FJ1+ALOG(8.57*FJ1)
            F1=EXP(ARG(2)*F6J)
            F2=FJ**ARG(4)
            F3=0.
            IF(I.LT.2) GOTO 7
            F3=SIN(15.71*FJ)*EXP(-10.*FJ+1.)
7           F=ARG(1)*F1+ARG(3)*F2+ARG(5)*F3
            YF(I)=F
            GRAD(1)=F1
            GRAD(2)=ARG(1)*F1*F6J
            GRAD(3)=F2
            GRAD(4)=ARG(3)*ALOG(FJ)*F2
            GRAD(5)=F3
            S=Y(I)-F
C
C DIE ABWEICHUNGEN DER ERSTEN PUNKTE WERDEN SCHWAECHER
C GEWICHTET
            IF(I.LT.3) S=S*0.01
            IF(I.EQ.3) S=S*0.1
C
C**E
C
C ENDE DES SPEZIELLEN TEILS
C BERECHNE SUMME DER ABWEICHUNGSQUADRATE UND KREUZPRODUKTE
C DER ABLEITUNGEN
            Z=Z+S**2
            DO 30 K=1,N
            T=GRAD(K)
            DZ(K)=DZ(K)-S*T
            DO 30 L=K,N
30          CL(L,K)=CL(L,K)+T*GRAD(L)
C
C 'DYNAMICAL UNDER-RELAXATION', DIE DIAGONALELEMENTE WERDEN
C MIT F SKALIERT, WODURCH GROSSE SPRUENGE BEI DER PARAMETER-
C SUCHE UND DABEI MOEGLICHE INSTABILITAETEN VERMIEDEN WERDEN
            F=1.
            IF(URF.LE.0.) GOTO 60
            H=0.
            DO 50 K=1,N
            DK=DZ(K)
            IF(DK.EQ.0.) GOTO 50
            H=H+DK*DK/(Z*CL(K,K))
50          CONTINUE
            F=1.01+URF*H
C
C TEST AUF KONVERGENZ
60          IF(J.LE.0) GOTO 80
            IF(Z.GE.ZL) GOTO 300
80          ZL=Z
            DO 90 K=1,N
90          PL(K)=ARG(K)
C
C ZERLEGUNG VON CL NACH CHOLESKY
            DO 190 K=1,N
            DO 130 L=1,K
            L1=L-1
            S=CL(K,L)
            IF(L.EQ.K) GOTO 140
            IF(L1.LE.0) GOTO 130
            DO 120 I=1,L1
120         S=S-CL(I,L)*CL(I,K)
```

```
130       CL(L,K)=S
140       IF(S.NE.0.) GOTO 145
          DL(K)=0.
          GOTO 190
145       S=S*F
          IF(L1.LE.0) GOTO 170
          DO 160 I=1,L1
          T=CL(I,K)
          CL(I,K)=T*DL(I)
160       S=S-T*CL(I,K)
170       IF(S.LE.0.) GOTO 700
          DL(K)=1./S
190       CONTINUE
          IF(J.GT.20) GOTO 320
          J=J+1
C
C VORWAERTS-RUECKWAERTS-SUBSTITUTION ZUR VERAENDERUNG DER
C PARAMETER ENTLANG DES GROESSTEN GRADIENTEN
          IF(N.LE.1) GOTO 230
          DO 220 L=2,N
          L1=L-1
          DO 220 K=1,L1
220       DZ(L)=DZ(L)-CL(K,L)*DZ(K)
230       DZ(N)=DZ(N)*DL(N)
          IF(N.LE.1) GOTO 260
          DO 250 NL=2,N
          L=N-NL+1
          L1=L+1
          DZ(L)=DZ(L)*DL(L)
          DO 250 K=L1,N
250       DZ(L)=DZ(L)-CL(L,K)*DZ(K)
260       DO 270 K=1,N
          ARG(K)=ARG(K)-DZ(K)
270       CONTINUE
          GOTO 10
C
C ENDE ITERATIONSSCHLEIFE
300       DO 310 K=1,N
310       ARG(K)=PL(K)
          URF=URF*10.
          ZL=ZL*1.01
          J=J-1
          IF(URF.LE.1.E6) GOTO 10
          IER=2
700       IER=IER-1
C
C IER=0, WENN LOESUNG GEFUNDEN
320       DO 701 K=1,N
701       ARG(K)=PL(K)
          VAL=Z
          RETURN
          END
```

# E Glossar

Äquipotential, Region mit gleichem Potential, z. B. auf der Schädeloberfläche zu einem gegebenen Zeitpunkt.

Alpha-Rhythmus, Rhythmus der EEG-Wellen im Frequenzbereich von 8 – 13 Hz, der vor allem im wachen, aber entspannten Zustand über posterioren Regionen hervortritt. Beim Erwachsenen erreicht seine Amplitude okzipital typischerweise 50 µV. Der Alpha-Rhythmus wird blockiert („Alpha-Block") bei visueller Stimulation oder mentaler Belastung.

Alzheimer-Krankheit, bezeichnet eine unaufhaltsam fortschreitende Demenz erblich bedingte degenerative Erkrankung hippokampaler Gehirnzellen.

Anion, Molekül mit negativer Ladung (z. B. $Cl^-$, $OH^-$).

ANOVA, *An*alysis *o*f *V*ariance, Varianzanalyse, parametrischer statistischer Test zur Auffindung überzufälliger Mittelwertunterschiede in einem Datensatz, der von mehreren Faktoren, z. B. Gruppe A, B, Bedingung 1, 2, 3, Variable 1,2... bestimmt wird.

ARAS, *a*ufsteigendes *r*etikuläres *A*ktivations*s*ystem.

ARIMA, *A*utoregressive *I*ntegrated *M*oving *A*verage, statistisches Verfahren zur Beschreibung von (z. B. seriellen) Abhängigkeiten innerhalb eines Datensatzes.

Artefakt, jede Veränderung in der EEG-Ableitung, die nicht vom Gehirn herrührt, allgemein: aus Stör- oder Fehlerquellen herrührende Aktivität.

Bandbreite, kennzeichnet den Frequenzbereich, innerhalb dessen die zu registrierende elektrische Aktivität verstärkt wird.

Baseline, Grundlinie, auf die phasische Aktivität (d. h. Aktivität, die durch ein bestimmtes Ereignis hervorgerufen ist) bezogen ist.

Bereitschaftspotential, (BP), engl.: Readiness potential, langsame rampenförmige Negativierung, die im EEG vor einer willentlichen Handlung (motorische Reaktion) auftritt. Das BP ist über zentralen Regionen, vor allem über dem Vertex, am stärksten ausgeprägt und erreicht dort bei einfachen Knopfdruckreaktionen 5 – 10 µV, kann aber bei bedeutsameren Reaktionen ein Mehrfaches davon betragen.

Beta-Rhythmus, bezeichnet im allgemeinen jede EEG-Aktivität mit einer Frequenz oberhalb von 13 Hz; eine Begrenzung bei 30 – 35 Hz erscheint allerdings sinnvoll, da Frequenzen im 40-Hz-Bereich wahrscheinlich eine wesensverschiedene Bedeutung zukommt (die 40-Hz-Aktivität korreliert mit mentaler Leistung).

Bezugselektrode, Synonym für Referenzelektrode.

bilateral, beide Seiten des Kopfes betreffend.

bipolare Ableitung, EEG-Ableitung von zwei aktiven Elektroden. Bei der EEG-Messung wird immer die Potentialdifferenz zwischen zwei Elektroden gemessen. Sind die Potentialschwankungen an einer der beiden Elektroden vergleichsweise klein, so erhält man praktisch das Potential der aktiven Elektrode allein, aber eben bezogen auf die Referenzelektrode. In diesem Fall spricht man von monopolarer Ableitung.

BP, s. *B*ereitschafts*p*otential.

Burst, eine Wellengruppe, die plötzlich auftritt und wieder verschwindet, und die sich deutlich von der Hintergrundaktivität abhebt.

Chopper, Zerhacker, ein mechanischer oder elektronischer Schalter, der in schneller Folge das EEG-Signal zerhackt und es so in Rechteckimpulse hoher Frequenz transformiert. Dieses impulsmodulierte Signal wird dann von einem AC-Verstärker verstärkt und anschließend durch entsprechende Gleichrichtung wieder rücktransformiert. Eine solche Verstärkeranordnung heißt Chopperverstärker.

Chorea, Veitstanz, bezeichnet eine Gruppe von Erkrankungen mit hyperkinetisch-hypotonen Bewegungsstörungen; Huntington-Chorea, auch Chorea hereditaria, ist die erblich bedingte chronische Form der Chorea mit Muskelzuckungen, Sprachstörungen und Demenz.

CNV, *C*ontingent *N*egative *V*ariation, langsame u. U. über Sekunden anhaltende Negativierung im EEG, die zwischen zwei kontingenten Ereignissen auftritt, z. B. zwischen einem Warnreiz (S1) und dem dadurch angekündigten imperativen Reiz (S2).

Common mode rejection, s. Gleichtaktunterdrückung.

dB, Dezibel, Benennung für die logarithmische Transformation zur Basis 10 eines Verhältnisses, insbesondere als Maß für die subjektiv empfundene Lautstärke, 0 dB entspricht der Hörschwelle bei einer Frequenz von 1 000 Hz, ab 80 – 90 dB tritt an Stelle einer Orientierungsreaktion eine Abwehr(defense)-Reaktion auf. Die Schmerzschwelle liegt bei 130 dB. Bei einer Frequenz von 1 000 Hz sind die Maßzahlen für Phon und dB gleich; die Angabe in Phon berücksichtigt die Veränderung der Hörschwelle mit veränderter Frequenz.

DC, *D*irect *C*oupled, Kopplung des Eingangs bei Gleichspannungs-Verstärkung, im Gegensatz zur RC-Kopplung (auch kapazitive Kopplung), bei der ein Kondensator C zwischen Eingangssignal und einem zum Verstärkereingang parallelen Widerstand R geschaltet ist.

DC, *D*irect *C*urrent, Gleichstrom.

Delta-Rhythmus, EEG-Rhythmus im Frequenzbereich von ca. 0,5 – 3,5 Hz und großer Amplitude.

Differenzverstärker, Verstärker, dessen Ausgangssignal proportional der Potentialdifferenz ( = Spannung) zwischen zwei Eingängen ist.

DSM III, Diagnostic and statistical manual of mental disorders der American Psychiatric Association, III: dritte Version.

ECoG, Elektrokortikogramm, Registrierung der elektrischen Aktivität mittels Elektroden direkt von der Kortexoberfläche.

EDA, *E*lektro*d*ermale *A*ktivität, bezeichnet i. allg. die Hautleitfähigkeit.

EEG, Elektroenzephalogramm, Elektroenzephalographie.

endogen, aus dem Körper selbst, und nicht durch äußere Einflüsse entstanden; in bezug auf die EKP wird unter einer endogenen Komponente eine Komponente verstanden, deren Variationen hauptsächlich durch Manipulation der psychologischen Bedingungen erklärbar sind (im Gegensatz zu exogenen Komponenten).

EKG, *E*lektro*k*ardio*g*ramm, Registrierung der elektrischen Aktivität des Herzens.

EKP, *e*reignis*k*orreliertes *P*otential.

Empfindlichkeit eines Verstärkers, s. Gain.

EOG, *E*lektro*o*kulo*g*ramm, Zeitverlauf der Spannung, wie er in der Nähe des Auges abgeleitet werden kann. Da der Augapfel polarisiert ist (Pluspol auf der Vorderseite), rufen Augendrehungen oder Lidschläge Potentialänderungen hervor.

EP, *e*voziertes *P*otential.

EPSP, *E*xzitatorisches *p*ost*s*ynaptisches *P*otential, Potential an den Nervenendigungen (Synapsen), das eine Depolarisation auf der Empfängerseite hervorruft, also die Wahrscheinlichkeit des Auslösens eines Aktionspotentials (Feuerung) erhöht.

Ereigniskorreliertes Potential, EKP, eine Potentialveränderung in der elektrischen Aktivität des Gehirns, die durch ein externes oder internes Ereignis ausgelöst wird. Meist wird dabei das EEG über mehrere Ereignisse gemittelt, bei Analyse der kurzlatenten (Hirnstamm-)Potentiale über 1 000 und mehr; bei den längerlatenten Komponenten genügt oft die Mittelung über nur 10 gleiche Ereignisse. Handelt es sich bei dem Ereignis um einen einfachen Reiz mit nur untergeordneter psychologischer Bedeutung, wird an Stelle des Begriffes EKP auch der Begriff EP (evoziertes Potential) verwendet.

Evoziertes Potential, Wellenzug oder -komplex, der im EEG durch einen Reiz hervorgerufen wird. Da i. allg. das Spontan-EEG dem evozierten Potential überlagert ist, müssen Filter- oder Mittelungstechniken für seine Extraktion aus dem EEG angewandt werden.

exogen, von außen entstanden; eine Komponente des EKP wird als exogen bezeichnet, wenn ihre Charakteristiken mit den physikalischen Eigenschaften des auslösenden Reizes korreliert sind, unabhängig von der jeweiligen psychologischen Bedeutung (im Gegensatz zu endogenen Komponenten).

Frequenz, Anzahl von Schwingungen pro Zeiteinheit, gemessen in Hertz (Hz); 1 Hz = 1 Schwingung pro Sekunde.

Gain, Verhältnis der Ausgangsspannung eines Verstärkers zur Eingangsspannung, wird oft in dB angegeben; z. B. betrage die Eingangsspannung 10 µV, die Ausgangsspannung 1 V, dann ist der Gain 100000 = 100 dB (da der Logarithmus von 100000 zur Basis 10 fünf beträgt, und dB das 20fache davon angibt).

Gleichtaktunterdrückung, ein Charakteristikum eines jeden Differentialverstärkers, das angibt, inwieweit das an beiden Eingängen gleichermaßen auftretende Signal (Gleichtakt, common mode signal) unterdrückt wird. Meist wird das Verhältnis (Verstärkung des differentiellen Signals)/(Gleichtakt-Verstärkg.) in dB, (CMRR Abk. für Common Mode Rejection Ratio) angegeben.

Grand-mal-Status, (tonischer-klonischer Status) bezeichnet einen schwerwiegenden epileptischen Anfall, der ohne ärztliche Behandlung häufig zum Tod führt. Oft ist der Grand-mal-Anfall das erste Anzeichen von Epilepsie, vielleicht deshalb, weil das Gehirn keine Gelegenheit hatte, früher zu erlernen, wie einzelne Krämpfe zu stoppen sind. Entsprechend sind Trauma, Gehirntumor und zerebrale Arteriosklerose häufige Ursachen. Während der 60 – 90 s dauernden Attacken zeigt das EEG Verlangsamung und unregelmäßige Formen bis schnelle, niedergespannte fokale Spitzen, die den nächsten Krampfanfall, oft schon nach wenigen Minuten, anzeigen.

Hemisphäre, Synonym für Gehirnhälfte.

Hertz (Hz), Benennung für die Frequenz, 1 Hz = 1 Schwingung pro Sekunde.

Hochfrequenzfilter, Schaltkreis, der die Empfindlichkeit für hohe Frequenzen eines EEG-Kanals reduziert.

Hochpaß, s. Niederfrequenzfilter.

Impedanz, s. Widerstand.

IRDA, intermittent rhythmic delta activity.

Jochkontrolle, experimentelle Anordnung, bei der jeder Vpn einer Experimentalgruppe eine Vpn einer Kontrollgruppe zugeordnet ist. Experimental- und Kontrollgruppen unterscheiden sich dabei nach Möglichkeit nur in bezug auf eine Variable. Um Unterschiede in Persönlichkeitsvariablen möglichst gering zu halten, ist die Untersuchung von eineiigen Zwillingen günstig, wobei jeweils ein Zwilling der Experimentalgruppe, sein Geschwister der Kontrollgruppe zugeordnet wird.

Kanal, EEG-Kanal, komplettes System für die Aufnahme, Verstärkung und Aufzeichung der Potentialdifferenz eines Elektrodenpaares.

Kappa-Rhythmus, elektrische Aktivität über temporalen Arealen im Frequenzbereich des Alpha- oder Thetabandes, tritt während mentaler Belastung auf. Da der Kappa-Rhythmus am deutlichsten von Elektroden an den äußeren Canthi der Augen abgeleitet werden kann, handelt es sich hierbei möglicherweise nicht immer um EEG-Aktivität, sondern auch um okulare Potentiale.

Kation, positiv geladenes Teilchen, wird von der Kathode (negativ) angezogen, z.B. $H^+$, $K^+$, $Na^+$, $Ca^{++}$.

K-Komplex, Wellenzug (Burst), der im Schlaf-EEG auftritt, spontan oder auch durch plötzliche sensorische Reize; dabei spielt deren Modalität keine Rolle. Meist besteht der K-Komplex aus einer biphasischen, hochamplitudigen, langsamen Welle, verbunden mit einer Schlafspindel. Die Amplitude ist i. allg. am Vertex maximal.

Komponente, funktionale Untereinheit im EKP, die aufgrund ihrer Morphologie sowie aufgrund experimenteller Randbedingungen identifiziert werden kann. Eine Komponente im EKP wird z. T. als Manifestation eines jeweils aktivierten zerebralen Prozessors angesehen.

kortikal, die Gehirnrinde (Cortex) betreffend.

kranial, zum Schädel gehörig; intrakranial, innerhalb des Schädels.

Lambda-Welle, okzipitale Welle, die bei visueller Exploration zeitsynchron mit sakkadischen Augenbewegungen auftritt; die gegenüber anderen Regionen positiven Amplituden liegen i. allg. unter 50 μV. Die sägezahnförmige Welle tritt nur vorübergehend auf.

Latenz, Zeitintervall bis zum Eintritt einer Reaktion, gemessen vom Zeitpunkt des Ereignisses aus, das die Reaktion ausgelöst hat.

Lateralisierung, insbesondere eine Seite des Kopfes (also entweder links oder rechts) betreffend.

Leitfähigkeit, s. Widerstand.

monopolare EEG-Ableitung, s. unipolare Ableitung.

1 mV = 1 Millivolt = 1 Tausendstel Volt.

My-Rhythmus, arkadenförmige Wellen über centroparietalen Regionen im Bereich von 7 – 11 Hz. Die Amplituden sind meist geringer als 50 μV. Kontralaterale Bewegung oder die Bereitschaft dazu, sowie taktile Stimulation blockieren den My-Rhythmus.

1 μV = 1 Mikrovolt = 1 Millionstel Volt.

Niederfrequenzfilter, Schaltkreis, der niederfrequente Aktivität unterdrückt und nur höhere Frequenzen ungedämpft passieren läßt (wird daher auch als Hochpaß bezeichnet). Der Bereich gedämpfter Frequenzen kann durch die Zeitkonstante charakterisiert werden. Wird der Filter durch ein RC-Glied realisiert, so ist die Zeitkonstante $R \cdot C$.

Notch-Filter, Filter, der ein enges Frequenzband, z. B. das der Netzfrequenz (also um 50 Hz) stark dämpft. Der Nachteil von solchen Filtern besteht in der dadurch hervorgerufenen Phasenverschiebung.

N100, auch N1, negative Potentialauslenkung bzw. Komponente, die im akustisch evozierten Potential nach 100 – 150 ms auftritt. Die deutlichsten Amplituden mit bis zu 15 – 20 μV werden über frontozentralen Arealen erreicht.

okzipital, über der hinteren Kopfregion liegend.

paroxysmal, plötzliches Auftreten und Verschwinden eines EEG-Musters.

PCA, *P*rincipal *C*omponent *A*nalysis, Hauptkomponentenanalyse; statistisches Verfahren, das gemeinsam variierende Bereiche aus Datensätzen bestimmen kann.

Peak, Spitze, Punkt des Extremums, insbesondere einer Halbwelle.

Petit mal, (Absence Status), beschreibt einen Zustand mit beeinträchtigtem Bewußtsein, träger Geisteskraft oder dümmlichem Verhalten. Solche Dämmerzustände können Stunden oder sogar Tage andauern. Das EEG zeigt eine nahezu konstante, ausgedehnte 3-Hz-Aktivität mit oft spike-förmigen Entladungen, die den ganzen Zustand über andauern.

Phase, Zeitrelation zwischen dem Punkt einer Ableitung und dem entsprechenden Punkt einer zweiten Ableitung.

Pick-Krankheit, erblich bedingte umschriebene Schrumpfung (Atrophie) des Stirn- oder Schläfenlappens mit Persönlichkeitsveränderungen und Demenz.

Polygraph, Gerät zur gleichzeitigen Registrierung unterschiedlicher physiologischer Maße, wie EEG, EOG, EKG, EMG, Atmung etc.

Potential, zeitlicher Verlauf eines EEG-Abschnitts, im physikalischen Sinne die Summe der Ladungseinflüsse, die auf einen Punkt wirken. Meßbar ist die Differenz zweier Potentiale an verschiedenen Orten, also die Spannung.

P300, P3, positive Potentialauslenkung im EKP, die mit einer Latenz von wenigstens 300 ms vor allem parietal auftritt.

RC-Kopplung, liegt vor, wenn am Eingang einer Teilstufe des Verstärkers ein RC-Glied (R – Widerstand, C – Kapazität) geschaltet ist; s. DC-Kopplung.

Referenzelektrode, Elektrode, von der angenommen werden kann, daß die von ihr erfaßten Potentialschwankungen gering sind, so daß die zeitlichen Potentialschwankungen einer sog. aktiven Elektrode durch Spannungsmessung zwischen der aktiven und der Referenzelektrode ermittelt werden können. Da jedoch die Potentiale jedes Punktes an der Schädeloberfläche variieren, erhält man nur eine Näherung, d. h. man mißt nicht die Potentialschwankungen an der aktiven Elektrode allein, sondern diese vermindert (bzw. vermehrt) um die Potentialschwankungen an der Referenzelektrode. Als möglicher Ausweg bietet sich eine gemittelte Referenz an, d. h. das Potential an einer Elektrode wird gegenüber dem Mittelwert möglichst vieler, gleichmäßig um den Kopf verteilter Elektroden gemessen. (Etwa A1, A2, Nasion, Inion sowie ca. 4 Elektroden auf der behaarten Kopfhaut genügen dabei bereits).

Schlaf-Spindeln, Bursts mit einer Frequenz von 11 – 15 Hz (meist im Bereich von 12 – 14 Hz), die während des Schlafes mit mittlerer Amplitude (bis zu 50 µV beim Erwachsenen) über zentralen Regionen auftreten.

Sigma-Rhythmus, früher z. T. verwendete Bezeichnung für Schlafspindeln.

Slow wave, langsame Positivierung im EKP, die mit einer Latenz von ca. 1/2 s auftritt. Die Slow wave wird von der PCA meist als Hauptkomponente extrahiert. Sie ist über parietozentralen Regionen ausgeprägt und kann frontal u. U. auch negative Werte annehmen.

Soma, Zellkörper.

Spike, Zacke im EEG, die sich deutlich von der Hintergrundaktivität abhebt, am Ort der stärksten Ausprägung meist negativ im Vergleich zu anderen Regionen, von 20 – 70 ms Dauer.

Spike-and-slow-Wave, (Spike and Wave), EEG-Muster, bestehend aus einer Zacke (Spike), die von einer langsamen Welle gefolgt wird.

Status epilepticus, bezeichnet das Auftreten praktisch anhaltender Krampfaktivität (seizure activity) im EEG. Typischerweise muß der epileptische Anfall mindestens 30 min bis 1 h dauern, bzw. in dieser Zeit häufig hintereinander auftreten, bevor von einem Status epilepticus gesprochen wird.

Theta-Rhythmus, EEG-Wellen mit der Frequenz von 4 – 8 Hz.

Tiefpaß, s. Hochfrequenzfilter.

Topographie, Verteilung von EEG-Amplituden oder Komponenten auf der Schädeloberfläche oder im Gehirn.

Unilateral, eine Seite des Kopfes (auch eine Gehirnhälfte) betreffend.

Unipolar, unipolare Ableitung, bezeichnet die Messung der Spannung zwischen einer aktiven Elektrode und einer Bezugs- oder Referenzelektrode, von der angenommen werden kann, daß ihr Potential unter den gegebenen Umständen konstant ist. Somit werden bei unipolarer Ableitung die Potentialveränderungen an der aktiven Elektrode allein erfaßt.

Vertex, auf der Mitte zwischen Nasion und Inion gelegener Punkt, entspricht im 10 – 20-System Cz.

1 Volt, Einheit der elektrischen Spannung.

Widerstand, Impedanz, Leitfähigkeit: Das EEG mißt die Differenz summierter Potentialschwankungen zwischen zwei Punkten. Diese an der Schädeloberfläche abgegriffene Spannungsänderung hängt nicht nur von der generierenden Quelle ab, sondern auch vom Widerstand, der dem elektrischen Strom beim Durchgang durch die zwischen Quelle und Meßgerät liegende Materie entgegengesetzt wird. Für Gleichstromkreise gilt das Ohmsche Gesetz: Strom = Spannung/Widerstand. Die Maßeinheit des Widerstands ist 1 Ohm ($\Omega$). Der Kehrwert, die Leitfähigkeit wird in Siemens gemessen, im Englischen oft als Mho bezeichnet.
Bei Wechselstromkreisen treten zusätzlich zum Widerstand R sog. Blindwiderstände auf, die zwar keine Leistung verbrauchen, jedoch bei Stromdurchgang einen bestimmten Spannungsanteil aufnehmen. Die gesamte, für den Zusammenhang zwischen Strom und Spannung maßgebende „Impedanz" ergibt sich als Kombination der reellen Impedanz R und der imaginären Impedanzen iwL und 1/iwC mit L als Induktivität und C als Kapazität. Z ist demnach abhängig von der Kreisfrequenz w, also der Frequenz der elektrischen Schwingungen, ebenso wie vom Widerstand und den kapazitiven Eigenschaften des Stromkreises. EEG-Veränderungen, z. B. in der Amplitude, können daher auch durch Impedanzänderungen in der die Stromquelle umgebenden biologischen Materie (beispielsweise im Blutfluß) hervorgerufen werden.

Zehn-Zwanziger-System, standardisiertes System für die Plazierung von Elektroden auf der Schädeloberfläche (s. Kap. 2).

Zeitkonstante, Produkt aus dem Widerstand R (in MOhm) und dem der Kapazität C (in µFarad), bestimmt die Zeit (in s), innerhalb der eine Gleichspannungsverschiebung auf 37% ihres Wertes ( = 1/Eulersche Zahl) abgefallen ist.

Die Zeitkonstante c ist somit eine Charakteristik des Niederfrequenzfilters, sie kann daher auch als Frequenz f mit $c = 1/2\ \pi f$ angegeben werden, wobei f dann die Frequenz angibt, bei der die Dämpfung 3 dB ($= 30\%$) beträgt. Beispiel: $c = 0,3$ s entspricht $f = 0,5$ Hz. (Genaugenommen gilt dies allerdings nur für eine einfache RC-Kopplung.)

zephalisch, zum Kopf gehörig, nonzephalische Referenz, Bezugselektrode des EEG, die am Körper, aber nicht am Kopf befestigt wird, und die daher auch praktisch nicht von elektrischen Aktivitäten des Gehirns beeinflußt ist. Der Nachteil nonzephalischer Bezugselektroden liegt in deren Beeinflussung durch somatisch generierte elektrische Felder, vor allem des EKG.

# Literatur

Abraham, P. & McCallum, W. C. (1977) A permanent change in the E.E.G. (CNV) of schizophrenics. J. Electroenc. Clin. Neurophysiol., *43*, 533.

Abraham, P., Docherty, T. B., Spencer, S. C., Verhey, R. H., Lamers, T. B., Emonds, P. M.,
Timsit-Berthier, M., Gerono, A., & Rousseau, J. C. (1980) An international pilot study of CNV in
mental illness. In: H. H. Kornhuber & L. Deecke (Eds.) Motivation, Motor and Sensory Processes
of the Brain. Electrocortical Potentials, Behavior and Clinical Use. Progress in Brain Research,
Vol. 54. Amsterdam: Elsevier.

Abraham, P., Spencer, S., Verhey, F., Lamers, T., Emonds, P., Timsit-Berthier, M., Gerono, A.,
Rousseau, J., & Gross-Gean, J. (1981) International pilot study of CNV in mental illness. 6th Int.
Conference on Event-Related Potentials of the Brain, Lake Forest, Ill.

Adam, N. & Collins, G. I. (1978) Late components of the visual evoked potential to search in short-
term memory. J. Electroenc. Clin. Neurophysiol., *44*, 147 – 156.

Andersen, P. & Andersson, S. A. (1968) Physiological Basis of Alpha Rhythm. New York: Appleton-
Century-Crofts.

Arfel, G. (1975) Introduction to clinical and EEG studies in coma. In: R. Harner & R. Naquet (Eds.)
Altered States of Consciousness, Coma, Cerebral Death: Handbook of Electroencephalography
and Clinical Neurophysiology, Vol. 12. Amsterdam: Elsevier, pp. 5 – 23.

Bandura, A. (1982) Self-efficacy mechanism in human agency. Am. Psychol. *37*, 122 – 147.

Barbas, H., Solyom, L., Dubrovsky, B. (1978) Contingent negative variation in patients affected by
specific phobias. In: D. Otto (Ed.) Multidisciplinary Perspectives in Event-Related Brain Potential
Research. Washington, U.S.: Environmental Protection Agency.

Barlow, J. S. & Remond, A. (1981) Eye movement artifact nulling in EEGs by multichannel on-line
EOG subtraction. J. Electroenc. Clin. Neurophysiol. *52*, 405 – 419.

Barry, W. & Jones, G. M. (1965) Influence of eyelid movement upon electrooculographic recording
of vertical eye movements. Aerospace Med., *36*, 855 – 858.

Bartus, R. T. & Ferris, S. H. (1974) Neural correlates of habituation and dark adaptation in the visual
cortex of the rat. Physiol. Psychol., *2*, 55 – 59.

Bauer, H. (1984) Regulation of slow brain potentials affects task performance. In: T. Elbert, B.
Rockstroh, W. Lutzenberger & N. Birbaumer (Eds.) Self-Regulation of the Brain and Behavior.
Berlin, Heidelberg, New York, Tokyo: Springer.

Bauer, P. J. (1982) Physikalische Aspekte der Photorezeption im Auge. Physik in unserer Zeit, *13/2*,
48 – 58.

Beckett, F. A. (1972) A practical approach to differential amplifiers and measurements, part I.
Tekscope (Tektronix Incorp.), *7*, 12 – 16.

Beckett, F. A. (1972) A practical approach to differential amplifiers and measurements, part II.
Tekscope, *11*, 14 – 16.

Beckett, F. A. (1973) A practical approach to differential amplifiers and measurements, part III.
Tekscope, *1*, 9 – 12.

Benedek, G. B. & Villars, F. M. (1979) Physics with Illustrative Examples from Medicine and
Biology, Vol. 3. Electricity and Magnetics. Reading, Massachusetts: Addison-Wesly Publ. Co.

Berger, H. (1929) Über das Elektrenkephalogramm des Menschen. Arch. Psychiat. Nervenkr., *87*,
527 – 570.

Bickford, R. & Butt, H. (1955) Hepathic coma. The electroencephalograph pattern. J. Clin. Invest.,
*34*, 790 – 799.

Birbaumer, N. (Hrsg.) (1973) Neuropsychologie der Angst. München: Urban & Schwarzenberg.

Birbaumer, N. (1975) Physiologische Psychologie. Berlin, Heidelberg, New York: Springer.

Birbaumer, N. (Hrsg.) (1977) Psychophysiologie der Angst. München: Urban & Schwarzenberg.

Blowers, G., Ongley, G., & Shaw, J. (1976) Implications of cross-modality stimulation permutations for the CNV. In: W. C. McCallum & J. Knott (Eds.) The Responsive Brain. Bristol: Wright.

Bockris, J. & Reddy, A. K. (1970) Modern Electrochemistry. New York: Plenum Press.

Box, G. & Jenkins, G. (1970) Time-Series Analysis Forecasting and Control. San Francisco: Holden Day.

Box, G. & Pierce, P. (1970) Distribution of residual autocorrelative and autoregressive moving average time series models. J. Am. Statist. Assoc., 65, 1509–1526.

Brazier, M. (1984) Pioneers in the discovery of evoked potentials. J. Electroenc. Clin. Neurophysiol., 59, 2–8.

Brinkmann, R., v. Cramon, D. & Schulz, H. (1975) Skalierung von Aufmerksamkeitsstörungen bei neurologischen Patienten. J. Neurol., 209, 1–8.

Brinkmann, R., v. Cramon, D. & Schulz, H. (1976) The Munich coma scale. J. Neurol. Neurosurg. Psychiatry, 39, 788–793.

Brinkmann, R. & Ebner, A. (1977) Clinical value of the brainstem evoked response in coma. J. Electroenc. Clin. Neurophysiol., 43, 525.

Broadbent, D. (1958) Perception and Communication. London: Pergamon Press.

Broughton, R., Hanley, J., Quanbury, A. O. & Roy, O. Z. (1976) Electrodes. In: R. Broughton (Ed.) Acquisition of Bioelectrical Data: Collection and Amplification. Handbook of Electroenc. Clin. Neurophysiol. Amsterdam: Elsevier, pp. 3A5–3A24.

Brown, D. (1967) Methods in Psychophysiology. Baltimore: Williams & Wilkins.

Buchsbaum, M. S. & Ingvar, D. H. (1982) New visions in schizophrenic brain: Regional differences in electrophysiology, blood flow, and cerebral glucose use. In: F. A. Henn & H. A. Nasrallah (Eds.) Schizophrenia as a Brain Disease. Oxford: Oxford University Press.

Callaway, E. (1979) Schizophrenia and evoked potentials. In: H. Begleiter (Ed.) Evoked Brain Potentials and Behavior. New York: Plenum Press, pp. 517–524.

Caspers, H. (1974) DC potentials recorded directly from the cortex. In: Handbook of Electroenc. Clin. Neurophysiol. Vol. 10A. Amsterdam: Elsevier.

Caspers, H. & Speckmann, E.-J. (1974) Cortical DC shifts associated with changes of gas tension in blood and tissue. In: H. Caspers (Ed.) Handbook of Electroenc. Clin. Neurophysiol. Vol. 10A. Amsterdam: Elsevier, pp. 41–65.

Caton, R. (1875) The electric currents of the brain. Br. Med. J., 2, 278.

Chapman, L., Chapman, J. & Raulin, M. (1976) Scales for physical and social anhedonia. J. Abnorm. Psychol., 85, 374–382.

Chapman, R. M., McCrary, J. W., Bragdon, H. R. & Chapman, J. A. (1979) Latent components of event-related potentials functionally related to information processing. In: J. Desmedt (Ed.) Cognitive Components in Cerebral Event-Related Potentials and Selective Attention. Basel: Karger.

Chiappa, K. & Ropper, A. (1983) Evoked potentials in clinical medicine. N. Engl. J. Med., 306, 1205–1211.

Coles, P. A. & Binnie, C. D. (1968) An alternative method of chloriding EEG Electrodes. Proc. Electrophysiol. Technol. Assoc., 15, 195–206.

Connor, W. H. & Lang, P. J. (1969) Cortical slow-wave and cardiac rate responses in stimulus orientation and reaction time conditions. J. Exp. Psychol., 82, 310–320.

Cooper, R., Osselton, J. & Shaw, J. (1969) EEG Technology, London: Butterworth.

Cooper, R., Osselton, J. & Shaw, J. (1980) EEG Technology 3rd Edn. London: Butterworth.

Coppola, R., Tabor, R. & Buchsbaum, M. S. (1978) Signal to noise ratio and response variability measurements in single trial evoked potentials. J. Electroenc. Clin. Neurophysiol. 44, 214–222.

Corby, J. C., Roth, W. T. & Kopell, B. S. (1974) Prevalence and methods of control of the cephalic skin potential EEG artifact. Psychophysiology, 11, 350–360.

Creutzfeld, O. D. & Houchin, J. (1974) Neuronal basis of EEG waves. In: A. Remond (Ed.) Handbook of Electroenc. Clin. Neurophysiol., part 2 C, Amsterdam: Elsevier, pp. 5–55.

Cuffin, B. N. & Cohen, D. (1979) Comparison of the magnetoencephalogram and electroencephalogram. J. Electroenc. Clin. Neurophysiol., 47, 132–146.

Curry, S., Cooper, R., McCallum, W., Pocock, P., Papakostopoulos, D., Skidmore, S. & Newton, P. (1983) The principal components of auditory target detection. In: A. Gaillard & W. Ritter (Eds.) Tutorials in Event Related Potential Research: Endogenous Components. Amsterdam: Elsevier, pp. 79–118.

Deecke, L., Groezinger, B. & Kornhuber, H. (1976) Voluntary finger movement in man: Cerebral potentials and theory. Biol. Cybern., *23*, 99 – 119.

Deecke, L. (1978) Functional significance of cerebral potentials preceding voluntary movement. In: D. A. Otto (Ed.) Multidisciplinary Perspectives in Event-Related Brain Potential Research. Washington: U.S. Environmental Protection Agency, pp. 87 – 91.

Delaunoy, J., Timsit-Berthier, M., Rousseau, J. & Gerono, A. (1975) Experimental modification of the terminal phase of the CNV. J. Electroenc. Clin. Neurophysiol., *39*, 551.

Delaunoy, J., Gerono, A. & Rousseau, J. (1978) Experimental production of postimperative negative variation in normal subjects. In: D. A. Otto (Ed.) Multidisciplinary Perspectives in Event – Related Brain Potential Research. Washington: U.S. Environmental Protection Agency, pp. 335 – 357.

Desmedt, J. (1977) Some observations on the methodology of cerebral evoked potentials in man. In: J. Desmedt (Ed.) Attention, Voluntary Contraction and Event-Related Cerebral Potentials. Basel: Karger.

Digital Signal Processing Committee (Eds). (1979) Programs for Digital Signal Processing. New York: IEEE-Press.

Dixon, N. (1981) Preconscious Processing. New York: Wiley

Dolce, G. & Künkel, H. (Eds.) (1975) CEAN, Computerized EEG Analysis. Stuttgart: Fischer.

Donchin, E. (1966) A multivariate approach to the analysis of averaged evoked potentials. IEEE Trans. Biomed. Eng., *13*, 131 – 139.

Donchin, E. (1969) Data analysis techniques in averaged evoked potentials research. In: E. Donchin & K. Lindsley (Eds.) Average Evoked Potentials. NASA SD-191, Washington: U.S. Government Printing Office, pp. 199 – 217.

Donchin, E. (1979) Event-related brain potentials: A tool in the study of human information processing. In: H. Begleiter (Ed.) Evoked Brain Potentials and Behavior. New York: Plenum Press.

Donchin, E. (1981) Surprise! ... Surprise? Psychophysiology, *18*, 493 – 513.

Donchin, E., Kutas, M. & McCarthy, G. (1977) Electrocortical indices of hemispheric utilization. In: S. Hernad, W. Doty, L. Goldstein, J. Jaynes & G. Krauthamer (Eds.) Lateralization in the Nervous System. New York: Academic Press.

Donchin, E., Ritter, W. & McCallum, W. C. (1978) Cognitive psychophysiology: The endogenous components of the ERP. In: E. Callaway, P. Tueting & S. Koslow (Eds.) Event Related Brain Potentials in Man. New York: Academic Press.

Dongier, M., Dubrovsky, B. & Engelsmann, F. (1976) Event-related slow potentials: Recent data on clinical significance. Res. Commun. Psychol. Psychiat. Behav., *1*, 91 – 104.

Dongier, M., Dubrovsky, B. & Engelsmann, F. (1977) Event-related slow potentials in psychiatry. In: C. Shagass, S. Gershon & A. Friedhoff (Eds.) Psychopathology and Brain Dysfunction. New York: Raven Press, pp. 339 – 352.

Dummermuth, G. (1976) Sampling and data reduction. In: Handbook of Electroenc. Clin. Neurophysiol. Vol. 4A. Amsterdam: Elsevier.

Duncan-Johnson, C. C. (1981) P300 latency: A new metric of information processing. Psychophysiology, *18*, 207 – 215.

Duncan-Johnson, C. C. & Donchin, E. (1977) On quantifying surprise: The variation of event related potentials with subjective probability. Psychophysiology, *14*, 456 – 467

Duncan-Johnson, C. C. & Donchin, E. (1978) Series based versus trial based determinants of expectancy and P300 amplitude. Psychophysiology, *15*, 262.

Duncan-Johnson, C. C. & Donchin, E. (1979) The time constant in P300 recording. Psychophysiology, *16*, 53 – 55.

Duncan-Johnson, C., Roth, W. T. & Kopell, B. S. (1981) Effects of stimulus sequence on P300 and reaction time in schizophrenics. 6th International Conference on Event-Related Slow Potentials. Lake Forrest, Illinois.

Elbert, T. (1978) Biofeedback langsamer kortikaler Potentiale. München: Minerva.

Elbert, T. & Rockstroh, B. (1980) Some remarks on the development of a standardized time constant. Psychophysiology, *17*, 504 – 505.

Elbert, T., Rockstroh, B., Lutzenberger, W. & Birbaumer, N. (1980) Biofeedback of slow cortical potentials, I. J. Electroenc. Clin. Neurophysiol., *48*, 293 – 301.

Elbert, T., Rockstroh, B., Lutzenberger, W. & Birbaumer, N. (1982) Slow brain potentials after withdrawal of control. Arch. Psychiatry Neurol. Sci., *232*, 201 – 214.

Elbert, T., Rockstroh, W., Lutzenberger, W. & Birbaumer, N. (Eds.) (1984) Self-Regulation of the Brain and Behavior. Berlin, Heidelberg, New York, Tokyo: Springer.

Elbert, T., Hommel, J. & Lutzenberger, W. (in press) The Bereitschaftspotential prior to the reversion of the Necker cube.

Etevenon, P., Rioux, P., Pidoux, B. & Verdlaux, G. (1976) Microprogrammed fast fourier analysis of EEG. On-line statistical spectral analysis and theoretical off-line spike detection. In: Kellaway, P. & J. Petersen (Eds.) Quantitative Analytic Studies in Epilepsy. New York: Raven Press, pp. 375–388.

Fahrenberg, J. (1967) Psychophysiologische Persönlichkeitsforschung. Göttingen: Hogrefe.

Fahrenberg, J. (1980) Psychophysiologische Methodik. In: K. Groffmann & L. Michel (Hrsg.) Psychologische Diagnostik. In: Handbuch der Psychologie, Bd. 6. Göttingen: Hogrefe.

Fahrenberg, J., Walschburger, P., Förster F., Myrtek, M. & Müller, W. (1979) Psychophysiologische Aktivierungsforschung. München: Minerva.

Fahrenberg, J., Walschburger, P., Förster, F., Myrtek, M. & Müller, W. (1983) An evaluation of trait, state, and reaction aspects of activation processes. Psychophysiology, 20, 188–197.

Fahrenberg, J. & Förster, F. (1982) Covariation and consistency of activation parameters. Biol. Psychol., 15, 151–169.

Fetz, E. E. (1969) Operant conditioning of cortical unit activity. Science, 163, 955–958.

Fetz, E. E. & Baker, M. A. (1973) Operantly conditioned patterns of precentral unit activity and correlated responses in adjacent cells and contralateral muscles. J. Neurophysiol., 36, 179–204.

Fetz, E. E. & Finocchio, D. V. (1975) Correlations between activity of motor cortex cells and arm muscles during operantly conditioned response patterns. Exp. Brain. Res., 23, 217–240.

Fink, M. (1977) Quantitative EEG analysis and psychopharmacology. In: A. Remond (Ed.) EEG Informatics. A Didactic Review of Methods and Applications of EEG Data Processing. Amsterdam: Elsevier.

Finley, W. (1984) Biofeedback of very early potentials from the brainstem. In: T. Elbert, B. Rockstroh, W. Lutzenberger & N. Birbaumer (Eds.) Self-Regulation of the Brain and Behavior. Berlin, Heidelberg, New York, Tokyo: Springer.

Fortgens, C. & DeBruin, M. (1983) Removal of eye movement and ECG artifacts from the non-cephalic reference EEG. J. Electroenc. Clin. Neurophysiol. 56, 90–96.

Freeman, W. J. (1972) Linear analysis of the dynamics of neuromasses. Ann. Rev. Biophys. Bioeng., 1, 225–256.

Gasser, T. (1977) General characteristics of the EEG as a signal. In: A. Remond (Ed.) EEG Informatics. A Didactic Review of Methods and Applications of EEG Data Processing. Amsterdam: Elsevier, pp. 57–82.

Gasser, T., Sroka, L. & Möcks, J. (1984) The transfer of EOG-activity into the EEG for eyes open and closed. J. Electroenc. Clin. Neurophysiol. (in press).

Gastaut, H. (1970) Clinical and electroencephalographic classification of epileptic seizures. Epilepsia, 11, 102.

Geddes, L. & Baker, L. (1968) Principles of Applied Biomedical Instrumentation. New York: Wiley.

Giedke, H., Bolz, J. & Heimann, H. (1980) Pre- and postimperative negative variation (CNV and PINV) under different conditions of controllability in depressed patients and healthy controls. In: H. H. Kornhuber & L. Deecke (Eds.) Motivation, Motor and Sensory Processes of the Brain. Electrical Potentials, Behavior and Clinical Use. Amsterdam: Elsevier, pp. 579–584.

Girton, D. G. & Kamiya, J. (1974) A very stable electrode system for recording human scalp potentials with direct-coupled amplifiers. J. Electroenc. Clin. Neurophysiol., 37, 85–88.

Glass, G., Willson, V. & Gottmann, J. (1975) Design and Analysis of Time-Series-Experiments. Boulder, Colorado: University Press.

Goff, W. (1974) Human average evoked potentials. Procedures for stimulating and recording. In: R. Thompson & M. Patterson (Eds.) Bioelectric Recording Techniques. New York: Academic Press, pp. 102–157.

Goff, W. R., Matsumiya, Y., Allison, T. & Goff, G. D. (1969) Cross modality comparisons of averaged evoked potentials. In: E. Donchin & K. Lindsley (Eds.) Averaged Evoked Potentials. NASA SP-191. Washington, pp. 95–141.

Goff, W. R., Allison, T. & Vaughan, H. G., Jr. (1978) The functional neuroanatomy of event-related potentials. In: E. Callaway, P. Tueting & S. Koslow (Eds.) Event-Related Brain Potentials in Man. New York: Academic Press, pp. 1–80.

Goldstein L. (1975) Time domain analysis of the EEG. The integrative method. In: G. Dolce & H. Künkel (Eds.) CEAN, Computerized EEG Analysis. Stuttgart: Fischer, pp. 251 – 270.

Gratton, G., Coles, M. H. & Donchin, E. (1983) A new method for off-line removal of ocular artifact. J. Electroenc. Clin. Neurophysiol., 55, 468 – 484.

Grossberg, S. (1978) Competition, decision, and consense. J. Math. Analys. Applicat., 66, 470 – 493.

Grossberg, S. (1980) How does a brain build a cognitive code? Psychol. Rev., 87, 1 – 51.

Grünewald, G. & Grünewald-Zuberbier, E. (1983) Cerebral potentials during voluntary ramp movements in aiming tasks. In: A. Gaillard & W. Ritter (Eds.) Tutorials in Event Related Potential Research: Endogenous Components. Amsterdam: Elsevier, pp. 311 – 328.

Gudat, U. & Revenstorf, D. (1976) Interventionseffekte in klinischen Zeitreihen. Arch. Psychol., 128, 16.

Gumnit, R. (1974) Recording techniques. In: H. Caspers (Ed.) Handbook of Electroenc. Clin. Neurophysiol., Vol. 10A. Amsterdam: Elsevier, pp. 7 – 11.

Haider, M., Groll-Knapp, E. & Ganglberger, J. (1981) Event-related slow (DC) potentials in the human brain. Rev. Physiol. Biochem. Pharmacol., 88, 125 – 197.

Hauri, P. (1978) Biofeedback techniques in the treatment of chronic insomnia. In: R. Williams & I. Karacan (Eds.) Sleep Disorders: Diagnosis and Treatment. New York: Wiley.

Helmholtz, H. (1879) Studien über elektrische Grenzschichten. Ann. Phys. Chem., 7, 337 – 382.

Hermanutz, M. (1983) Der Einfluß zeitlicher Unbestimmtheit auf ereigniskorrelierte Potentiale chronisch Schizophrener. Dissertation, Universität Konstanz.

Hermanutz, M., Cohen, R. & Sommer, W. (1981) The effects of serial order in long sequences of auditory stimuli on event-related potentials. Psychophysiology, 18, 415 – 423.

Hillyard, S. A. (1974) Methodological issues in CNV research. In: R. F. Thompson & M. M. Patterson (Eds.) Bioelectric recording techniques. Vol. B. New York: Academic Press, pp. 281 – 304.

Hillyard, S. & Galambos, R. (1970) Eye movement artifact in the CNV. J. Electroenc. Clin. Neurophysiol., 28, 173.

Hillyard, S. A., Hink, R. F., Schwent, V. L. & Picton, T. W. (1973) Electrical signs of selective attention in the human brain. Science, 182, 177 – 180.

Hillyard, S., Picton, T. & Regan, D. (1978) Sensation, perception, and attention: Analysis using ERPs. In: E. Callaway, P. Tueting & S. Koslow (Eds.) Event-Related Brain Potentials in Man. New York: Academic Press, pp. 223 – 322.

Hillyard, S. & Picton, T. (1979) Event-relatied brain potentials and selective information processing in man. In: J. Desmedt (Ed.) Cognitive Components in Cerebral Event-Related Potentials and Selective Attention. Prog. Clin. Neurophysiol. 6, Basel: Karger

Hubel, D. H. & Wiesel, T. N. (1962) Receptive fields, binocular interaction and functional architecture in the cat's visual cortex. J. Physiol., 160, 106 – 154.

Huber, H. (1976) Zur Planung und Auswertung von Einzelfalluntersuchungen. In: L. Pongratz (Hrsg.) Handbuch der Klinischen Psychologie, Bd. 8/1. Göttingen: Hogrefe.

Huhta, J. C. & Webster, J. G. (1973) 60 Hz interference in electrocardiography. IEEE Trans. Biomed. Eng., 3, 91 – 101.

Ingvar, D. (1974) Report of the committee on cessation of cerebral function. J. Electroenc. Clin. Neurophysiol., 37, 530 – 531.

Isaksson, A. & Wennberg, A. (1976) Spectral properties of nonstationary EEG signals, evaluated by means of Kalman filtering: Application examples from a vigilance test. In: P. Kellaway & J. Petersen (Eds.) Quantitative Analytic Studies in Epilepsy. New York: Raven Press, pp. 389 – 402.

Itil, T. M. (1975) Digital Computer Period Analyzed EEG in Psychiatry and Psychopharmacology. In: G. Dolce & H. Künkel (Eds.) CEAN, Computerized EEG Analysis. Stuttgart: Fischer.

Janz, D, (1969) Die Epilepsien. Stuttgart: Thieme.

Jasper, H. H. (1958) The ten-twenty electrode system of the International Federation. J. Electroenc. Clin. Neurophysiol., 20, 371 – 375.

John, E. R., Ruchkin, D. S. & Villegas, J. (1964) Experimental background: signal analysis and behavioral correlates of evoked potential configuration in cats. Ann. N.Y. Acad. Soc., 112, 362 – 420.

Johnson, L. C. (1980) Recording and analysis of brain activity. In: I. Martin & P. Venables (Eds.) Techniques in Psychophysiology. New York: Wiley, pp. 329 – 356.

Kandel, A. & Schwartz, N. (1981) An Introduction to Neurosciences. New York: Plenum Press.

Kayser-Gatchalian, G. & Neundörfer, B. (1980) The prognostic value of EEG in ischemic cerebral insults. Elektroenzephal. Klin. Neurophysiol., *79*, 608 – 617.

Kimmel, H. D., Birbaumer, N., Elbert, T., Lutzenberger, W. & Rockstroh, B. (1983) Conditional tonic stimulus control of nonspecific arousal. Pavlov. J. Biol. Sci., *18*, 136 – 143.

Knight, R. T., Hillyard, S. A., Woods, D. L. & Neville, H. J. (1981) The effect of frontal cortex lesions on event-related potentials during auditory selective attention. J. Electroenc. Clin. Neurophysiol., *52*, 571 – 582.

Kooi, K. & Bagchi, B. K. (1964) Visual evoked responses in man: normative data. Ann. N.Y. Acad. Sci., *112*, 254 – 269.

Koopowitz, H. (1974) The electroretinogram. In: R. Thompson & M. Patterson (Eds.) Bioelectric Recording Techniques, Vol. C. New York: Academic Press, pp. 64 – 86.

Kornhuber, H. H. & Deecke, L. (1965) Hirnpotentialänderung bei Willkürbewegungen und passiven Bewegungen des Menschen: Bereitschaftspotential und reafferente Potentiale. Pflügers Arch. Ges. Physiol., *284*, 1 – 17.

Kornhuber, H. H. & Deecke, L. (Eds.) (1980) Motivation, Motor and Sensory Processes of the Brain. Electrical Potentials, Behavior and Clinical Use. Progress in Brain Research 54. Amsterdam: Elsevier.

Kubicki, S., Rieger, H., Busse, G. & Barkow, D. (1970) Elektroenzephalographische Befunde bei schweren Schlafmittelvergiftungen. Z. EEG – EMG, *1*, 80 – 93.

Kubicki, S. & Haas, J. (1975) Elektroklinische Korrelationen bei Komata unterschiedlicher Genese. Act. Neurol., *2*, 103 – 112.

Kuhn, T. S. (1962) The Structure of Scientific Evolutions. Chicago: University of Chicago Press.

Lacey, J. (1956) The evaluation of autonomic responses: Toward a general solution. Ann. N.Y. Acad. Sci., *67*, 123 – 164.

Lacey, J. & Lacey, B. (1958) Verification and extension of the principle of autonomic response stereotypy. Am. J. Psychol., *71*, 50 – 73.

Lang, P. (1979) A bio-informational theory of emotional imagery. Psychophysiology, *16*, 495 – 512.

Lang, P., Simons, R., Miller, G., Birbaumer, N., Elbert, T. & Lutzenberger, W. (1983) An international attempt in replication. Unveröfftl. Manuskript, Madison.

Larbig, W. (1982) Schmerz. Stuttgart: Kohlhammer.

Larbig, W., Birbaumer, N., Schnerr, G. (1982) Thetaaktivität und Schmerzkontrolle. In: W. Keeser & E. Poeppel (Hrsg.) Schmerz. Fortschritte der Klinischen Psychologie. München: Urban & Schwarzenberg, S. 83 – 112.

Lauber, W. & Bauer, H. (1979) Operant conditioning of brain steady potential shifts in man. Biofeedback Self Reg., *4*, 145 – 154.

Lehmann, D. (1977) The EEG as scalp distribution. In: A. Remond (Ed.) EEG Informations: A Didactic Review of Methods and Application of EEG Data Processing. Amsterdam: Elsevier.

Lehmann, D. & Skrandies, W. (1979) Multichannel mapping of spatial distributions of scalp potential fields evoked by checkerboard reversal to different retinal areas. In: D. Lehmann & E. Callaway (Eds.) Human Evoked Potentials. New York: Plenum Press, pp. 201 – 214.

Levit, A. L., Sutton, S. & Zubin, J. (1973) Evoked potential correlates of information processing in psychiatric patients. Psychol. Med., *3*, 487 – 494.

Lester, M. L., Kitzman, M. J., Karmel, B. Z., Crowe, G. J., Giambalvo, V. & Sidman, R. D. (1979) Neurophysiological correlates of central masking. In: H. Begleiter (Ed.) Evoked Brain Potentials and Behavior. New York: Plenum Press, pp. 525 – 544.

Lipton, M. DiMascio, A. & Killam, K. (Eds.) (1978) Psychopharmacology. New York: Raven Press.

Lopes da Silva, F., Dijk, A. & Smits, H. (1975) Detection of non-stationarities in EEGs using the autoregressive model – an application to EEGs of epileptics. In: G. Dolce, G. & H. Künkel (Eds.) CEAN: Computerized EEG Analysis. Stuttgart: Fischer, pp. 180 – 199.

Lopes da Silva, F., ten Broeke, W., van Hulten, K. & Lommen, J. (1976) EEG nonstationarities detected by inverse filtering in scalp and cortical recordings of epileptics: Statistical analysis and spatial display. In: P. Kellaway & J. Petersen (Eds.) Quantitative Analytic Studies in Epilepsy. New York: Raven Press, pp. 375 – 388.

Lopes da Silva, F. & Van Rotterdam, A. (1982) Biophysical aspects of EEG and EMG generation. In: E. Niedermeyer & F. Lopes da Silva (Eds.) Electroencephalography. München, Baltimore: Urban & Schwarzenberg, S. 15 – 26.

Low. M., Borda, R., Frost, J. & Kellaway, P. (1966) Surface negative slow potential shift associated with conditioning in man. Neurology, *16*, 771 – 782.

Lubar, J. (1984) Applications of operant conditioning of the EEG for the management of epileptic seizures. In: T. Elbert, B. Rockstroh, W. Lutzenberger & N. Birbaumer (Eds.) Self-Regulation of the Brain and Behavior. Berlin, Heidelberg, New York, Tokyo: Springer.

Lutzenberger, W., Birbaumer, N. & Wildgruber, C. (1975) An experiment on the feedback of the theta activity of the human EEG. Eur. J. Behav. Anal. Mod., *2*, 119 – 126.

Lutzenberger, W., Birbaumer, N. & Steinmetz, P. (1976) Simultaneous biofeedback of heart rate and frontal EMG as a pretraining for the control of EEG theta activity. Biofeedback Self Reg., *1*, 395 – 410.

Lutzenberger, W., Elbert, T., Rockstroh, B. & Birbaumer, N. (1980a) Biofeedback of slow cortical potentials. Part II: Analysis of single event-related slow potentials by time series analysis. J. Electroenc. Clin. Neurophysiol., *48*, 302 – 311.

Lutzenberger, W., Birbaumer, N., Elbert, T., Rockstroh, B., Bippus, W. & Breidt, R. (1980b) Self-regulation of slow cortical potentials in normal subjects and patients with frontal lobe lesions. In: H. H. Kornhuber & L. Deecke (Eds.) Motivation, Motor and Sensory Processes of the Brain. Electrical Potentials, Behavior and Clinical Use. Amsterdam: Elsevier, pp. 427 – 430.

Lutzenberger, W., Elbert, T., Rockstroh, B. & Birbaumer, N. (1981) Principal component analysis of slow brain potentials during six second anticipation intervals. Biol. Psychol., *13*, 271 – 279.

Lutzenberger, W., Elbert, T., Rockstroh, B., Birbaumer, N. & Stegagno, L. (1981) Slow cortical potentials in subjects with high or low scores on a questionnaire measuring physical anhedonia and body image distortion. Psychophysiology, *18*, 371 – 380.

Lutzenberger, W., Birbaumer, N., Rockstroh, B. & Elbert, T. (1983) Evaluation of contingencies and conditional probabilities – A psychophysiological approach to anhedonia. Arch. Psychiat. Nervenkr., *233*, 471 – 488.

Lykken, D. T. (1968) Neuropsychology and psychophysiology in personality research. Part II: Psychophysiological techniques and personality research. In: E. Borgatta & W. Lambert (Eds.) Handbook of Personality Theory and Research. Chicago: Rand McNally.

Lykken, D. T. (1982) Research with twins: The concept of emergenesis. Psychophysiology, *19*, 361 – 372.

Mac Gillivary, B. (1977) The application of automated EEG analysis to the diagnosis of epilepsy. In: A. Remond (Ed.) EEG Informatics. A Didactic Review of Methods and Applications of EEG Data Processing. Amsterdam: Elsevier, pp. 243 – 262.

Malmstadt, H., Enke, C. & Toren, E. (1963) Electronics for Scientists. New York: Benjamin.

Marriott, F. H. C. (1974) The Interaction of Multiple Observations. New York: Academic Press.

Martin, D. C., Borg-Breen, D. & Buffington, V. (1979) Basic functions in the analysis of evoked potentials. In: H. Begleiter (Ed.) Evoked Brain Potentials and Behavior. New York: Plenum Press, pp. 401 – 418.

Matthes, A. (1977) Epilepsie. Stuttgart: Thieme.

McCallum, W. C. & Walter, W. G. (1968) The effects of attention and distraction on the contingent negative variation in normal and neurotic subjects. J. Electroenc. Clin. Neurophysiol., *25*, 319.

McClellan, J. H., Parks, T. W. & Rabiner, L. R. (1973) A computer program for designing optimum FIR linear phase digital filters. IEEE Trans. on Audio and Electronics, *6*, 606 – 526.

Meehl, P. (1962) Schizotaxia, schizotypy, schizophrenia. Am. Psychol., *17*, 827 – 838.

Merz, F. (1982) Zur Problematik des Fragebogen-Screenings auf erhöhtes Schizophrenierisiko. Unveröfftl. Diplomarbeit, Tübingen.

Miller, G. A., Simons, R. F. & Lang, P. J. (1981) Electrocortical measures of information processing deficit in anhedonia. 6th International Conference On Event-Related Slow Potentials. Lake Forest, Illinois.

Möller, A. R. & Jannetta, P. J. (1982) Neural generators of the brainstem auditory evoked potentials (BAEP) in man studied in intracranial recordings. Paper presented at the 2nd Int. Evoked Potentials Symposium. Cleveland.

Myrtek, M. Förster, F. & Wittmann, W. (1977) Das Ausgangswertproblem. Theoretische Überlegungen und empirische Untersuchungen. Z. Exp. Angew. Psychol., *24*, 463 – 491.

Niedermeyer, E. & Koshinov, Y. (1975) My-Rhythmus: Vorkommen und klinische Bedeutung. Z. EEG – EMG, *6*, 69 – 78.

Niedermeyer, E. & Lopes da Silva, F. (Eds.) (1982) Electroencephalography. München, Baltimore: Urban & Schwarzenberg.

Nunez, P. L. (1981) Electric Fields of the Brain. The Neurophysics of EEG. New York: Oxford University Press.

Nusselt, L. & Kockott, G. (1976) EEG-Befunde bei Transsexualität – Ein Beitrag zur Pathogenese. Z. EEG – EMG, 7, 42 – 48.

O'Connor, F. J., Tasman, A., Simon, R. H. & Hale, M. S. (1983) A model reference method for the identity of evoked potential component waveforms. J. Electroenc. Clin. Neurophysiol., 55, 223 – 237.

O'Hanlon, K. & Beatty, J. (1975) EEG theta regulation and radar monitoring performance in a controlled field experiment. Techn. Rep. under Contract N 000 14-70-C-0350, submitted to San Diego State Univ. Foundation, Los Angeles Human Factors Research and Univ. of California at Los Angeles.

O' Leary, J. L, & Goldring, S. (1964) DC-potentials of the brain. Physiol. Rev., 44, 91 – 125.

Olds, J. (1965) Operant conditioning of single unit responses. XXII Int. Congress of Physiol. Sciences, Lectures & Symposia, Tokyo. Amsterdam: Excerpta Medica, pp. 372 – 380.

Oppenheim, A. V. & Schafer, R. W. (1975) Digital Signal Processing. Englewood Cliffs: Prentice-Hall.

Otnes, R. K. & Enochson, L. (1978) Applied Time Series Analysis. Vol. 1. New York: Wiley.

Otto, D. A., Benignus, V. A., Ryan, L. J. & Leifer, L. J. (1977) Slow potential components of stimulus, response and preparatory processes in man. In: J. Desmedt (Ed.) Attention, Voluntary Contraction and Event-Related Cerebral Potentials. Basel: Karger, pp. 211 – 230.

Overton, D. & Shagass, D. (1969) Distribution of eye movement and eye blink potentials over the scalp. J. Electroenc. Clin. Neurophysiol., 27, 546.

Picton, T. W. & Hillyard, S. (1972) Cephalic skin potentials in electroencephalography. J. Electroenc. Clin. Neurophysiol., 33, 419 – 424.

Picton, T., Hillyard, S., Krausz, H. & Galambos, R. (1974) Human auditory evoked potentials. I. Evaluation of components. J. Electroenc. Clin. Neurophysiol., 36, 179 – 190.

Pfurtscheller, G. & Aranibar, A. (1977) Event-related cortical desynchronisation detected by power measurements of scalp EEG. J Electroenc. Clin. Neurophysiol., 42, 817 – 826.

Pfurtscheller, G., Wege, W. & Sager, W. (1980) Asymmetrien in der zentralen Alpha-Aktivität (My-Rhythmus) unter Ruhe- und Aktivitätsbedingungen bei cerebrovaskulären Erkrankungen. Z. EEG – EMG, 11, 63 – 71.

Ploij-Van-Gorsel, E. (1981) EEG and cardiac correlates of neuroticism: A psychophysiological comparison of neurotics and normal controls in relation to personality. Biol. Psychol., 13, 141 – 156.

Plumm, F. & Posner, J. B. (1965) Diagnosis of Stupor and Coma. Philadelphia: Davis.

Pollen, D. A. (1964) Intracellular studies of cortical neurons during thalamic induced wave and spike. J. Electroenc. Clin. Neurophysiol., 17, 398 – 406.

Proulx, G. B. & Picton, T. W. (1981) Anxiety, cognition and the CNV. Psychophysiology, 18, 141.

Rabiner, L. R. & Gold, B. (1975) Theory and Application of Digital Signal Processing. Englewood Cliffs, N.J.: Prentice-Hall.

Remond, A. (Ed.) (1977) EEG Informatics. A Didactic Review of Methods and Applications of EEG Data Processing. Amsterdam: Elsevier.

Rockstroh, B., Elbert, T., Lutzenberger, W. & Birbaumer, N. (1979) Slow cortical potentials under conditions of uncontrollability. Psychophysiology, 16, 374 – 380.

Rockstroh, B., Elbert, T., Lutzenberger, W. & Birbaumer, N. (1979) Resistance to extinction of a motor avoidance response and its relation to event-related slow potentials of the brain. Eur. J. Behav. Anal. Modif., 3, 189 – 201.

Rockstroh, B., Elbert, T., Lutzenberger, W., Birbaumer, N., Fehm, H. & Voigt, K. (1981) Effect of an ACTH 4 – 9 analog on human cortical evoked potentials in a constant foreperiod reaction time paradigm. Psychoneuroendocrinology, 6, 301 – 310.

Rockstroh, B., Elbert, T., Birbaumer, N. & Lutzenberger, W. (1982) Slow Brain Potentials and Behavior. München, Baltimore: Urban & Schwarzenberg.

Rockstroh, B., Elbert, T., Lutzenberger, W., Birbaumer, N., Voigt, K. & Fehm, L. (1983) Distractability under the influence of an ACTH 4 – 9 derivative. Intern. J. Neurosci. 22, 21 – 36.

Rockstroh, B., Elbert, T., Lutzenberger, W. & Birbaumer, N. (1984) Operant control of slow brain potentials: A tool in the investigation of the potential's meaning and its relation to attentional dysfunction. In: T. Elbert, B. Rockstroh, W. Lutzenberger & N. Birbaumer (Eds.) Self-Regulation of the Brain and Behavior. Berlin, Heidelberg, New York, Tokyo: Springer, pp. 227 – 239.

Rösler, F. (1982) Hirnelektrische Korrelate Kognitiver Prozesse. Berlin, Heidelberg, New York: Springer.

Rösler, F. & Manzey, D. (1981) Principal components and VARIMAX-rotated components in event-related potential research: some remarks on their interpretation. Biol. Psychol., *13*, 3 – 26.

Roger, M. (1979) Application de la méthode du biofeedback au conditionnement opérant des potentiels evoqués. Unpubl. Doct. Diss., Univ. Poitiers.

Roger, M. (1984) Operant control of evoked potentials: Some comments on the learning characteristics in man and on the conditioning of subcortical responses in the curarized rat. In: T. Elbert, B. Rockstroh, W. Lutzenberger & N. Birbaumer (Eds.) Self-Regulation of the Brain and Behavior. Berlin, Heidelberg, New York, Tokyo: Springer.

Rohrbaugh, J., Syndulko, K. & Lindsley, D. (1975) Brain wave components of the CNV in humans. Science, *191*, 1055 – 1057

Rohrbaugh, J., Syndulko, K. & Lindsley, D. (1978) Cortical slow negative waves following non-paired stimuli: effects of task factors. J. Electroenc. Clin. Neurophysiol. *45*, 551 – 567.

Rohrbaugh, J., Syndulko, K. & Lindsley, D. (1979) Cortical slow negative waves following non-paired stimuli: effects of modality, intensity, and rates of stimulation. J. Electroenc. Clin. Neurophysiol., *46*, 416 – 427.

Rohrbaugh, J. & Gaillard, A. (1983) Sensory and motor aspects of the contingent negative variation. In: A. Gaillard & W. Ritter (Eds.) Tutorials in Event Related Potential Research: Endogenous Components. Amsterdam: Elsevier, pp. 269 – 310.

Rosenfeld, J. P., Dowman, R., Silvia, R. & Heinricher, M. (1984) Operantly controlled somatosensory brain potentials: Specific effects on pain processes. In: T. Elbert, B. Rockstroh, W. Lutzenberger & N. Birbaumer (Eds.) Self-Regulation of the Brain and Behavior. Berlin, Heidelberg, New York, Tokyo: Springer.

Rosenthal, R. (1974) The "file hour problem" and tolerance for null result. Biol. Bull., *86*, 638 – 641.

Rosenthal, R. (1976) Experimental Effects in Behavioral Research. New York: Jerington.

Ross, D. T. (1957) Sampling and quantizing. In: A. K. Susskind (Ed.) Notes on Analog-Digital Conversion Techniques. New York: Wiley.

Roth, W. T., Horvath, T. B., Pfefferbaum, A. & Kopell, B. S. (1980) Event-related potentials in schizophrenics. J. Electroenc. Clin. Neurophysiol., *48*, 127 – 139.

Roy, O. Z. & Achorn, E. (1976) Amplification of bioelectric potentials. In: Handbook of Electroenc. Clin. Neurophysiol., Vol. 3A. Amsterdam: Elsevier.

Sano, K., Miyake, H. & Mayanagi, Y. (1967) Steady potentials in various stress conditions in man. J. Electroenc. Clin. Neurophysiol., *25*, 264 – 275.

Sanquist, T. F., Beatty, J. & Lindsley, D. B. (1981) Slow potential shifts of human brain forewarned reaction. J. Electroenc. Clin. Neurophysiol., *51*, 639 – 649.

Saunders, M. & Jell, R. (1959) Time distortion in electroencephalographic amplifiers. J. Electroenc. Clin. Neurophysiol., *11*, 814 – 816.

Schandry, R. (1981) Psychophysiologie. München: Urban & Schwarzenberg.

Schimmel, H. (1967) The ± reference: Accuracy of estimated mean components in average response studies. Science, *157*, 92 – 93.

Schimmel, H., Rapin, I., Cohen, M. M. (1974) Improving evoked response audiometry with special reference to the use of machine scoring. Audiology, *13*, 33 – 65.

Schulz, H., v. Cramon, D., Brinkmann, R. & Schöny, W. (1975) Messung des Verlaufs der Aufmerksamkeit bei intoxizierten Patienten. J. Neurol., *210*, 33 – 40.

Schulz, H., Lund, R., Cording, C. & Dirlich, G. (1979) Bimodal distribution of REM sleep latencies in depression. Biol. Psychiatry, *14*, 595 – 600.

Shagass, C. (1972) Evoked Brain Potentials in Psychiatry. New York: Plenum Press.

Shagass, C., Ornitz, E. M., Sutton, S. & Tueting, P. (1978) Event-related potentials and psycho-pathology. In: E. Callaway, P. Tueting & S. Koslow (Eds.) Event-Related Brain Potentials in Man. New York: Academic Press, pp. 443 – 496.

Simon, O. (1977) Das Elektroenzephalogramm. München: Urban & Schwarzenberg.

Simons, R. F. (1981) Electrodermal and cardiac orienting in psychometrically defined high-risk subjects. Psychiatry Res., *4*, 347 – 356.

Simons, R. F., Öhman, A. & Lang, P. J. (1979) Anticipation and response set: Cortical, cardiac, and electrodermal correlates. Psychophysiology, *16*, 222 – 233.

Speckmann, E.-J. & Elger, C. E. (1982) Neurophysiological basis of the EEG and of DC potentials. In: E. Niedermeyer & F. Lopes da Silva (Eds.) Electroencephalography. München, Baltimore: Urban & Schwarzenberg, pp. 1 – 13.

Speckmann, E.-J., Caspers, H. & Elger, C. (1984) Neuronal mechanisms underlying the generation of field potentials. In: T. Elbert, B. Rockstroh, W. Lutzenberger & N. Birbaumer (Eds.) Self-Regulation of the Brain and Behavior. Berlin, Heidelberg, New York, Tokyo: Springer.

Stamm, J., Birbaumer, N., Lutzenberger, W., Elbert, T., Rockstroh, B. & Schlottke, P. (1982) Event-related potentials during a continuous performance test vary with attentive capacities. In: A. Rothenberger (Ed.) Event-Related Potentials in Children. Amsterdam: Elsevier.

Stamm, J. (1984) Performance enhancements with cortical negative slow potential shifts in monkey and man. In: T. Elbert, B. Rockstroh, W. Lutzenberger & N. Birbaumer (Eds.) Self-Regulation of the Brain and Behavior. Berlin, Heidelberg, New York, Tokyo: Springer.

Stanley, W. D. (1975) Digital Signal Processing. Reston: Reston Publ. Comp.

Starr, A. (1976) Auditory brainstem responses in brain death. Brain, *99*, 534 – 554.

Starr, A. (1977) Clinical relevance of brainstem and evoked potentials in brainstem disorders in man. Prog. Clin. Neurophysiol., *2*, 45 – 57.

Starr, A. & Achor, L. (1975) Auditory brainstem responses in neurological diseases. Arch. Neurol., *32*, 761 – 768.

Sterman, B. (1984) The role of sensorimotor rhythmic EEG activity in the etiology and treatment of generalized motor seizures. In: T. Elbert, B. Rockstroh, W. Lutzenberger & N. Birbaumer (Eds.) Self-Regulation of the Brain and Behavior. Berlin, Heidelberg, New York, Tokyo: Springer.

Stephenson, W. & Gibbs, F. (1951) A balanced non-cephalic reference electrode. J. Electroenc. Clin. Neurophysiol., *3*, 237 – 240.

Stevens, J. R. (1974) The electroencephalogram: Human recordings. In: R. F. Thompson & M. M. Patterson (Eds.) Bioelectric Recording Techniques, Part B. New York: Academic Press.

Stöhr, M., Dichgans, J., Diener, H. C. & Büttner, U. W. (1982) Evozierte Potentiale. Berlin, Heidelberg, New York: Springer.

Suter, C. M. (1970) Principal component analysis of average evoked potentials. Exp. Neurol., *29*, 317 – 327.

Tecce, J. J. (1972) Contingent negative variation (CNV) and psychological processes in man. Psychol. Bull., *77*, 73 – 108.

Tecce, J., Savignano-Bowman, J. & Cole, J. (1978) Drug effects on contingent negative variation and eye blinks: The distraction-arousal hypothesis. In: M. Lipton, A. DiMascio, K. Killam (Eds.) Psychopharmacology. New York: Raven Press, pp. 745 – 758.

Timsit-Berthier, M., Delaunoy, J., Koninckx, N. & Rousseau, J. (1973) Slow potential changes in psychology. I. Contingent negative variation. J. Electroenc. Clin. Neurophysiol., *35*, 355 – 361.

Treisman, A. (1964) Verbal cues, language and meaning in selective attention. Am. J. Psychol., *77*, 206 – 219.

Treisman, A. (1969) Strategies and models of selective attention. Psychol. Rev., *76*, 282 – 299.

Venables, P. & Martin I. (Eds.) (1967) Manual of Psychophysiological Methods. Amsterdam: Elsevier.

Verhey, F. H., Lamers, T. B. & Emonds, P. M. (1981) A second ERP baseline related to weighted psychopathology. 6th International Conference on Event-Related Slow Potentials of the Brain. Lake Forest, Illinois.

Verleger, R., Gasser, T. & Möcks, J. (1982) Correction of EOG-artifacts in event-related potentials of the EEG: Aspects of reliability and validity. Psychophysiology, *19*, 472 – 480.

Walter, W. G. (1959) Intrinsic rhythms of the brain. In: J. Field (Ed.) Handbook of Physiology, Vol. 1. Washington: American Physiological Ass., pp. 279 – 298.

Walter, W. G. (1964) The contingent negative variation. An electrical sign of significance of association in the human brain. Science, *146*, 434.

Walter. W. G. (1967) Slow potential changes in the human brain associated with expectancy, decision and intention. In: W. Cobb. & C. Morocutti (Eds.) The Evoked Potentials. Amsterdam: Elsevier.

Walter, W. G., Cooper, R., Aldridge, V., McCallum, W. C. & Winter A. L. (1964) Contingent negative variation: An electrical sign of sensorimotor association and expectancy in the human brain. Nature, *203*, 380 – 384.

Ward, P. B., Catts, S. V., Armstrong, M. S. & McConaghy, N. (1981) P300 and psychiatric vulnera-
    bility in university students./Contingent negative variation (CNV) and psychiatric vulnerability in
    university students. 6th International Conference on Event-Related Slow Potentials of the Brain.
    Lake Forest, Illinois.
Wasman, M., Morehead, S., Lee, H. & Rowland, V. (1970) Interaction of electroocular potentials
    with the contingent negative variation. Psychophysiology, 7, 103 – 111.
Waszak, M. & Obrist, P. (1969) Relationship of slow potential changes to response speed and motiva-
    tion in man. J. Electroenc. Clin. Neurophysiol., 27, 113.
Weerts, T. & Lang, P. J. (1973) The effects of eye fixation and stimulus and response location on the
    CNV. Biol. Psychol., 1, 1 – 19.
Wennberg, A. & Zetterberg, L. (1971) Application of a computer-based model for EEG analysis. J.
    Electroenc. Clin. Neurophysiol., 31, 457 – 468.
Westmoreland, B. F. (1982) The EEG in cerebral infection. In: E. Niedermeyer & F. Lopes da Silva
    (Eds.) Electroencephalography. München, Baltimore: Urban & Schwarzenberg.
Wicke, J. D., Goff, W. R., Wallace, J. D. & Allison, T. (1978) On-line statistical detection of average
    evoked potentials: Application to evoked response audiometry (ERA). J. Electroenc. Clin. Neuro-
    physiol., 44, 328 – 343.
Wilder, J. (1931) Das „Ausgangswert-Gesetz", ein unbeachtetes biologisches Gesetz und seine Bedeu-
    tung für Forschung und Lehre. Z. Neurol., 137, 317 – 338.
Winkler, G. (1977) Stochastische Systeme. Wiesbaden: Akademische Verlagsgesellschaft.
Wong, P. K. & Bickford, R. G. (1980) Brain stem auditory evoked potentials: The use of noise
    estimates. J. Electroenc. Neurophysiol., 50, 25 – 34.
Wyler, A. (1984) Operant conditioning of single neurons in monkeys and its theoretical application to
    EEG conditioning in human epilepsy. In: T. Elbert, B. Rockstroh, W. Lutzenberger & N. Birbau-
    mer (Eds.) Self-Regulation of the Brain and Behavior. Berlin, Heidelberg, New York, Tokyo:
    Springer.

# Sachverzeichnis